# 现代电气控制与PLC 应用项目教程

◎ 主　编　张永平
◎ 副主编　孙艳秋
◎ 主　审　刘明伟

北京理工大学出版社

BEIJING INSTITUTE OF TECHNOLOGY PRESS

## 内 容 简 介

本书根据现代工业与高职教育人才培养的发展要求,以企业典型生产实例为蓝本,校企合作按照"项目导向、任务驱动"的模式编写成"教、学、做"一体化的教材。全书内容分为9个项目共34个任务,主要涉及低压电器选用、基本电气控制、典型生产机械电气控制、三菱 FX 系列 PLC 程序设计及综合应用等知识。内容详略得当,实用易学。

本书既可作为高等职业院校电气工程、自动化、机电一体化等专业的教材,也可作为相关专业工程技术人员的参考书。

**图书在版编目(CIP)数据**

现代电气控制与 PLC 应用项目教程 / 张永平主编 . —北京:北京理工大学出版社,2014.4(2020.9重印)

ISBN 978 - 7 - 5640 - 9027 - 2

Ⅰ. ①现… Ⅱ. ①张… Ⅲ. ①电气控制 - 高等学校 - 教材②plc 技术 - 高等学校 - 教材　Ⅳ. ①TM571. 2②TM571. 6

中国版本图书馆 CIP 数据核字(2014)第 056945 号

| | | |
|---|---|---|
| 出版发行 / | 北京理工大学出版社有限责任公司 | |
| 社　　址 / | 北京市海淀区中关村南大街 5 号 | |
| 邮　　编 / | 100081 | |
| 电　　话 / | (010)68914775(总编室) | |
| | 82562903(教材售后服务热线) | |
| | 68948351(其他图书服务热线) | |
| 网　　址 / | http://www.bitpress.com.cn | |
| 经　　销 / | 全国各地新华书店 | |
| 印　　刷 / | 北京虎彩文化传播有限公司 | |
| 开　　本 / | 787 毫米 ×1092 毫米　1/16 | |
| 印　　张 / | 22 | 责任编辑 / 陈莉华 |
| 字　　数 / | 516 千字 | 文案编辑 / 陈莉华 |
| 版　　次 / | 2020 年 9 月第 1 版第 5 次印刷 | 责任校对 / 孟祥敬 |
| 定　　价 / | 59.00 元 | 责任印制 / 马振武 |

# 前　言

目前，高等职业院校已普遍将"工厂电气控制技术"和"可编程序控制器原理及应用"两门课程合并为《电气控制与PLC应用》。《电气控制与PLC应用》作为高职高专电类专业最重要的专业基础课程之一，它不仅包含过去的的内容，还需要赋予时代的特色。随着自动化技术的不断发展，PLC逐步代替复杂的电气控制而成为现代电气控制的核心。因而，在教学中要削减电气控制中复杂的线路分析，加强PLC控制程序设计及应用的内容。但其最基础的部分对任何先进的控制系统来说仍是必不可少的，只不过要精心组织、合理删减，而对于PLC的原理及应用则要重点讲解。

本书紧扣国家对高职教育"校企合作，产、学、研相结合"的理念，以企业典型生产实例为蓝本，按照"项目导向、任务驱动"的工学结合模式编写成"教、学、做"一体化教材。全书突出应用，淡化理论，注重工艺性、实践性的教学环节，力求内容全面、语言精练、通俗易懂、图文并茂、实例丰富、主次分明、详略得当。应用实例中既包含传统的生产过程电气控制系统，也精选了一部分现代自动化生产过程中的综合应用，以适应现代工业发展的要求。

全书由9个项目的34个任务单元及与之相对应的专项考核标准等主体框架构成。书中项目一至项目三为传统电气控制部分，主要论述了低压电器的选用、电气控制基本电路的分析与安装、典型生产机械电气控制系统的分析，让学生从实践过程中熟悉低压电器，看懂并学会装接典型的电气控制电路。项目四至项目九为PLC应用部分，从认识PLC开始，通过典型实例，把三菱FX系列PLC的基本控制、顺序控制、功能控制、网络通信、综合应用融入实训任务中，让学生通过PLC编程训练与上机操作，熟悉PLC控制系统的软件设计与硬件连接，锻炼其分析问题与实际应用的能力。

本书编写组主要成员由教授、高工、高级技师等"双师型"专兼职教师组成，大都具有十年以上的企业技术工作经历和十年以上的电气专业教学经验，同时教材编写组还多次与企业电气控制方面的专家学者共同讨论研究，集大家的智慧为一体形成现稿，并达成长期共建的长效机制。

本书由渤海船舶职业学院张永平教授担任主编，孙艳秋副教授担任副主编，渤海船舶职业学院刘明伟教授主审。教材中的项目一由段丽华编写，项目二、三、九由张永平编写，项目四、五、六、七由孙艳秋编写，项目八由渤船重工王占文编写，书后习题及附录由赵群完成，统稿由张永平完成。在编写过程中，参阅了许多同行专家的论著文献，同时得到了渤船重工电装分厂和机电分厂李晶、史鸿屿、曹东等专家的大力支持和帮助，在此一并表示衷心的感谢！

全书以培养实践能力为主，结合考工技能要求，突出应用实施、安装调试、故障检修等方面实践操作能力的提升。本书既可作为高职高专电气工程、自动化、自动控制、机电一体化、应用电子等专业的课程教材，亦可作为有关专业工程技术人员的参考书。

由于编者水平有限，书中难免存在一些不足，真诚希望广大读者批评指正。

编　者

# 第一部分　电气控制

# 第二部分　PLC 应用

# 目 录 >>>

# 第一部分

## 电气控制

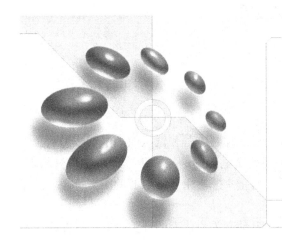

# 项目一　常用低压电器的选用

## 【项目描述】

在现代经济建设和人们生活中，电能的应用越来越广泛。为了安全、可靠地使用电能，电路中必须装设各种对电能进行保护、控制、调节、分配的开关、接触器、继电器等低压电器，即无论低压供电系统还是控制生产过程的电气控制系统，均是由各类低压电器组成。随着科学技术和信息社会的不断发展，低压电器的种类、用途与用量持续增多。因此，电气技术人员必须熟悉常用低压电器的结构、原理，并学会正确地选择、使用和维护这些低压电器。

本项目分两个任务模块，按照在工程实际应用中的作用，分别介绍各种常用低压控制电器和保护电器的选用。通过本项目的学习，学生具体应达到以下项目目标。

## 【项目目标】

（1）了解常用低压电器的结构、工作原理及技术参数。

（2）了解常用低压电器的图形符号和文字符号。

（3）熟悉常用低压电器的用途及选用原则。

（4）能正确选用、安装、检测和维修常用低压电器。

（5）掌握各类不同低压电器的区别及各自的适用场合。

## 任务一 低压控制电器的选用

### 【任务描述】

什么是低压电器？低压电器按照什么来划分为低压控制电器和低压保护电器？怎么选择和使用这些电器？要回答这些问题，就必须从了解低压电器的结构、工作原理、性能特点、技术参数、图形文字符号及选用原则等知识入手，着重掌握常用低压电器的图文符号、选用规范及工程应用等实践性使用技能。

典型的低压控制电器主要有以胶盖闸刀开关、自动开关为代表的开关电器，以按钮、行程开关为代表的主令电器，以交流接触器为代表的电磁继电器。熟悉它们的基本结构、用途和图文符号，掌握它们的拆卸与组装方法，并能正确地用万用表等仪表对其进行检测，是把握低压控制电器的选择和使用的关键。

### 【相关知识】

## 1.1.1 低压电器认识

1. 低压电器的定义和分类

1）低压电器的定义

电器是一种能根据外界的信号和要求，手动或自动地接通或断开电路，实现断续或连续地改变电路参数，以达到对电路或非电对象的控制、切换、保护、检测、变换和调节作用的电工器件。

低压电器通常是指工作在交流 50 Hz、额定电压小于 1 200 V、直流电压小于 1 500 V 的电路中的电器。

2）低压电器的分类

低压电器的种类繁多，结构各异，用途不同。其分类也不尽相同。

（1）按在电路中的作用分类。

①控制电器：主要用于在电路中起控制、转换作用。包括接触器、开关电器、控制继电器、主令电器等。

②保护电器：主要用于在电路中起短路、过载、欠压等保护作用。包括熔断器、热继电器、过电流继电器、欠电压继电器等。

（2）按控制对象分类。

①低压配电电器：主要用于低压配电系统中，包括刀开关、转换开关、熔断器、自动开关等。主要技术要求是工作可靠，有足够的热稳定性和动稳定性，在系统发生故障的情况下保护动作准确、工作可靠。

②低压控制电器：主要用于电气传动系统中，包括接触器、控制继电器、启动器、主令电器、电磁铁等。主要技术要求是工作可靠、寿命长、操作频率高等。

（3）按操作方式分类。

①自动电器：依靠本身参数变化或外来信号的作用自动完成电路接通、分断等动作，包括接触器、继电器等。

②非自动切换电器：依靠外力（如人力）直接操作来完成电路接通、分断等动作，包括按钮、刀开关、转换开关等。

（4）按工作原理分类。

①电磁式电器：依据电磁感应原理来工作的电器，如交直流接触器、各种电磁式继电器等。

②非电量控制器：电器的工作是靠外力或某种非电物理量的变化而动作的电器，如刀开关、行程开关、按钮、速度继电器、压力继电器、温度继电器等。

目前，低压电器正沿着体积小、重量轻、安全可靠、使用方便的方向发展，大力发展电子化的新型控制电器，如接近开关、光电开关、电子式时间继电器、固态继电器与接触器等以适应控制系统迅速电子化的需要。

2. 电磁式电器

电气控制系统中以电磁式电器的应用最为普遍。电磁式低压电器是一种用电磁现象实现电器功能的电器类型，此类电器在工作原理及结构组成上大体相同。

从结构上看电磁式低压电器一般都有两个基本组成部分：感受部分和执行部分。感受部分接受从外界输入的信号，并通过转换、放大、判断，做出相应反应使执行部分动作，实现控制的目的。电磁式电器的感受部分为电磁机构，执行部分为触头系统。

1）电磁机构

电磁机构为电磁式电器的感测机构，它的作用是将电磁能量转换为带动触头动作的机械能量，从而实现触头状态的改变，完成电路通、断的控制。

电磁机构由吸引线圈、铁芯、衔铁等几部分组成，其工作原理是：线圈通过工作电流产生足够的磁动势，在磁路中形成磁通，使衔铁获得足够的电磁力用以克服反作用力与铁芯吸合，由连接机构带动相应的触头动作。

2）触头系统

触头作为电器的执行机构，起着接通和分断电路的重要作用，必须具有良好的接触性能，故应考虑其材质和结构设计。

对于电流容量较小的电器，如机床电气控制线路所应用的接触器、继电器等，常采用银质材料作触头，其优点是银的氧化膜电阻率与纯银相近，与其他材质（比如铜）相比，可以避免因长时间工作，触头表面氧化膜电阻率增加而造成触头接触电阻增大。

触头系统的结构如图 1-1 所示，可分为桥式和指式两种。其中桥式触头又分为点接触式和面接触式。

3）灭弧系统

（1）电弧产生的条件：当被分断电路的电流超过 0.25~1 A，分断后加在触头间隙两端的电压超过 12~20 V（根据触头材质的不同取值）时，在触头间隙中会产生电弧。

（2）电弧的实质：电弧是一种气体放电现象，即触头间气体在强电场作用下产生自

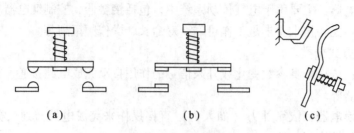

图 1-1 触头系统的结构

(a) 点接触式；(b) 面接触式；(c) 指式

由电子，正、负离子呈游离状态，使气体由绝缘状态转变为导电状态，并伴有高温、强光。

（3）熄弧的主要措施有机械性拉弧、窄缝灭弧和栅片灭弧三种。

①机械性拉弧：分断触点时，迅速增加电弧长度，使单位长度内维持电弧燃烧的电场强度不够而熄弧，如图 1-2 所示。

②窄缝灭弧：依靠磁场的作用，将电弧驱入耐弧材料制成的窄缝中，以加快电弧的冷却，如图 1-3 所示。这种灭弧装置多用于交流接触器。

③栅片灭弧：分断触点（触点又称触头）时，产生的电弧在电动力的作用下被推入彼此绝缘的多组镀铜薄钢片（栅片）中，电弧被分割成多组串联的短弧，如图 1-4 所示。

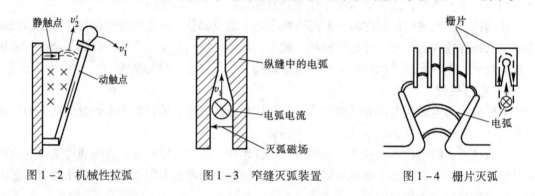

图 1-2 机械性拉弧      图 1-3 窄缝灭弧装置      图 1-4 栅片灭弧

## 1.1.2 开关电器的选用

开关是低压电器中最常用的电器，开关电器的主要作用是实现对电路的通、断控制，常作为电源的引入开关、局部照明电路的控制开关，也可直接控制小电流电动机等电气设备。开关电器应用十分广泛，品种很多，主要有刀开关、组合开关、低压断路器。

1. 常用刀开关

刀开关是手动操作电器中结构最简单的一种，一般用来不频繁地接通和分断容量不很大的低压供电电路或直接启动小容量的三相异步电动机，也可以作为电源隔离开关。常见的刀开关有开启式、封闭式、组合开关。

1）闸刀开关

闸刀开关是一种带熔断器的开启式负荷开关，是一种结构简单且应用广泛的低压电器，又叫胶盖开关。

（1）闸刀开关的外形与结构。

HK 系列闸刀开关是由刀开关和熔断器组合而成的一种电器。瓷底板上装有进线座、出线座、熔丝、触刀（动触头）、触刀座（静触头）、瓷柄；上边还罩有两块胶盖，使开关在合闸状态时手不会触及导电体，电路分断时产生的电弧也不会飞出胶盖外而灼伤操作人员。上、下胶盖均可打开，便于更换熔体。其结构和外形及图形文字符号如图 1 - 5 所示。

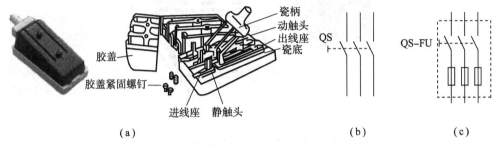

图 1 - 5　HK 系列瓷底胶盖刀开关

（a）外形图和结构图；（b）、（c）刀开关图文符号

（2）闸刀开关技术参数与选择。

闸刀开关种类很多，有两极的（额定电压 250 V）和三极的（额定电压 380 V），额定电流由 10 A 至 100 A 不等，其中 60 A 及以下的才用来控制电动机。常用的闸刀开关型号有 HK1、HK2 系列。正常情况下，闸刀开关一般能接通和分断其额定电流，因此，对于普通负载可根据负载的额定电流来选择闸刀开关的额定电流。对于用闸刀开关控制电机时，考虑其启动电流可达 4 ~ 7 倍的额定电流，选择闸刀开关的额定电流，宜选电动机额定电流的 3 倍左右。

常用的国产闸刀开关，其型号和含义如下：

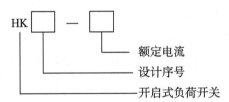

（3）使用闸刀开关时的注意事项。

①将它垂直地安装在控制屏或开关板上，不可随意搁置；

②进线座应在上方，接线时不能把它与出线座搞反，否则在更换熔丝时将会发生触电事故；

③更换熔丝必须先拉开闸刀，并换上与原用熔丝规格相同的新熔丝，同时还要防止新熔丝受到机械损伤；

④若胶盖和瓷底座损坏或胶盖失落，闸刀开关就不可再使用，以防止安全事故。

2）铁壳开关

图 1 - 6 为铁壳开关，又称封闭式负荷开关，这种开关装有速断弹簧，且外壳为铁壳，故称为铁壳开关。

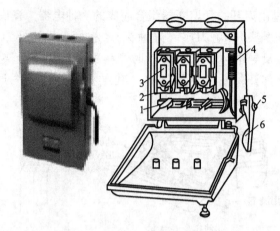

图1-6　HH系列铁壳开关

1—触刀；2—夹座；3—熔断器；4—速断弹簧；5—转轴；6—手柄

（1）铁壳开关的外形与结构。

它由刀开关、熔断器、操作机构和钢板外壳等构成。铸铁壳内装有由刀片和夹座组成的触头系统、熔断器和速断弹簧，30 A以上的还装有灭弧罩。其图形符号及文字符号与胶盖开关相同。

为了保证操作者的安全，三极闸刀固定在一根绝缘的方轴上，由手柄操作，操作机构装有机械联锁，使盖子打开时手柄不能合闸；并且操作手柄位于合闸位置时，盖子不能打开。操作机构中，在手柄转轴与底座之间装有一个速断弹簧，用钩子扣在转轴上，当操作手柄进行分闸或合闸时，开始阶段U形双刀片并不移动，只是拉伸了弹簧，储存了能量，当转轴转到了一定角度时弹簧力就使U形双刀片迅速从静插座中拉开或将刀片迅速嵌入静插座中，使开关的接通与断开速度与手柄操作速度无关，这样有利于迅速灭弧。

（2）与闸刀开关相比它有以下特点：

①触头设有灭弧室（罩）、电弧不会喷出，可不必顾虑会发生相间短路事故；

②熔断丝的分断能力高，一般为5 kA，高者可达50 kA以上；

③操作机构为储能合闸式的，且有机械联锁装置。前者可使开关的合闸和分闸速度与操作速度无关，从而改善开关的动作性能和灭弧性能；后者则保证了在合闸状态下打不开箱盖及箱盖未关妥前合不上闸，提高了安全性；

④有坚固的封闭外壳，可保护操作人员免受电弧灼伤。

铁壳开关有HH3、HH3、HH10、HH11等系列，其额定电流由10 A到400 A可供选择，其中60 A及以下的可用于异步电动机的全压启动控制开关。

3）刀开关的选用原则及安装注意事项

（1）刀开关选用总原则。

①额定电压电流的选择。刀开关选用时，其额定电压必须大于等于电路的工作电压；额定电流对于电热和照明电路应大于等于电路的额定电流。通常用于照明电路时可选用额定电压为250 V，额定电流大于等于电路最大工作电流的两极开关；用于电动机直接启动时，可选用额定电压为380 V或500 V，闸刀开关额定电流大于等于电动机额定电流3倍的三极开关。

②类型的选择。根据刀开关的用途和安装位置来选定合适的型号和操作方式，根据刀开

关的作用和安装形式来选择是不是带灭弧装置。

（2）刀开关的选用原则。

①当闸刀开关用来直接控制电机时，只能控制 7.5 kW 以下的小容量的异步电动机的不频繁启动和停止。

②铁壳开关由于灭弧能力还不太强，所以只适用于控制 20 kW 以下的三相异步电动机的直接启动。

③铁壳开关用于控制异步电动机时，由于开关的通断能力为 $4I_e$，而电动机全压启动电流却在 4~7 倍额定电流以上，故开关的额定电流应为电动机额定电流的 1.5 倍以上。

（3）安装注意事项。

①铁壳开关在安装时外壳应可靠接地，防止意外触电事故发生。

②安装时，合闸位手柄要向上，不得倒装。距离地面 1.3~1.5 m。

③刀开关接、拆线时，应首先断电。

④电源进线应接在静触点一边，负载接在动触点一边。在分闸和合闸操作时，应动作迅速，使电弧尽快熄灭。

**2. 组合开关**

组合开关又称转换开关，其操作较灵巧，靠动触片的左右旋转来代替闸刀开关的推合与拉开。组合开关比刀开关轻巧而且组合性强，能组合成各种不同的电路。

1）外形与结构

组合开关由多个分别装在数层绝体内的双断点桥式动触片、静触片组成。动触片装在附加有手柄的绝缘方轴上，方轴随手柄而旋转，于是动触片也随方轴转动并变更其与静触片分、合位置。所以组合开关实际上是一个多触点、多位置式可以控制多个回路的主令电器。其结构与外形、图形和文字符号，如图 1-7、图 1-8 所示。

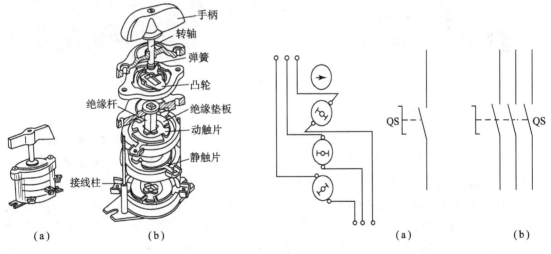

图 1-7　组合开关的外形及结构图　　　　　图 1-8　组合开关的图文符号
（a）外形；（b）结构　　　　　　　　　　　（a）单极；（b）三极

组合开关具有体积小、寿命长、结构简单、操作方便、火弧性能较好等优点。选用时，应根据电源种类、电压等级、所需触头数量及电动机的容量进行选择。

2）组合开关的选用

（1）用于电动机电路时，可控制 7 kW 以下电动机的启动和停止，组合开关的额定电流是电动机额定电流的 1.5～2.5 倍。也可用转换开关接通电源，另由接触器控制电动机时，其转换开关的额定电流可稍大于电动机的额定电流。

（2）当操作频率过高或负载的功率因数较低时，转换开关要降低容量使用，否则会影响开关寿命。

（3）组合开关的通断能力差，控制电动机进行可逆运转时，必须在电动机完全停止转动后，才能反向接通。

### 1.1.3 低压断路器的选用

低压断路器又称自动空气开关，可在电路正常工作时，不频繁接通或断开电路。当电路中发生短路、过载、欠压、过压等故障时，低压短路器自动掉闸断开电路，起到保护电路和设备的作用，并防止事故范围扩大。

**1. 低压断路器的结构与原理**

1）结构原理

低压断路器主要由三部分组成：触头和灭弧系统，各种脱扣器（包括电磁脱扣器、欠压脱扣器、热脱扣器），操作机构和自由脱扣机构（包括锁链和搭钩）。低压断路器的按钮和触头接线柱分别引出壳外，其余各组成部分均在壳内。常用的低压断路器的外形及安装现场如图 1-9 所示。

图 1-9　常用低压断路器的外形及安装现场

2）DZ 系列断路器的结构和工作原理

低压断路器的工作原理及图文符号如图 1-10 所示。图中触头 2 有三对，串联在被保护的三相电路中。手动扳动按钮为"合"位置（图中未画出），这时触头 2 由锁链 3 保持在闭合状态，锁链 3 由搭钩 4 支持着。要使开关分断时，扳动按钮为"分"位置（图中未画出）搭钩被杠杆 7 顶开，触头 2 就被弹簧 1 拉开，电路被分断。断路器的自动分断，是由电磁脱扣器 6、欠压脱扣器 11 和热脱扣器 12 使搭钩 4 被杠杆 7 顶开而完成的，电磁脱扣器 6 的线圈和主电路串联，当电路工作正常时所产生的电磁吸力不能将衔铁 8 吸合。只有当电路发生短路或产生很大的过电流时，其电磁吸力才能将衔铁 8 吸合，撞击杠杆 7，顶开搭钩 4，使触点 2 断开，从而将电路分断。

欠压脱扣器 11 的线圈并联在主电路上，当电路电压正常时，欠压脱扣器产生的电磁吸力能够克服弹簧 9 的拉力而将衔铁 10 吸合，如果电路电压降到某一值以下时电磁吸力小于

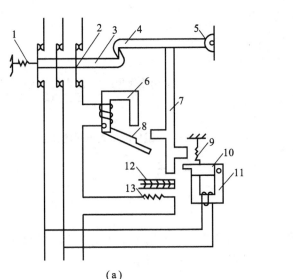
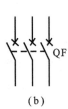

图 1－10　低压断路器的工作原理图及图文符号

(a) 原理图；(b) 符号

1—主弹簧；2—主触头；3—锁链；4—搭钩；5—轴；6—电磁脱扣器；7—杠杆；

8—电磁脱扣器衔铁；9—弹簧；10—欠压脱扣器衔铁；11—欠压脱扣器；

12—双金属片热脱扣器；13—发热元件

弹簧 9 的拉力，衔铁 10 被弹簧 9 拉开，衔铁撞击杠杆 7，顶开搭钩 4，使触点 2 断开，从而将电路分断。当电路发生过载时，过载电流通过热脱扣器的发热元件 13 而使双金属片 12 受热弯曲，撞击杠杆 7，顶开搭钩 4，使触点 2 断开，从而使电路分断。

2. 断路器的分类

1）装置式自动开关

装置式自动开关又叫塑壳式自动开关，常用作电动机及照明系统的控制开关、供电线路的保护开关等。其外形和内部结构如图 1－11 所示。

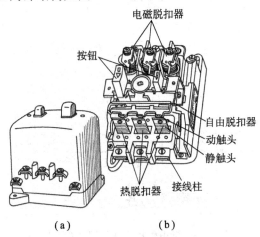

图 1－11　DZ5—20 型装置式自动开关的外形和内部结构

(a) 外形；(b) 内部结构

DZ 系列断路器的型号含义如下：

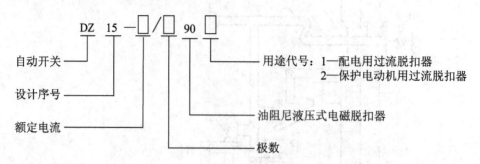

2）万能式自动开关

万能式自动开关又称为框架式自动开关，主要用于低压电路上不频繁接通和分断容量较大的电路，常用万能式自动开关的外形如图 1 – 12 所示。

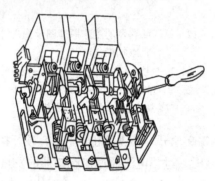

图 1 – 12　DW10 型万能式自动开关

3）漏电保护式断路器

漏电保护式断路器（漏电自动开关）是为了防止低压电路发生人身触电、漏电等事故而研制的一种电器。这种漏电自动开关实际上是装有检漏保护元件的塑壳式断路器。常见的有电磁式电流动作型、电压动作型和晶体管（集成电路）电流动作型。

为了经常检测漏电开关的动作性能，漏电开关设有试验按钮，在漏电开关闭合后，按下试验按钮，如果开关断开，则证明漏电开关正常。我国规定，在民用建筑中必须使用漏电保护式断路器。漏电保护式断路器结构及原理如图 1 – 13 所示。

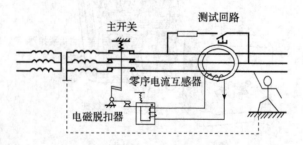

图 1 – 13　漏电保护式断路器结构及原理

（1）作用：主要用于当发生人身触电或漏电时，能迅速切断电源，保障人身安全，防止触电事故。有的漏电保护器还兼有过载、短路保护，用于不频繁启、停电动机。

（2）工作原理：当正常工作时，不论三相负载是否平衡，通过零序电流互感器主电路的三相电流相量之和等于零，故其二次绕组中无感应电动势产生，漏电保护器工作于闭合状态。如果发生漏电或触电事故，三相电流之和便不再等于零，而等于某一电流值 $I_s$。电流 $I_s$ 会通过人体、大地、变压器中性点形成回路，这样零序电流互感器二次侧产生与 $I_s$ 对应的感应电动势，加到脱扣器上，当 $I_s$ 达到一定值时，脱扣器动作，推动主开关的锁扣，分断主电路。

**3. 断路器的选用**

选用断路器，主要应考虑其额定电压、额定电流、允许切断的极限电流、所控制的负载性质等。

选用低压断路器时，首先根据电路的具体情况和类别选用断路器型号，其主要参数可以按以下条件选择：

（1）低压断路器的额定电流和额定电压不小于电路正常工作电流和工作电压。

（2）热脱扣器的额定电流不小于所控制的电动机额定电流或其他负载的额定电流。

（3）电磁脱扣器的瞬时动作整定电流应大于电路正常工作时可能出现的尖峰电流。配电电路可按不低于尖峰电流 1.35 倍的原则确定。做单台电动机保护时，可按电动机启动电流的 1.7～2 倍确定。

**4. 低压断路器的常见故障与排除**

1）产生触头不能闭合故障的原因

（1）欠压脱扣器 11（见图 1 - 10）无电压或线圈损坏，则衔铁 10 不闭合，使搭钩无法锁住锁链。

（2）反作用弹簧力过大，机构不能复位再行锁扣。

2）产生自动脱扣器不能使开关分断故障的原因

（1）反作用弹簧 1 弹力不足。

（2）储能弹簧 9 弹力不足。

（3）机械部件卡阻。

## 1.1.4　接触器的选用

接触器是一种可对交、直流主电路及大容量控制电路作频繁通、断控制的自动电磁式开关。它通过电磁力作用下的吸合和反作用弹簧作用下的释放使触头闭合和分断，从而控制电路的通断。按其触头通过电流种类的不同，分为交流接触器和直流接触器两类。常用接触器外形如图 1 - 14 所示。

图 1 - 14　常用接触器外形

1. 接触器的结构及原理

1）接触器的结构

接触器主要由电磁系统、触头系统、灭弧装置等部分组成，其外形及结构如图 1 - 15 所示。其中，电磁机构包括线圈、铁芯和衔铁。触头系统中的主触头为常开触点，用于控制主电路的通断；辅助触头包括常开、常闭两种，用于控制电路，起电气联锁作用。其他部件还包括反作用弹簧、缓冲弹簧、触头压力弹簧、传动机构和外壳等。图 1 - 15 为 CJ20—63 型交流接触器的结构图。

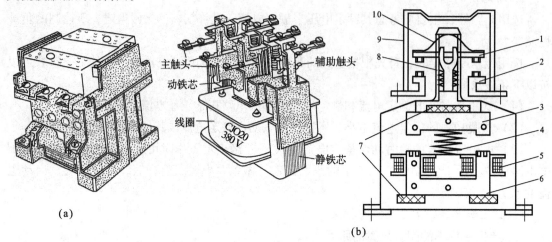

图 1 - 15　CJ20—63 型交流接触器的结构图

（a）外形；（b）结构

1—动触头；2—静触头；3—衔铁；4—缓冲弹簧；5—电磁线圈；

6—铁芯；7—垫毡；8—触头弹簧；9—灭弧罩；10—压力弹簧

2）接触器的工作原理

接触器是根据电磁原理工作的，当电磁线圈通电后，线圈电流产生磁场，使静铁芯产生电磁吸力吸引衔铁，并带动触头动作，使常闭触头断开，常开触头闭合，两者是联动的。

当电磁线圈断电时，电磁力消失，衔铁在释放弹簧的作用下释放，使触头复原，即常开触头断开，常闭触头闭合。

常用的交流接触器在 0.85 ~ 1.05 倍额定电压下，能保证可靠吸合。

2. 接触器的主要技术参数

接触器铭牌上标注的主要技术参数介绍如下。

（1）额定电压：指接触器主触点上的额定电压。电压等级通常有以下几种：

交流接触器：127 V、220 V、380V、500 V 等。

直流接触器：110 V、220 V、440V、660 V 等。

（2）额定电流：指接触器主触点的额定电流。电流等级通常有以下几种：

交流接触器：10 A、20 A、40 A、60 A、100 A、150 A、250 A、400 A、600 A。

直流接触器：25 A、40 A、60 A、100 A、250 A、400 A、600 A。

（3）线圈额定电压：指接触器线圈两端所加额定电压。电压等级通常有以下几种：

交流线圈：12 V、24 V、36 V、127 V、220 V、380 V。

直流线圈：12 V、24 V、48 V、220 V、440 V。

（4）接通与分断能力：指接触器的主触点在规定的条件下能可靠地接通和分断的电流值，而不应该发生熔焊、飞弧和过分磨损等。

（5）额定操作频率：指每小时接通的次数。交流接触器最高为 600 次/h；直流接触器可高达 1 200 次/h。

（6）动作值：指接触器的吸合电压与释放电压。国家标准规定接触器在额定电压 85% 以上时，应可靠吸合，释放电压不高于额定电压的 70%。

3. 接触器的电气图文符号及型号含义

1）图文符号

交流接触器在电气控制系统中的图文符号如图 1－16 所示。

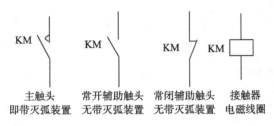

图 1－16　接触器线圈、主触点、辅助触点图形及文字符号

2）型号含义

目前，我国常用的交流接触器主要有 CJ20、CJX1、CJX2、CJ12 和 CJ10 等系列。引进产品中应用较多的有施耐德公司的 LC1D/LP1D 系列等，该系列产品采用模块化生产，产品本体上可以附加辅助触头、通电/断电延时触头和机械闭锁等模块，也可以很方便地组合成可逆接触器、星－三角启动器。另外，常用的交流接触器还有德国 BBC 公司的 B 系列，SI-EMENS 公司的 3TB 系列等。新产品结构紧凑，技术性能显著提高，多采用积木式结构，通过螺钉和快速卡装在标准导轨上的方式加以安装。交、直流接触器的主要技术参数有额定电压、额定电流、吸引线圈的额定电压等。

常用的交流接触器其型号含义如下：

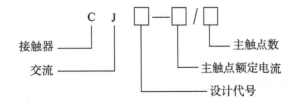

4. 接触器的选用

选择接触器，主要应考虑以下技术参数：

（1）根据负载性质选择接触器类型。

（2）主触点的额定电压和额定电流。

（3）辅助触点的种类、数量及触点额定电流。

（4）电磁线圈的电源种类、频率和额定电压。

（5）额定操作频率（次/h），即每小时允许接通的最多次数等。

### 5. 接触器的常见故障与排除

接触器可能发生的故障很多，接触器触头、线圈、铁芯等容易发生的故障及处理方法见表 1 - 1。

**表 1 - 1　接触器故障及处理方法**

| 故障现象 | 产生故障的原因 | 处理方法 |
|---|---|---|
| 吸不上或吸力不足 | (1) 电源电压过低或波动过大；<br>(2) 操作回路电源容量不足或发生断线、触头接触不良及接线错误；<br>(3) 线圈技术参数不符合要求；<br>(4) 接触器线圈断线，可动部分被卡住，转轴生锈、歪斜等；<br>(5) 触头弹簧压力与超程过大；<br>(6) 接触器底盖螺钉松脱等原因使静、动铁芯间距太大；<br>(7) 接触器安装角度不合规定 | (1) 调整电源电压；<br>(2) 增大电源容量，修理电路和触头；<br>(3) 更换线圈；<br>(4) 更换线圈，排除可动零件的故障；<br>(5) 按要求调整触头；<br>(6) 拧紧螺钉，调整间距；<br>(7) 电器底板垂直水平面安装 |
| 不释放或释放缓慢 | (1) 触头弹簧压力过小；<br>(2) 触头被熔焊；<br>(3) 可动部分被卡住；<br>(4) 铁芯截面有油污；<br>(5) 反作用弹簧损坏；<br>(6) 用久后，铁芯截面之间的气隙消失 | (1) 调整触头参数；<br>(2) 修理或更换触头；<br>(3) 拆修有关零件再装好；<br>(4) 清洁铁芯截面；<br>(5) 更换弹簧；<br>(6) 更换或修理铁芯 |
| 线圈过热或烧损 | (1) 电源电压过高或过低；<br>(2) 线圈技术参数不符合要求；<br>(3) 操作频率过高；<br>(4) 线圈已损坏；<br>(5) 使用环境特殊，如空气潮湿，含有腐蚀性气体或温度太高；<br>(6) 运动部分被卡住；<br>(7) 铁芯截面不平或气隙过大 | (1) 调整电源电压；<br>(2) 更换线圈或接触器；<br>(3) 按使用条件选用接触器；<br>(4) 更换或修理线圈；<br>(5) 选用特殊设计的接触器；<br>(6) 针对不同情况设法排除；<br>(7) 修理或更换铁芯 |
| 噪声较大 | (1) 电源电压低；<br>(2) 触头弹簧压力过大；<br>(3) 铁芯截面生锈或粘有油污、灰尘；<br>(4) 零件歪斜或卡住；<br>(5) 分磁环断裂；<br>(6) 铁芯截面磨损过度而不平 | (1) 提高电压；<br>(2) 调整触头压力；<br>(3) 清理铁芯截面；<br>(4) 调整或修理有关零件；<br>(5) 更换铁芯或分磁环；<br>(6) 更换铁芯 |
| 触头熔焊 | (1) 操作频率过高或过负荷使用；<br>(2) 负载侧短路；<br>(3) 触头弹簧压力过小；<br>(4) 触头表面有突起的金属颗粒或异物；<br>(5) 操作回路电压过低或机械性卡住触头停顿在刚好接触的位置上 | (1) 按使用条件选用接触器；<br>(2) 排除短路故障；<br>(3) 调整弹簧压力；<br>(4) 修整触头；<br>(5) 提高操作电压，排除机械性卡阻故障 |

续表

| 故障现象 | 产生故障的原因 | 处理方法 |
|---|---|---|
| 触头过热或灼伤 | （1）触头弹簧压力过小；<br>（2）触头表面有油污或不平，铜触头氧化；<br>（3）环境温度过高或使用于密闭箱中；<br>（4）操作频率过高或工作电流过大；<br>（5）触头的超程太小 | （1）调整触头压力；<br>（2）清理触头；<br>（3）接触器降容使用；<br>（4）调换合适的接触器；<br>（5）调整或更换触头 |
| 触头过度磨损 | （1）接触器选用欠妥，在某些场合容量不足，如反接制动、密集操作等；<br>（2）三相触头不同步；<br>（3）负载侧短路 | （1）接触器降容使用；<br>（2）调整触头使之同步；<br>（3）排除短路故障 |
| 相间短路 | （1）可逆接触器互锁不可靠；<br>（2）灰尘、水汽油污等使绝缘材料导电；<br>（3）某些零部件损坏（如灭弧室） | （1）检修互锁装置；<br>（2）经常清理，保持清洁；<br>（3）更换损坏的零部件 |

### 1.1.5　控制继电器的选用

继电器是一种根据外界输入信号（电量或非电量）的变化来接通或断开控制电路，以完成控制或保护任务的电器。

1）继电器的结构

继电器的结构和工作原理与接触器相似，也是由电磁机构和触点系统组成的，但继电器没有主触点，其触点不能用来接通和分断负载电路，而均接于控制电路，且电流一般小于 5 A，故不必设灭弧装置。

2）继电器的作用

继电器主要用于进行电路的逻辑控制，它根据输入量（如电压或电流），利用电磁原理，通过电磁机构使衔铁产生吸合动作，从而带动触点动作，实现触点状态的改变，使电路完成接通或分断控制。

3）继电器的分类

继电器应用广泛，种类很多，分类也有许多。这里仅介绍用于电力拖动系统中以实现控制过程自动化和提供某种保护的继电器。按继电器的用途，也就是在电路中所起的作用不同，可分为两大类。一类是在电路中主要起控制、放大作用的控制继电器；另一类是在电路中主要起保护作用的和保护继电器。

控制继电器主要有：中间继电器、时间继电器、速度继电器、主令电器等。保护继电器主要有：过电流继电器、欠电流继电器、过电压继电器、欠电压继电器、热继电器、压力继电器等。

1. 中间继电器

中间继电器属于电压继电器种类，主要用在 500 V 及以下的小电流控制回路中，用来扩大辅助触点数量，进行信号传递、放大、转换、联锁等。它具有触点数量多，触点容量不大于 5 A，动作灵敏等特点，得到广泛的应用。

1) 结构原理

中间继电器的工作原理及结构与接触器基本相似，不同的是中间继电器触点对数多，且没有主辅触点之分，触点允许通过的电流大小相同，且不大于 5 A，无灭弧装置。因此，对于工作电流小于 5 A 的电气控制线路，可用中间继电器代替接触器进行控制。

这里以 JZ7 系列交流中间继电器为例介绍其结构原理，JZ7 系列中间继电器采用立体布置，由铁芯、衔铁、线圈、触点系统、反作用弹簧和缓冲弹簧等组成。触点采用双触点桥式结构，上下两层各有 4 对触点，下层触点只能是常开触点，常见触点系统可分为八常开触点、六常开触点、两常闭触点、四常开触点及四常闭触点等组合形式。继电器吸引线圈额定电压有 12 V、36 V、110 V、220 V 和 380 V 等。其外形及结构如图 1 – 17 所示。

2) 电气图文符号

按国标要求，继电器在电路图中的电气图文符号如图 1 – 18 所示。

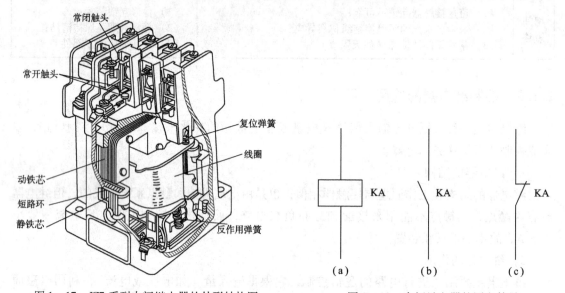

图 1 – 17　JZ7 系列中间继电器的外形结构图　　　　图 1 – 18　中间继电器的图文符号

3) 型号含义

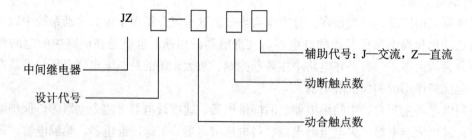

4) 中间继电器的选用

中间继电器的选用主要依据被控制电路的电压等级、所需触点的数量、种类和容量等要求来进行选择。

## 2. 时间继电器

从得到输入信号起，需经一定的延时后才能输出信号的继电器称为时间继电器，延时方式有通电延时和断电延时。按其结构和动作原理可分为电磁式、空气阻尼式、电动式和电子式时间继电器。

### 1）直流电磁式时间继电器

电磁继电器线圈通电或断电时，由于电磁惯性，到触头动作，需一定的时间，这是继电器的固有动作时间，这段时间很短，一般千分之几秒到百分之几秒。电磁式时间继电器利用感应电流所产生的磁通阻碍原主磁通变化的原理，达到延时目的。其结构如图 1－19 所示。它是电磁式继电器的铁芯上附加一个阻尼铜套组成的。当电磁线圈通电或断电后，主磁通就要减小，由于磁通的变化，在阻尼铜磁中产生感应电流。感应电流产生磁通阻碍原磁通的变化，于是就延长了衔铁的动作时间。一般利用阻尼铜套、铝套、短接线圈产生延时。

由于电磁式时间继电器在通电前是释放状态，磁路气隙较大，线圈电感小，电磁惯性小，故延时时间仅有 0.1～0.5 s，而断电延时时间为 0.2～10 s。因此，电磁式时间继电器一般只作断电延时使用。电磁式时间继电器的延时精度和稳定性不高，但适应能力较强。

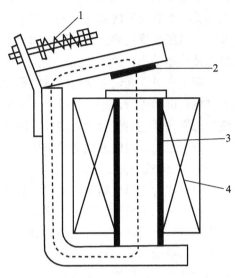

图 1－19　直流电磁式时间继电器结构

1—调整弹簧；2—非磁性垫片；
3—阻尼铜套；4—工作线圈

### 2）空气阻尼式时间继电器

空气阻尼式时间继电器利用空气气隙阻尼作用原理制成，主要由电磁系统、触头、空气室、传动机构等组成，有通电延时和断电延时两种类型。如图 1－20 所示为 JS7—A 系列空气阻尼式时间继电器的外形和结构图。

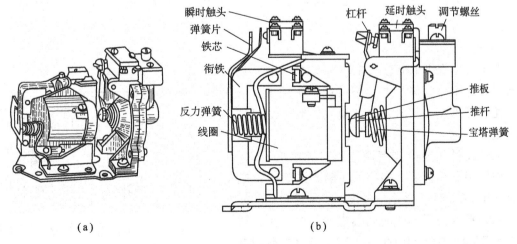

（a）　　　　　　　　　　　　　　　　　（b）

图 1－20　JS7－A 系列空气阻尼式时间继电器的外形及结构

（a）外形；（b）结构

通电延时空气阻尼式时间继电器的工作原理为：电磁线圈通电时，电磁铁吸合，活塞杆在弹簧力作用下通过活塞带动橡皮膜移动。但受进气孔进气速度的限制，空气进入气囊，使气囊充满气体需经过一段时间，活塞杆才能使微动开关动作，动断触头断开，动合触头闭合。通过改变进气孔的气隙大小调整延时时间。同时，可以通过电磁铁动作直接控制一组微动开关，不需延时的瞬动开关。当线圈断电时，电磁铁在复位弹簧作用下复位，同时推动活塞杆、活塞、橡皮膜，利用活塞和橡皮膜之间的配合在排气时形成单向阀的作用，使气囊中的气体快速排出，微动开关复位。

断电延时空气阻尼式时间继电器的工作原理与通电延时式的工作原理相似，只是在结构上将电磁机构进行调整，将图1-20所示通电延时型时间继电器的电磁铁翻转180°安装后，使电磁铁在断电时气囊延时进气，即变成通电延时型时间继电器。

空气阻尼式时间继电器的结构简单、价格低廉、延时范围大，但误差较大。

3）电动式时间继电器

电动式时间继电器由电动机、减速器、离合电磁铁、凸轮、触点等组成。

如图1-21所示，其工作原理：接通电源开关，电磁铁通电动作，使两齿轮啮合，传动机构接通，电动机通过常闭触点得电工作，通过减速器带动凸轮转动，经过一定时间，凸轮转到凹处时，在弹簧作用下通过杠杆，使常开触点闭合，去控制其他电路。同时，其常闭触点断开，电动机电路断电。当打开电源开关时，电磁铁断电，使两齿轮分开。同时，凸轮在弹簧作用下恢复到原始位置。电动式时间继电器延时时间是从起始位置到凹处的一段弧长，可通过调整起始位置来调整延时时间。

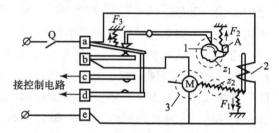

图1-21 电动式时间继电器工作原理

1—凸轮；2—离合电磁铁；3—减速器

A—挡柱；$z_1$，$z_2$—齿轮；$F_1$，$F_2$，$F_3$—弹簧弹力

优点：延时值不受电源电压波动及环境温度变化的影响，重复精度高；延时范围宽，可达数十小时，延时过程以通过指针表示。但结构复杂，成本高，寿命低，不适于频繁操作，延时误差受电源频率的影响。常用的是JS11系列。

4）电子式时间继电器

电子式时间继电器也叫晶体管式时间继电器。具有延时范围广、体积小、精度高、功耗小、调节方便、可采用数字显示等优点。因此，使用日益广泛。

电子式时间继电器有通电延时和断电延时。按工作原理分阻容式、数字式。阻容式时间继电器是利用RC充电、放电的过渡过程来延时的。如图1-22所示为阻容式时间继电器是原理图，适合于中等延时场合（0.05 s～1 h）。数字式时间继电器是采用数字脉冲计数电路来延时的，延时

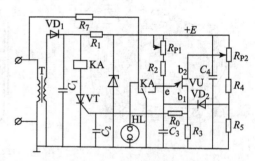

图1-22 单结晶体管组成的

通电延时电路原理

间长，精度很高，调整延时时间方便，适合于高精度、时间长的场合。

常用的电子式时间继电器有 JS20、JS13、JS14、JS15 等，日本富士公司产有 ST、HH、AR 等。常用国产晶体管式时间继电器外形如图 1－23 所示。

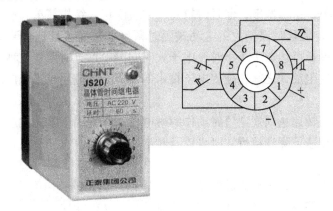

图 1－23　国产晶体管式时间继电器外形

5）时间继电器的型号

现以我国生产的新产品 JS23 系列为例说明时间继电器的型号意义。

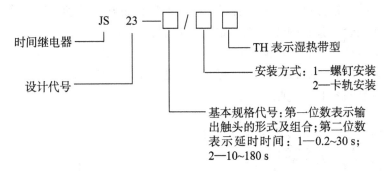

6）图形及文字符号

时间继电器的图形文字符号如图 1－24 所示。

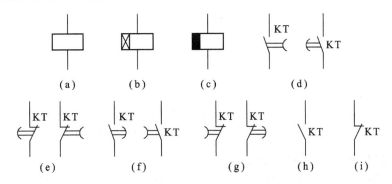

图 1－24　时间继电器的图形文字符号

(a) 线圈一般符号；(b) 通电延时线圈；(c) 断电延时线圈；

(d) 延时闭合常开触点；(e) 延时断开常闭触点；(f) 延时断开常开触点；

(g) 延时闭合常闭触点；(h) 瞬时常开触点；(i) 瞬时常闭触点

7）时间继电器的选用

主要考虑控制回路所需要的延时触头的延时方式（通电延时还是断电延时）、瞬动触头的数量、线圈电压等，根据不同的使用条件选择不同类型的时间继电器。

电磁式结构简单，价格低廉，但延时较短；空气阻尼式结构简单，价格低，但延时范围较大（0.4~180 s），但延时误差大；电动式延时精确度较高，且延时调节范围宽，可从几秒钟到数十分钟，最长可达数十个小时。电子式时间继电器延时可从几秒钟到数十分钟，精度介于电动式和空气阻尼式之间，随着电子技术的发展，其应用越来越广泛。

**3. 速度继电器**

速度继电器是当转速达到规定值时动作的继电器。它常用于电动机反接制动的控制电路中，当反接制动的转速下降到接近零时自动及时地切断电源。

1）结构原理

速度继电器主要由永久磁铁制成的转子、用硅钢片叠成的铸有笼形绕组的定子、支架、胶木摆杆和触头系统等组成，其中转子与被控电动机的转轴相连接。

由于速度继电器与被控电动机同轴连接，当电动机制动时，由于惯性，它要继续旋转，从而带动速度继电器的转子一起转动。该转子的旋转磁场在速度继电器定子绕组中感应出电动势和电流，由左手定则可以确定。此时，定子受到与转子转向相同的电磁转矩的作用，使定子和转子沿着同一方向转动。定子上固定的胶木摆杆也随着转动，推动簧片（端部有动触头）与静触头闭合（按轴的转动方向而定）。静触头又起挡块作用，限制胶木摆杆继续转动。因此，转子转动时，定子只能转过一个不大的角度。当转子转速接近于零（低于100 r/min）时，胶木摆杆恢复原来状态，触头断开，切断电动机的反接制动电路。速度继电器结构及图形文字符号如图1-25所示。

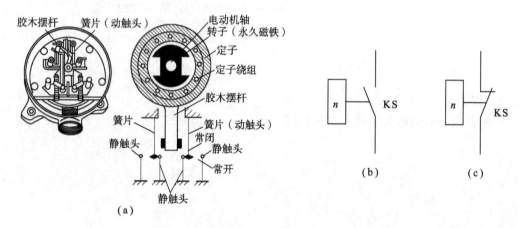

图1-25 速度继电器的结构及图形文字符号
（a）结构；（b）常开触点符号；（c）常闭触点符号

2）速度继电器的类型及选用原则

国内常用的感应式速度继电器有永磁式JY1和JFZ0系列。一般来说，可根据动作速度的大小来选择速度继电器的类型。JY1系列能在3 000 r/min的转速下可靠工作。JFZ0型触点动作速度不受定子柄偏转快慢的影响，触点改用微动开关。JFZ0系列JFZ0-1型适用于300~1 000 r/min，JFZ0-2型适用于1 000~3 000 r/min。速度继电器有两对常开、常闭触点，分别对应于被控电动机的正、反转运行。一般情况下，速度继电器的触点，在转速达120 r/min 时能动作，100 r/min 左右时能恢复正常位置。

### 1.1.6　主令电器的选用

主令电器是指在控制电路中发出闭合、断开的指令信号或作程序控制的开关电器。主令电器应用广泛，种类繁多。常见的有按钮、行程开关、接近开关、万能转换开关和主令控制器等。

1. 按钮

按钮是一种短时接通或分断小电流电路的手动电器。它不直接控制主电路的通断，而在控制电路中发出指令去控制接触器、继电器等电器的电磁线圈，再由它们控制主电路的通断。

按钮触头允许通过的电流一般不超过 5 A。一般规格为交流 500 V，允许持续电流为5 A。

1）按钮的结构原理

按钮一般由按钮帽、复位弹簧、动触头、静触头和外壳等组成。按钮的结构示意如图1-26 所示。

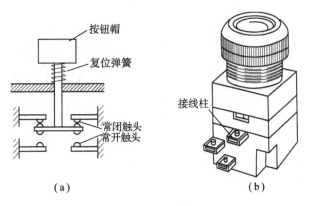

图 1-26　按钮的结构示意
（a）结构图；（b）外形图

图 1-26 是一个复合按钮，工作时常闭和常开是联动的，当按下按钮时，常闭触点断开，然后常开触点接通。按钮松开后在弹簧作用下，常开触点断开，然后常闭触点接通。即先断开，后吸合。在分析实际控制电路过程时应特别注意的是：常闭和常开触点在改变工作状态时，先后有个很短的时间差不能被忽视。

2）型号含义

按钮可根据实际工作需要组成多种结构形式，如 LA18 系列按钮采用积木式结构，触头数量按需要拼装，最多可至六对常开触点和六对常闭触点。结构形式有：紧急式装有突出的蘑菇形钮帽，以便紧急操作；指示灯式在透明按钮内装有指示灯，作信号显示；钥匙式为使用安全起见，必须用钥匙插入方可旋转操作；旋钮式用手旋转进行操作。通常将按钮的颜色分成黄、绿、红、黑、白、蓝等，供不同场合选用。工作中为便于识别不同作用的按钮，避免误操作，国标 GB 5226—1985 对其颜色规定如下：

（1）停止和急停按钮：红色。按红色按钮时，必须使设备断电、停车。

（2）启动按钮：绿色。

（3）点动按钮：黑色。

（4）启动与停止交替按钮：必须是黑色、白色或灰色，不得使用红色和绿色。

（5）复位按钮：必须是蓝色；当其兼有停止作用时，必须是红色。

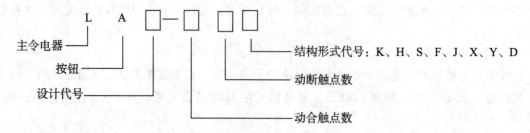

其中，结构形式代号的含义是：K—开启式；H—保护式；S—防水式；F—防腐式；J—紧急式；X—旋钮式；Y—钥匙操作式；D—光标按钮。

3）电气图文符号

按国际 IEC 标准要求，按钮在电路中的图形及文字符号如图 1 - 27 所示。

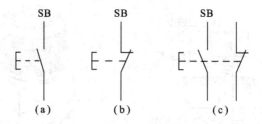

图 1 - 27　按钮的图形及文字符号

（a）常开触点；（b）常闭触点；（c）复式触点

4）按钮的选用

（1）根据使用场合和具体用途的不同要求，按照电器产品选用手册来选择国产品牌、国际品牌的不同型号和规格的按钮。

（2）根据控制系统的设计方案对工作状态指示和工作情况要求合理选择按钮或指示灯的颜色，如启动按钮选用绿色、停止按钮选择红色等。

（3）根据控制回路的需要选择按钮的数量，如单联钮、双联钮和三联钮等。

2. 行程开关

行程开关又称限位开关或位置开关，其作用与按钮相同，只是其触头的动作不是靠手动操作，而是利用生产机械某些运动部件的碰撞使其触头动作后，发出控制命令以实现近、远距离行程控制和限位保护。

1）结构原理

行程开关是一种根据运动部件的行程位置而切换电路的电器。它由操作头、触头系统和外壳等组成。按运动形式可分为直动式和转动式；按结构可分为直动式、滚动式、微动式；按触点性质可分为有触点式和无触点式。常用国产外形如图 1 - 28 所示。

图 1 - 28　常用国产行程开关外形

（1）直动式行程开关。

直动式行程开关结构如图 1 - 29 所示，动作原理与按钮类似，其推杆动作由机械运动部件碰撞动作。直动式行程开关结构简单，成本低，分离速度慢，易烧触点。适用于机械运动速度小于 0.4 m/min 的电器中。

（2）微动开关。

为克服直动式行程开关的缺点，微动开关系用微动机构，以减轻电流对触点烧蚀，触点动作具有迅速性和准确性。如图 1 - 30 所示，按下推杆，弹簧片发生变形，储存能量并产生位移，当推杆达到临界点时，弹簧片带动触点产生瞬时跳跃，使常闭触点断开，常开触点接通。当推杆松开时，弹簧释放能量向相反方向跳动，开关恢复原位。

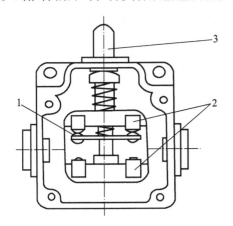

图 1 - 29　直动式行程开关

1—动触点；2—静触点；3—推杆

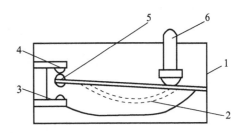

图 1 - 30　微动开关结构

1—壳体；2—弹簧片；3—常开触点；
4—常闭触点；5—动触点；6—推杆

特点：体积小，动作灵敏，适合在小型电器中使用，但推杆操作行程小，结构强度不够高，使用中注意以防撞坏。

（3）滚轮旋转行程开关。

为克服直动行程开关的缺点，可采用瞬动式滚轮旋转开关。如图 1 - 31 所示，滚轮 1 在受到向左的外力作用下，通过上转臂 2 的转动，压缩盘形弹簧 3，同时使推杆 4 向右转动，压缩压缩弹簧 11，滚球 5 沿操纵件 6 中点向右移动，移动到操纵件 6 中点时，弹簧 3 和 11 使操纵件 6 迅速转动，故而使动触点迅速与右边静触点分开，并使左边静触点闭合。

特点：动作速度快，减少电弧烧蚀触点，工作可靠，适合慢速工作。

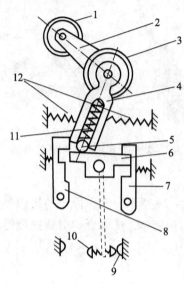

图 1 - 31　滚轮旋转式位置开关

1—滚轮；2—上转臂；3—盘形弹簧；4—推杆；5—滚球；6—操纵件；

7，8—摆杆；9—静触点；10—动触点；11—压缩弹簧；12—弹簧

2）电气图文符号

按国际 IEC 标准要求，行程开关在电路中的图形及文字符号如图 1 - 32 所示。

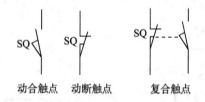

动合触点　　动断触点　　复合触点

图 1 - 32　行程开关电气图形及文字符号

3）型号含义

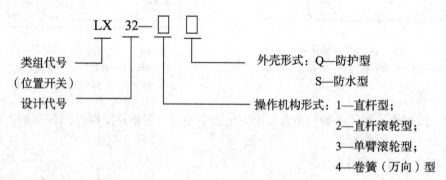

4）行程开关的选用

选用行程开关，主要应根据被控制电路的特点、要求及生产现场条件和所需触头数量、种类等因素综合考虑。

（1）根据额定电压、额定电流、触头换接时间、动作力、动作角度、触头数量等选择类型。

（2）根据使用场合和具体用途的不同要求，按照电器产品选用手册来选择国产品牌、国际品牌的不同型号和规格的行程开关。常用国产型号有 LX1、JLX1 系列，LX2、JLXK2 系列，LXW—11、JLXK1—11 系列以及 LX19、LXW5、LXK3、LXK32、LXK33 系列等，国外引进德国西门子公司生产的 3SE 等。实际选用时可直接查阅电器产品样本手册。

（3）根据控制系统的设计方案对工作状态和工作情况要求合理选择行程开关的数量。

3. 接近开关

接近开关也叫电子接近开关，是一种无触点式行程控制开关。主要由感应元件、信号整形放大、驱动电路等组成，采用功率晶体管和晶闸管作为输出元件。

如图 1-33 所示，为高频振荡型接近开关。无金属接近时，电流振荡产生交变磁场。有金属接近时，金属体产生涡流，吸收了振荡能量，使振荡减弱以致停振。振荡和停振时的信号，经整形放大器转换成开关信号，从而产生相应的控制信号，达到位置控制的目的。

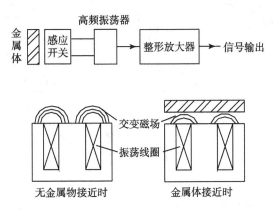

图 1-33　接近开关的工作原理

电子接近开关，电子线路装调后，用环氧树脂密封，具有良好的防潮、防腐蚀性能，可靠性高。目前，应用的有 LJ5、LXJ6、LXJ7 等系列，引进的有德国西门子公司的 3SG、LXT3 系列。型号意义如下：

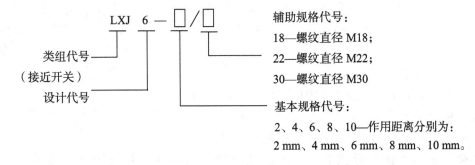

接近开关是无触点开关，具有灵敏度高、操作频率高、寿命长、重复定位精度高、工作稳定可靠等优点，因而获得广泛的应用。根据工作原理，接近开关有高频振荡型、电容型、感应电桥型、永久磁铁型、光电开关、霍尔效应等。也可用作高速转动发生器，高速计数器等。工作可靠，寿命长，成本低，适合性强，灵敏度高，精度高，反应快，广泛应用于控制系统。

#### 4. 万能转换开关

万能转换开关是一种可以同时控制多条回路的主令电器。它由多组结构相同的开关元件叠装而成，触头的动作挡数很多，主要用于对各种配电装置进行控制；作为电压表、电流表的换相测量开关；小容量电动机的启动、制动、调速、正反转控制等。由于开关的触头挡位很多，用途极为广泛，故称为万能转换开关。万能转换开关的外形，如图1-34所示。

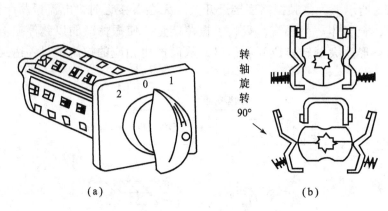

图1-34　万能转换开关的外形及凸轮通断示意图
(a) 外形；(b) 凸轮通断触点示意图

#### 1) 结构原理

常用的万能转换开关有 LW2、LW5、LW6、LW8 等系列。LW5 系列的外形及开关单层结构如图 1-35 所示。它的骨架采用热塑性材料制成，由多层触头底座叠加而成。每层触头底座内装有一对（或三对）触头和一个装在转轴上的凸轮。操作时，手柄带动转轴和凸轮一起转动，凸轮就可以接通或分断触头。当手柄在不同操作位置时，利用凸轮顶开或靠弹簧恢复动触头，控制它与静触头的分与合，从而达到对电路进行换接的目的。

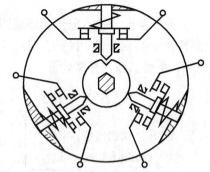

图1-35　万能转换
开关单层结构

#### 2) 电气图文符号

万能转换开关在电气原理图中的图形符号以及各位置的触头通断表如图 1-36 所示。图中"—○○—"代表一路触头，每根竖的点画线表示手柄位置，点画线上的黑点"●"表示手柄在该位置时，上面这一路触头接通。万能转换开关的文字符号为 SA。

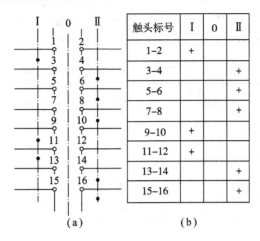

图 1-36 万能转换开关电气图文符号及触头通断表

(a) 符号; (b) 触头通断表

3) 型号含义

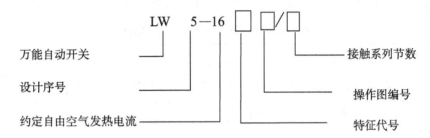

4) 转换开关的选用

(1) 转换开关的额定电压应不小于安装地点线路的电压等级。

(2) 用于照明或电加热电路时, 转换开关的额定电流应不小于被控制电路中的负载电流。

(3) 用于电动机电路时, 转换开关的额定电流是电动机额定电流的 1.5~2.5 倍。

(4) 当操作频率过高或负载的功率因数较低时, 转换开关要降低容量使用, 否则会影响开关寿命。

(5) 转换开关的通断能力差, 控制电动机进行可逆运转时, 必须在电动机完全停止转动后, 才能反向接通。

 【任务实施】

### 1.1.7 常用开关电器识别与拆装

1. 工具器材

钢丝钳、尖嘴钳、螺丝刀、活络扳手等电工工具, 万用表 1 块, 兆欧表 1 块, 胶盖闸刀开关 1 只, 铁壳开关 1 只, 自动开关 1 只。

2. 步骤及内容

(1) 把一个胶盖闸刀开关拆开, 观察其内部结构, 将主要零部件的名称及作用记入

表 1 - 2 中。然后，合上开关，用万用表电阻挡测量各对触头之间的接触电阻，用兆欧表测量每两相触头之间的绝缘电阻。测量后将开关组装还原，测量结果仍记入表 1 - 2 中。

表 1 - 2　胶盖闸刀开关的结构与测量记录

| 型号 | | 极数 | | 主要零部件 | |
|---|---|---|---|---|---|
| | | | | 名称 | 作用 |
| 触头接触电阻/Ω | | | | | |
| L1 相 | | L2 相 | | L3 相 | |
| | | | | | |
| 相间绝缘电阻/MΩ | | | | | |
| L1 - L2 | | L1 - L3 | | L2 - L3 | |
| | | | | | |

（2）把一个铁壳开关拆开，观察其内部结构，将主要零部件的名称及作用记入表 1 - 3 中。然后，合上开关，用万用表电阻挡测量触头之间的接触电阻，用兆欧表测量每两相触头之间的绝缘电阻。测量后，将开关组装还原，测量结果仍记入表 1 - 3 中。

表 1 - 3　铁壳开关的结构与测量记录

| 型号 | | 极数 | | 主要零部件 | |
|---|---|---|---|---|---|
| | | | | 名称 | 作用 |
| 触头接触电阻/Ω | | | | | |
| L1 相 | | L2 相 | | L3 相 | |
| | | | | | |
| 相间绝缘电阻/MΩ | | | | | |
| L1 - L2 | | L1 - L3 | | L2 - L3 | |
| | | | | | |
| 熔断器 | | | | | |
| 型号 | | 规格 | | | |
| | | | | | |

（3）把一个装置式自动开关拆开，观察其内部结构，将主要零部件的名称及作用和有关参数记入表 1 - 4 中（未标明的不记），然后，将开关组装还原。

表 1 - 4　装置式自动开关的结构及参数记录

| 名称 | 作用 | 有关参数 | |
|---|---|---|---|
| | | 名称 | 参数 |
| | | | |
| | | | |
| | | | |
| | | | |
| | | | |
| | | | |
| | | | |

## 1.1.8 常用主令电器识别与拆装

1. 工具器材

钢丝钳、尖嘴钳、螺丝刀、镊子等常用电工工具，万用表1块，按钮1只，行程开关 1只。

2. 步骤及内容

（1）把一个按钮开关拆开，观察其内部结构，将主要零部件的名称及作用记入表1-5中。然后，将按钮开关组装还原，用万用表电阻挡测量各对触头之间的接触电阻，将测量结果记入表1-5中。

表1-5 按钮开关的结构及测量记录

| 型号 | | 额定电流 | | 主要零部件 | |
|---|---|---|---|---|---|
| | | | | 名称 | 作用 |
| 触头数量/副 | | | | | |
| 常开 | | 常闭 | | | |
| | | | | | |
| 触头电阻/Ω | | | | | |
| 常开 | | 常闭 | | | |
| 最大值 | 最小值 | 最大值 | 最小值 | | |
| | | | | | |
| 注：常开触头的电阻在按钮受压时测量。 | | | | | |

（2）把一个行程开关拆开，观察其内部结构，将主要零部件的名称及作用记入表1-6中；用万用表电阻挡测量各对触头之间的接触电阻，将测量结果记入表1-6中。然后，将行程开关组装还原。

表1-6 行程开关的结构及测量记录

| 型号 | | 类型 | | 主要零部件 | |
|---|---|---|---|---|---|
| | | | | 名称 | 作用 |
| 触头数量/副 | | | | | |
| 常开 | | 常闭 | | | |
| | | | | | |
| 触头电阻/Ω | | | | | |
| 常开 | | 常闭 | | | |
| 最大值 | 最小值 | 最大值 | 最小值 | | |
| | | | | | |
| 注：常开触头的电阻在行程开关受压时测量。 | | | | | |

### 1.1.9 交流接触器拆装与测试

1. 工具器材

（1）工具：钢丝钳、尖嘴钳、螺丝刀、扳手、镊子等电工工具。

（2）仪器：交流调压器1台、万用表1块、电流表1块、电压表1块。

（3）器材：三级开关1只、二级开关1只、交流接触器1只、指示灯3只。

2. 步骤及内容

1）交流接触器的拆卸、装配

把一个交流接触器拆开，观察其内部结构，将拆卸步骤、主要零部件的名称及作用，各对触头动作前后的电阻值、各类触头的数量、线圈的数据等记入表1-7中，然后，再将这个交流接触器组装还原。

表1-7 交流接触器的拆卸与检测记录

| 型号 | 容量/A | | 拆卸步骤 | 主要零部件 | |
|---|---|---|---|---|---|
| | | | | 名称 | 作用 |
| | | | | | |
| 触头数量 | | | | | |
| 主 | 辅 | 常开 | 常闭 | | |
| | | | | | |
| 触头电阻/Ω | | | | | |
| 常开 | | 常闭 | | | |
| 动作前 | 动作后 | 动作前 | 动作后 | | |
| | | | | | |
| 主要参数 | | | | | |
| 线圈额定电压/V | 线圈直流电阻/Ω | 触点工作电压/V | 线圈匝数 | | |
| | | | | | |
| 通电运行测试 | | | | | |
| 线圈吸合电压/V | 线圈吸合电流/mA | | 线圈释放电压/V | | 线圈释放电流/mA |
| | | | | | |

2）交流接触器的校验

将装配好的接触器按图1-37所示接入校验电路，选好电流表、电压表量程并调零，将调压变压器输出置于零位。合上QS1和QS2，均匀调节调压变压器，使电压上升到接触器铁芯吸合为止，此时电压表的指示值即为接触器的动作电压值（小于或等于85%吸引线圈的额定电压）。保持吸合电源值，分合开关QS2做两次冲击合闸试验，以校验动作的可靠性。均匀地降低调压变压器的输出电压直至衔铁分离，此时电压表的指示值即为接触器的释放电压（应大于 50% 吸引线圈的额定电压）。将调压变压器的输出电压调至接触器线圈的额定电压，观察衔铁有无振动和噪声，从指示灯的明暗可判断主触头的接触情况。

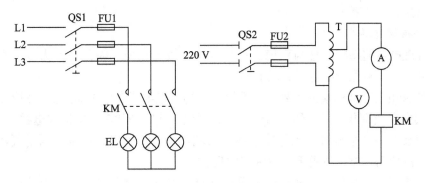

图 1 - 37　交流接触器动作校验电路

3. 注意事项

拆卸过程中应备有盛放零件的容器，以免丢失零件。拆卸过程不允许硬撬，以免损坏电器。通电校验时，接触器应固定在控制板上，并有教师监护，以确保用电安全。通电校验过程中，要均匀缓慢地改变调压器的输出电压，以使测量结果尽量准确。

**【知识拓展】**

## 1.1.10　新型控制电器认识

1. 微型继电器

与普通继电器相比，微型继电器具有体积小、重量轻、容量大、可靠性高、功耗低、寿命长等优点，因此被广泛应用于电子设备、自动化仪表、计算机、电子回路的输入/输出接口和可编程序控制器等方面。微型继电器一般只是说它的体积比较小而已，当控制回路的驱动电压只有 5 ~ 24 V，电流也较小时，最好选择使用微型继电器。

2. 极化继电器

极化继电器和通用继电器不同，其磁路中由永久磁铁组成极化磁路，因此继电器的动作与输入信号的极性有关，其工作原理如图 1 - 38 所示。

线圈断电后，极化磁通和复原弹簧对衔铁共同作用的结果可使衔铁处在下面三个不同的位置。

（1）中间位置：为三位置极化继电器磁路，当线圈中无电流时，衔铁处于中间位置；当通以不同方向的电流时，衔铁分别吸向左边或右边，动触点分别与左、右静触头接触。

（2）偏倚位置：为偏倚式极化继电器磁路，只

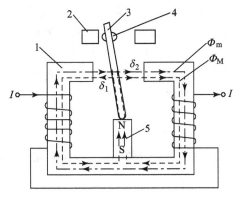

图 1 - 38　极化继电器原理图
1—铁芯；2—静触头；3—衔铁；
4—动触头；5—永久磁铁

有通以一定方向的线圈电流，继电器才能动作，当线圈断电后，衔铁又回到原来的位置。

（3）任意极面上：为双稳态极化继电器磁路，线圈通电并动作后，当线圈断电时，衔铁继续保持在通电动作位置上；当通以相反方向电流时，衔铁吸向另一方；当再次断电时，衔铁继续保持在该位置上。

### 3. 磁保持继电器

磁保持继电器的动作原理与双稳态极化继电器极为相似，因此又称为双稳态闭锁继电器、脉冲继电器。磁保持继电器有以下特点：

（1）使继电器动作的输入信号有极性要求，即该继电器有鉴别输入信号极性的能力。

（2）继电器线圈断电后，继电器仍能保持通电工作时的状态，即该继电器有记忆功能。

（3）只要有一个很短的输入脉冲，继电器就能动作，这以后可以不再消耗功率，因此磁保持继电器特别省电，适用于电源困难的场合。

（4）磁钢吸持力比较大，而且一般采用平衡力结构，因此磁保持继电器能承受较强的震动和冲击。

（5）由于磁路有两个工作气隙，在两种磁通的共同作用下，一边的磁通相叠加，一边相减，因而衔铁动作较快，衔铁的行程也可以做得较大，适宜做成大负荷继电器。

### 4. 固态继电器

固态继电器是一种具有类似电磁式继电器功能，输入回路与输出回路隔离，无机械运动机构的继电器，由于是无触点结构，因此称为固态继电器。由半导体器件或电子电路功能块与电磁式继电器组成的继电器称为混合式固态继电器。固态继电器与电磁式继电器相比有明显的优点。固态继电器的优点有：

（1）无运动零件，因此动作速度快，接触可靠，抗震动、冲击性能好，无动作噪声。

（2）无燃弧触点，对其他电路干扰小，没有因火花而引起爆炸的危险。

（3）输入功率小，灵敏度高。

（4）容易做成多功能继电器。

（5）使用寿命长。

### 5. 表面贴装继电器

电子技术的飞速发展对印刷电路板的安装密度提出了新的要求。安装间隔为 12.5 mm 甚至更小的插板式安装将为大多数整机所采用。由于表面贴装技术不需要对电路板打孔，因而表面贴装元件得到了长足的发展，各种表面贴装继电器也应运而生，它是一种更小型化的微型继电器，其中常用产品有表面贴装继电器模块 RM05 - 4A、G6J - 2P - Y - 5V 低信号表面贴装继电器等。

# 任务二　低压保护电器的选用

## 【任务描述】

在低压供配电和用电过程中，电路中的主要故障有短路、过载、失压、欠压等。针对这些故障，分别在电路中设置相关的保护电器。这些电器有熔断器、热继电器、过电流继电器、欠电压继电器等。

　　熟悉典型熔断器、热继电器、过电流继电器、欠电压继电器的基本结构、用途和图文符号，掌握它们的拆卸、组装及调试方法，并能正确地用万用表等仪表对其进行检测，是把握低压保护电器选用的关键。

【相关知识】

## 1.2.1　熔断器的选用

　　熔断器是一种最常用的简单有效的短路保护电器，使用时将熔断器串联在被保护的电路中。当电路发生短路或严重过载故障时，便有较大的电流流过熔断器，熔断器中的熔体（熔丝或溶片）产生较大的热量而熔断，从而自动分断电路，起到保护作用。

　　**1. 结构原理**

　　熔断器主要由熔体和放置熔体的绝缘管或绝缘底座组成。熔体是熔断器的核心，由铅、铅锡合金、锌、铜及银等材料制成丝状或片状，熔点为 200 ℃ ~300 ℃，俗称保险丝。工作中，熔体串接于被保护电路，既是感测元件，又是执行元件；当电路发生短路或严重过载故障时，通过熔体的电流势必超过一定的额定值，使熔体发热，当达到熔点温度时，熔体某处自行熔断，从而分断故障电路，起到保护作用。熔座（或熔管）是由陶瓷、硬质纤维制成的管状外壳。熔座的作用主要是为了便于熔体的安装并作为熔体的外壳，在熔体熔断时兼有灭弧的作用。熔断器的结构外形如图 1 – 39 所示。

图 1 – 39　熔断器外形图
（a）瓷插式；（b）螺旋式；（c）无填料密封管式；（d）有填料密封管式

　　**2. 熔断器的类型及型号含义**

　　常用的低压熔断器有瓷插式、螺旋式、封闭管式（有填料管式和无填料管式）及快速熔断器等。其型号意义如下：

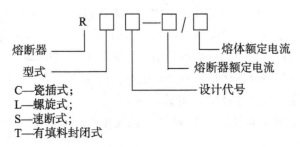

1）瓷插式熔断器

瓷插式熔断器由瓷盖、瓷底座、动触头、静触头和熔丝组成，外形及结构如图 1-40 所示，额定电流 60 A 以上的熔断器的灭弧室中还垫有熄弧用的纺织石棉。瓷插式熔断器分断能力较小，电弧的弧光效应较大，动触头铜片的弹性随着使用而变差，与静触头接触不紧密，容易造成发热。但它价格便宜，更换方便，多用于 500 V 以下低压分支电路或小容量电动机的短路保护。

2）螺旋式熔断器

螺旋式熔断器主要由瓷帽、熔断管（芯子）、指示器、瓷套上下接线端及底座等组成。熔断管内装有熔体和石英砂，石英砂用来熄灭电弧。熔断管一端有一红色金属片——指示器，熔断管有红点的一端插入瓷帽，瓷帽上有螺纹，将瓷帽连同瓷管一起拧进瓷底座。透过瓷帽的玻璃窗口可观察到熔断器的工作情况，若红色指示器弹出说明熔体已熔断。产品系列有 RL1 和 RL2 等。常用 RL1 系列螺旋式熔断器的外形结构及熔断器的电气图文符号如图 1-41 所示。额定电压为 500 V，额定电流有 15 A、60 A、100 A、200 A 等。

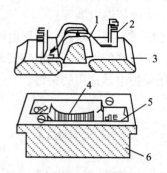

图 1-40  RC1A 系列瓷插式熔断器

1—熔丝；2—动触头；3—瓷盖；4—石棉带；5—静触头；6—瓷座

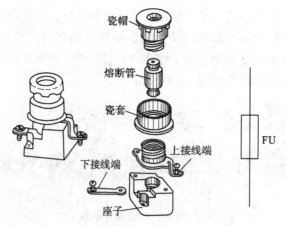

图 1-41  螺旋式熔断器的结构及熔断器符号

螺旋式熔断器分断能力较强、体积小、安装方便、使用安全可靠，熔体熔断后有明显指示，常用于交流 380 V、电流 200 A 以内的线路和用电设备作短路保护。

3）无填料封闭管式熔断器

无填料封闭管式熔断器的产品系列为 RM7、RM10 系列等。额定电压有 220 V、380 V、500 V；额定电流有 15 A、60 A、100 A、200 A、350 A、600 A 等几种规格。主要由钢纸管、黄铜套管、黄铜帽、熔体、插刀和静插座等组成，熔断管内装有熔体，当大电流通过时，熔体在狭窄处被熔断，钢纸管在熔体熔断所产生的电弧的高温作用下，分解出大量气体增大管内压力，起到灭弧作用，其外形及结构如图 1-42 所示。

无填料封闭管式熔断器多用于交流 380 V、额定电流 1 000 A 以内的低压线路及成套配电设备作短路保护。

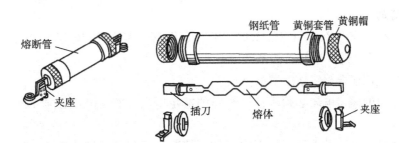

图 1 - 42　无填料封闭管式熔断器的结构

4）有填料封闭管式熔断器

有填料封闭管式熔断器的产品系列为 RT0 系列，额定电压为 380 V，额定电流有 100 A、200 A、400 A、600 A 和 1 000 A 等规格，其外形及结构如图 1 - 43 所示。

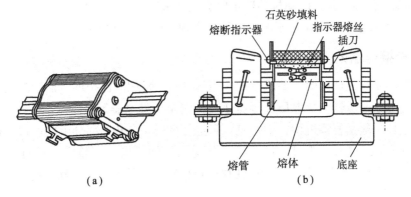

图 1 - 43　有填料封闭管式熔断器结构
（a）熔管；（b）整体结构

它主要由熔管、熔体和底座等组成。熔管内填满直径为 0.5 ~ 1.0 mm 的石英砂，以加强灭弧功能。其分断能力可达 50 kA，熔断管只能一次性使用，当熔体熔断后，需更换整个熔管。

有填料封闭管式熔断器主要用于交流 380 V、额定电流 1 000 A 以内的高短路电流的电力网络和配电装置中作为电路、电机、变压器及其他设备的短路保护电器。

3. 熔断器的主要技术参数

（1）额定电压。额定电压是指能保证熔断器长期正常工作的电压。若熔断器的实际工作电压大于额定电压，熔体熔断时可能发生电弧不能熄灭的危险。

（2）额定电流。额定电流保证熔断器在长期工作下，各部件温升不超过极限允许温升所能承载的电流值。它与熔体的额定电流是两个不同的概念。熔体的额定电流：在规定工作条件下，长时间通过熔体而熔体不熔断的最大电流值。通常一个额定电流等级的熔断器可以配用若干个额定电流等级的熔体，但熔体的额定电流不能大于熔断器的额定电流值。

（3）分断能力。熔断器在规定的使用条件下，能可靠分断的最大短路电流值。通常用极限分断电流值来表示。

（4）时间 - 电流特性。时间 - 电流特性又称保护特性，表示熔断器的熔断时间与流过熔体电流的关系。熔断器的熔断时间随着电流的增大而减少，即反时限保护特性。

4. 熔断器的选用

常用熔断器型号有 RC1、RL1、RT0、RT15、RT16（NT）和 RT18 等，在选用时可根据使用场合酌情选择。选择熔断器的基本原则如下：

（1）根据使用场合确定熔断器的类型。

（2）熔断器的额定电压必须不低于线路的额定电压。额定电流必须不小于所装熔体的额定电流。

（3）熔体额定电流的选择应根据实际使用情况进行计算。熔体电流的选择是熔断器选择的核心。

①对于照明线路等无冲击电流负载，其熔体额定电流应等于或稍大于线路工作电流。

②对一台异步电动机的保护，其熔体额定电流可按电动机额定电流的 1.5 ~ 2.5 倍来选择。

③对多台电动机共用一个熔断器保护，其熔体额定电流可按容量最大一台电动机的额定电流的 1.5 ~ 2.5 倍加上其余电动机的额定电流之和来选择。

（4）熔断器的分断能力应大于电路中可能出现的最大短路电流。

## 1.2.2　保护继电器的选用

保护继电器是指在电路中主要起保护作用的电器。常用的保护继电器有热继电器、过电流继电器、过电压继电器和欠电压（零电压、失电压）继电器等。

保护继电器一般由检测机构、中间机构和执行机构 3 个基本部分组成。检测机构把感测到的物理量（电压、电流、温度、压力等）传递给中间机构，与整定值进行比较，当达到整定值（过量或欠量）时，中间机构便使执行机构动作，从而切断电路，起到保护作用。

1. 热继电器

热继电器是利用流过继电器热元件的电流所产生的热效应而反时限动作的保护继电器。所谓反时限动作，是指热继电器动作时间随电流的增大而减小的性能。热继电器主要用于电动机的过载、断相、三相电流不平衡运行及其他电气设备发热引起的不良状态而进行的保护控制。

1）热继电器的结构

如图 1 - 44 和图 1 - 45 所示为热继电器的结构图及动作原理图。

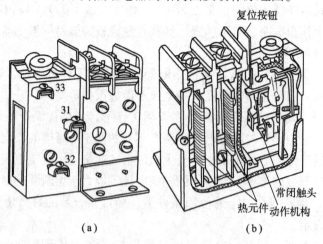

（a）　　　　　　　　　（b）

图 1 - 44　热继电器的外形及结构

（a）外形；（b）结构

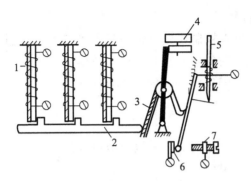

图 1 - 45　热继电器的动作原理

1—热元件；2—推杆；3—温度补偿器；4—动作电流整定装置；5—复位按钮；

6—静触头；7—复位方式调节螺钉

它主要由热元件、触头、动作机构、复位按钮和整定电流装置五部分组成。热元件由双金属片 1 及围绕在外面的电阻丝组成。双金属片由两种热膨胀系数不同的金属片（如铁镍铬合金和铁镍合金）复合而成。使用时将电阻丝直接串联在三相异步电动机的两相电路上。

温度补偿器 3 用与主双金属片同样类型的双金属片制成，以补偿环境温度变化对热继电器动作精度的影响。

2）热继电器的工作原理

当电动机过载时，过载电流使电阻丝发热，引起双金属片受热弯曲推动推杆 2 向右移动，推动温度补偿器 3，使动、静触头分开，使电动机控制电路中的接触器线圈断电释放而切断电动机的电源。

热继电器动作后有自动复位和手动复位两种，由螺钉 7 来控制。当螺钉 7 靠左时为自动复位状态；将螺钉 7 向右调到一定位置时为手动复位状态。

热继电器通常有一对常开一对常闭触头。常闭触头串入控制回路，常开触头可接入信号回路。

3）热继电器的型号、图形及文字符号

热继电器的种类繁多，其中双金属片式热继电器应用最多。按极数划分，热继电器可分为单极、两极和三极 3 种，其中三极的又包括带断相保护装置的和不带断相保护装置的；按复位方式划分，有自动复位式和手动复位式。目前常用的有国产的 JR16、JR36、JR20、JRS1 等系列以及国外的 T 系列、LR2D 系列、3UA 等系列产品。

以 JRS1 系列为例，其型号含义如下：

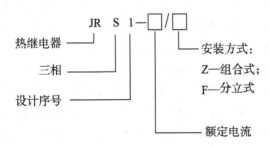

4) 电气图形及文字符号

热继电器的常闭触点串入控制回路，常开触点可接入报警信号回路或 PLC 控制时的输入接口电路。按国标要求，热继电器在电路图中的电气图文符号如图 1-46 所示。

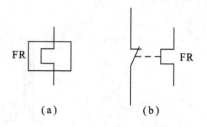

图 1-46  热继电器的图形及文字符号

(a) 热元件；(b) 常闭触点

5) 热继电器的选用

热继电器的整定电流靠凸轮调节，一般调节范围是热元件额定电流值的 66%～100%。

（1）热继电器有 3 种安装方式，应按实际安装情况选择其安装方式。

（2）原则上热继电器的额定电流应按略大于电动机的额定电流来选择。一般情况下，热继电器的整定值为电动机额定电流的 0.95～1.05 倍。但是如果电动机拖动的负载是冲击性负载或启动时间较长及拖动的设备不允许停电的场合，热继电器的整定值可取电动机额定电流的 1.1～1.5 倍。如果电动机的过载能力较差、热继电器的整定值可取电动机额定电流的 0.6～0.8 倍。同时，整定电流应留有一定的上、下限调整范围。

（3）在不频繁启动的场合，要保证热继电器在电动机启动过程中不产生误动作。若电动机启动电流小于等于 6 倍额定电流，启动时间小于 6 s，很少连续启动时，可按电动额定电流配置。

（4）在三相电压均衡的电路中，一般采用两相结构的热继电器进行保护；在三相电源严重不平衡或要求较高的场合，需要采用三相结构的热继电器进行保护；对于三角形接法电动机，应选用带断相保护装置的热继电器。

（5）当电动机工作于重复短时工作制时，要注意确定热继电器的允许操作频率。

2. 电流继电器

电流继电器是根据输入电流大小而动作的继电器。使用时，电流继电器的线圈和被保护的设备串联，其线圈匝数少而线径粗、阻抗小、分压小，不影响电路正常工作。电流继电器按用途可分为过电流继电器和欠电流继电器。根据继电器线圈中电流的大小而接通或断开电路。

1) 过电流继电器

当电流超过预定值时，引起开关电器有延时或无延时的动作。它主要用于频繁启动和重载启动的场合，作为电动机主电路的过载和短路保护。

（1）过电流继电器结构原理。

JL14 系列过电流继电器为交流通用继电器，即加上不同的线圈或阻尼圈后可作为电流继电器、电压继电器或中间继电器使用，其外形结构和动作原理如图 1-47 所示，由线圈、圆柱静铁芯、衔铁、触头系统及反作用弹簧等组成。

当线圈通过的电流为额定值时，所产生的电磁吸力不足以克服弹簧的反作用力，此时衔铁不动作。当线圈通过的电流超过整定值时，电磁吸力大于弹簧的反作用力，铁芯吸引衔铁动作，带动动断触点断开，动合触点闭合。调整反作用弹簧的作用力，可整定继电器的动作电流值。该系列中有的过电流继电器带有手动复位机构，这类继电器过电流动作后，当电流再减小至零时，衔铁也不能自动复位，只有当操作人员检查并排除故障后，手动松掉锁扣机

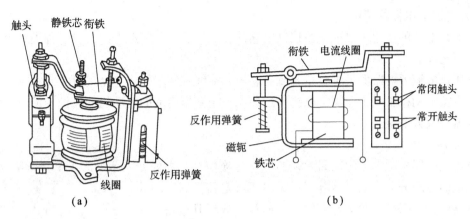

图 1 - 47　JL14 系列过电流继电器的外形结构及动作原理

(a) 外形结构；(b) 动作原理

构，衔铁才能在复位弹簧作用下返回，从而避免重复过电流事故的发生。

（2）过电流继电器电气图文符号。

过电流继电器在电路图中的电气图文符号如图 1 - 48 所示。

2）欠电流继电器

欠电流继电器常用的有 JL14—Q 等系列产品，其结构与工作原理和 JL14 系列、JL18 系列继电器相似。这种继电器的动作电流为线圈额定电流的 30% ~ 65%，释放电流为线圈额定电流的 10% ~ 20%。因此，当通过欠电流继电器线圈的电流降低到额定电流的 10% ~ 20%时，继电器即释放复位，其动合触点断开，动断触点闭合，给出控制信号，使控制电路做出相应的反应。

欠电流继电器的图文符号如图 1 - 49 所示。

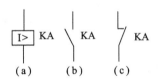

图 1 - 48　过电流继电器的图文符号

(a) 过电流继电器线圈；

(b) 动合触点；(c) 动断触点

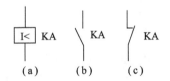

图 1 - 49　欠电流继电器的图文符号

(a) 欠电流继电器线圈；

(b) 动合触点；(c) 动断触点

3）型号含义

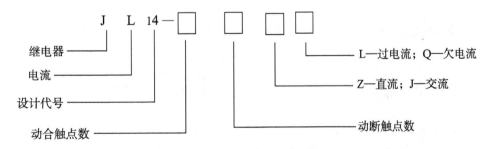

4) 电流继电器的选用

电流继电器的选用主要依据被控制电路的电压等级、所需触点的数量、种类和容量等要求来进行选择。

选用过电流继电器保护小容量直流电动机和绕线式转子异步电动机时，其线圈的额定电流一般可按电动机长期工作额定电流来选择；对于频繁启动的电动机的保护，继电器线圈的额定电流可选大一级。

3. 电压继电器

电压继电器检测对象为线圈两端的电压变换信号。根据动作电压值的不同分为过电压继电器和欠电压继电器。其线圈并联在电路中，根据线圈两端电压的大小而接通或断开电路。其特点是继电器线圈的导线细、匝数多、阻抗大。电压继电器种类繁多，其外形结构如图 1-50 所示。

图 1-50 电压继电器外形结构

1) 结构原理

过电压继电器和欠电压继电器的结构原理基本相同，过电压继电器是当电压大于整定值时动作的电压继电器，主要用于对电路或设备作过电压保护；欠电压继电器是当电压降至某一规定范围时动作的电压继电器，对电路实现欠电压或零电压保护。这里主要分析常见的 DY—30、LY—30 型电压继电器，它主要由线圈、铁芯、衔铁、触点系统和反作用弹簧等组成。主要用于检测电气控制线路电压信号的变化而提示报警。

对常用的过电压继电器，其动作电压可在 105% ~ 120% 额定电压范围内调整。对欠电压继电器来讲，其释放电压可在 40% ~ 70% 额定电压范围内整定，欠电压继电器在线路正常工作时，铁芯与衔铁是吸合的，当电压降至低于整定值时，衔铁释放，带动触点动作。

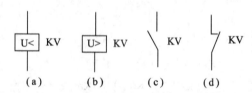

图 1-51 电压继电器图文符号

(a) 欠电压继电器线圈；(b) 过电压继电器线圈；
(c) 动合触点；(d) 动断触点

2) 电气图文符号

按国标要求，过电压、欠电压继电器在电路图中的电气图文符号如图 1-51 所示。

3) 型号含义

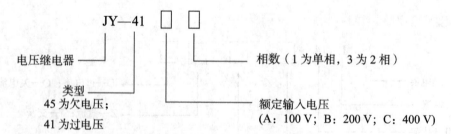

4) 电压继电器的选用

选用电压继电器时应注意：其线圈电压等级应与控制电路电压等级相同；选择电压继电

器时，主要依据由控制电路的要求选择过电压、欠电压继电器。

**【任务实施】**

### 1.2.3 熔断器及电压、电流继电器的拆装与测试

1. 工具器材

（1）工具：钢丝钳、尖嘴钳、螺丝刀、扳手、镊子等电工工具。

（2）仪器：交流调压器 1 台、万用表 1 块、电流表 1 块、电压表 1 块。

（3）器材：二级开关 1 只，瓷插式、螺旋式、封闭管式（有填料管式和无填料管式）等各类熔断器各 1 只，过电压继电器、过电流继电器、欠电压继电器、过电压继电器各 1 只。

2. 训练步骤及内容

1）认识常用低压电器

根据低压保护电器的实物，说出各电器的名称，将记录写入表 1 – 8。

2）不通电测试

在未通电情况下，用万用表进行简单检测，测量熔断器熔体的直流电阻，测量继电器线圈和触点的直流电阻，将记录写入表 1 – 8。

3）通电测试

（1）调节电压或电流继电器的整定值为某一合适数值后，将电压或电流继电器的线圈和触点分别按图 1 – 52 所示接入电路中。

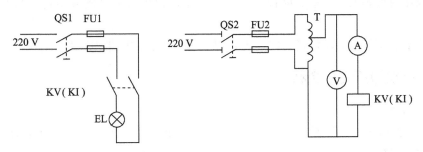

图 1 – 52  电压（电流）继电器整定值测试电路

（2）闭合刀开关 QS1，转动调压器手柄使调压器输出在最小挡。闭合 QS2，转动调压器手柄使电压表电压（或电流表电流）逐渐增大，直到指示灯亮，记录吸合电压（电流）值。

（3）转动调压器手柄，使电压（电流）均匀下降，同时注意继电器的变化，直到指示灯灭，记录释放电压（电流）值，并在表 1 – 8 中记录数据。

表 1-8　保护电器的识别、拆卸与检测记录

| 型号 | | 容量/A | | 拆卸步骤 | 主要零部件 | | |
|---|---|---|---|---|---|---|---|
| | | | | | 名称 | 作用 | |
| 触头数量 | | | | | | | |
| 主 | 辅 | 常开 | 常闭 | | | | |
| | | | | | | | |
| 主要参数 | | | | | | | |
| | | | | | 熔断器 | | |
| 线圈额定电压/V | 线圈直流电阻/Ω | | 触点额定电压/V | | 名称 | 额定电流/A | 熔体电阻/Ω | 额定电压/V |
| | | | | | | | | |
| | | | | | | | | |
| | | | | | | | | |
| 通电运行测试 | | | | | | | |
| 线圈吸合电压/V | | 线圈吸合电流/mA | | 线圈释放电压/V | | 线圈释放电流/mA | |
| | | | | | | | |

3. 注意事项

（1）接线要求牢靠、整齐、清楚、安全可靠。

（2）操作时要胆大、心细、谨慎，不允许用手触及电气元件的导电部分以免触电及意外损伤。

（3）通电观察接触器动作情况时，要注意安全，防止碰触带电部位。

## 1.2.4　热继电器拆装与检测

1. 工具器材

钢丝钳、尖嘴钳、螺丝刀、扳手、镊子等电工工具，万用表 1 块、热继电器 1 只。

2. 步骤及内容

把一个热继电器拆开，观察其内部结构，用万用表测量各热元件的电阻值，将各零部件的名称、作用及有关电阻值记入表 1-9 中。然后，将热继电器组装还原。

表 1-9　热继电器结构及测量记录

| 型号 | | 类型 | 主要零部件 | |
|---|---|---|---|---|
| | | | 名称 | 作用 |
| 热元件电阻值/Ω | | | | |
| L1 相 | L2 相 | L3 相 | | |
| | | | | |
| 整定电流调整值/A | | | | |
| | | | | |

## 【知识拓展】

### 1.2.5 其他低压电器新器件认识

**1. 快速熔断器**

常用的快速熔断器有 RS0 和 RLS0 系列。其结构与 RT0 系列熔断器相似，但它的熔体是由纯银材料制成。快速熔断器具有分断能力强，分断时间短及动作稳定等特点，熔体通过 3.5 倍额定电流时，动作时间不超过 0.06 s。快速熔断器的熔体不能用普通熔体代替。

快速熔断器被广泛应用在电力电子装置上，作短路保护用。

**2. 自复式熔断器**

特点是能重复使用，不必更换熔体；其熔体采用金属钠，利用其常温时电阻很小、高温气化时电阻值骤升、故障消除后温度下降、气态钠回归固态钠、良好导电性恢复的特性制作而成。

**3. 温度继电器**

温度继电器主要用于对电动机、变压器和一般电气设备的过载、堵转、非正常运行引起的过热进行保护。使用时，将温度继电器埋入电动机绕组或介质中，当绕组或介质温度超过允许温度时，继电器就快速动作切断电路，使电器不会损坏；当温度下降到复位温度时，继电器又能自动复位。

**4. CPS 低压电器**

CPS 即"控制与保护开关电器"是低压电器中的新型产品。CPS 可以是单一的开关电气元件形式，也可以是由电气元件组合而成的但可被认为是一个整体单元形式。目前，国内利用 CPS 研制成适合各种需求的开关电器，常用的型式有以下方式：基本型、消防型、隔离型、双速电机成套单元、可逆型、三速电机成套单元、星 – 三角减压启动器、自耦减压启动器、CPS 双电源等，如图 1 – 53 所示。

CPS 作为一种控制与保护的多功能电器，主要的技术特征是多功能，即集断路器、接触器、热继电器（或电子式过载继电器）和隔离器的控制与保护功能于一体，解决各电器之间的协调配合问题。且具有连续工作性能，即在分断短路电流后无须维护即可投入使用，也就是具有分断短路故障后的连续运行性能，为低压配电与控制系统提供了一种新型、理想、小型化、多功能的基础元件。图 1 – 54 所示为 CPS 的电气符号，图 1 – 55 所示为 CPS 智能电气控制系统与分离电气控制系统。

CPS 产品主要是用于交流 50 Hz（60 Hz）、额定电压至 690 V 的电力系统中，能够实现可靠接通、承载和分断正常条件下包括规定的过载条件下的电流，且能够分断规定的非正常条件下的电流（如短路电流），具有断相、缺相、过流、短路、漏电、过压、欠压、三相不平衡保护及启动延时等诸多保护功能。新一代的 CPS 集控制、保护、监控、通信等功能于一体，针对不同用户和不同的使用场合，都可以得到较合理的被认知和被使用，为电控系统提供了高可靠性和解决方案多样性的高端产品。

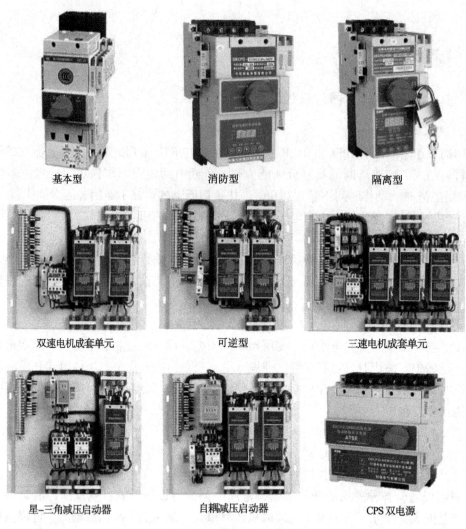

图 1 – 53  CPS 低压电器的常用形式

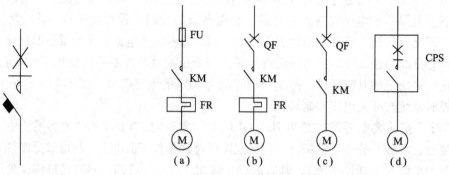

图 1 – 54  CPS 电气符号

图 1 – 55  CPS 智能电气控制系统与分离电气控制系统

(a)、(b)、(c) 分离器件构成的电控系统；

(d) CPS 构成的电控系统

## 1.2.6　常用低压电器故障处理

1. 接触器的故障处理

（1）触头断相。由于某相触头接触不好或连接螺丝松脱，使电动机缺相运行。

（2）触头熔焊。由于接触器操作频率过高、过载使用、带负载侧短路等，使得两相或三相触头由于过载电流大引起熔焊现象。

（3）相间短路。接触器的正、反转联锁失灵，或因误动作使两个接触器同时投入运行而造成相间短路；或因接触器动作过快，转换时间短，在转换过程中发生电弧短路。

（4）接触器的维护。定期检查接触器各部件工作情况，如有损坏要及时更换或修理；可动部分不能卡住，活动要灵活，坚固件无松脱；触头表面部分与铁芯极面要保持清洁，如有油垢，要及时清洗；触头接触面烧毛时，要及时修整。触头严重磨损时，应及时更换。

2. 热继电器的故障处理

（1）热元件烧断。发生此类故障的原因可能是热继电器动作频率太高、负载侧发生短路等。

（2）热继电器误动作。故障原因一般有：一是整定值偏小，以至未过载就动作，或电动机启动时间过长，使热继电器在启动过程中动作；二是操作频率太高，使热元件经常受到冲击电流的冲击；三是使用场合有强烈的冲击及震动，使其动作机构松动而脱扣。

（3）热继电器不动作。通常是电流整定值偏大，以至过载很久，仍不动作。

（4）热继电器的维护。使用日久，应定期校验其动作可靠性。

3. 时间继电器的故障处理

电磁系统和触头系统的故障处理与接触器的维修所述相同，其余的故障主要是延时不准确。当延时与设定误差较大时，试验几次调整好提前或落后的时间量即可。

4. 速度继电器的故障处理

一般表现为电动机停车时不能制动停转。这种故障除了触头接触不良之外，还可能是胶木摆杆断裂，使触头不能动作，或调整螺钉调整不当引起的。

5. 自动开关的故障处理

（1）手动操作的自动开关不能合闸。

可能的故障原因有：失压脱扣器线圈开路、线圈引线接触不良、储能弹簧变形、损坏或线路无电。

（2）电动操作的自动开关不能合闸。

不能合闸的原因：操作电源不合要求；电磁铁损坏或行程不够；操作电动机损坏或电动机定位开关失灵。

（3）失压脱扣器不能使自动开关分闸。

可能的原因是：反作用弹簧弹力太大或储能弹簧弹力太小；传动机构卡死，不能动作。

（4）启动电动机时自动掉闸。

可能的原因有：过载脱扣装置瞬时动作整定电流调得太小。

（5）工作一段时间后自动掉闸。

可能的原因是：过载脱扣装置长延时整定值调得太短，应重调；其次是热元件或延时电路元件损坏，应检查更换。

（6）自动开关动作后常开主触头不能同时闭合。

（7）辅助触头不能闭合。

## 【项目考核】

表1-10 "常用低压电器选用"项目考核表

姓名_____ 班级_____ 学号_____ 总得分_____

| 项目编号 | 1 | 项目选题 | | 考核时间 | |
|---|---|---|---|---|---|
| 技能训练考核内容（60分） | | | 考核标准 | | 得分 |
| 器件识别（15分） | | | 能够正确识别各种器件。<br>识别错误、名称错误，一次扣5分 | | |
| 器件组装与拆卸（15分） | | | 按顺序正确拆装电气元件。<br>顺序不对、工具使用不当、损坏元件，每个扣5分 | | |
| 检测与通电调试（20分） | | | 通电前检测数据正确，错误一次扣5分；<br>通电后运行及调试成功，一次不成功扣10分 | | |
| 项目实训报告（10分） | | | 字迹清晰、内容完整、结论正确。<br>一处不合格扣2~5分 | | |
| 知识巩固测试内容（40分） | | | 见知识训练一 | | |
| 完成日期 | | 年 月 日 | | 指导教师签字 | |

## 知识训练一

**一、填空题**

1. 刀开关在安装时，手柄要_____，不得_____，避免由于重力自动下落，引起误动合闸。接线时_____应将接在刀开关上端，_____接在刀开关下端。

2. 螺旋式熔断器在装接时，_____应当接在下接线端，_____接到上接线端。

3. 自动空气开关又称_____，其热脱扣器做_____保护用，电磁脱扣器做_____保护用，欠电压脱扣器做_____保护用。

4. 交流接触器由_____、_____、_____、_____等部分组成。

5. 接触器按其线圈通过电流的种类不同可分为_____和_____接触器两种。

6. 热继电器是利用电流的_____效应而动作的，它的发热元件应串联如_____，常闭触点应串联_____，它用作_____保护用。

7. 电压继电器按动作电压值的不同，有_____、_____、和_____之分。

8. 中间继电器的结构和原理与_____相同，故也称为_____继电器，其各对触头允许通过额定电流一般为_____安。

9. 电流继电器的线圈应_____在主电路中。欠电流继电器在通过正常工作电流时动铁芯已经被_____，当主电路的电流_____其整定电流时，动铁芯才被_____。

10. 速度继电器的文字符号是_____，图形符号是_____。

11. 时间继电器的文字符号是_____，断电延时闭合的触点图形符号是_____。

## 二、判断题（正确的打"√"，错误的打"×"）

1. 刀开关、铁壳开关、组合开关的额定电流要大于实际电路电流。　　　　　（　　）

2. 刀开关若带负载操作时，其动作越慢越好。　　　　　　　　　　　　　（　　）

3. 选择刀开关时，刀开关的额定电压应大于或等于线路的额定电压，额定电流应大于或等于线路的额定电流。　　　　　　　　　　　　　　　　　　　　　　　（　　）

4. 熔断器应用于低压配电系统和控制系统及用电设备中，作为短路和过电流保护，使用时并接在被保护电路中。　　　　　　　　　　　　　　　　　　　　　　　（　　）

5. 中间继电器有时可控制大容量电动机的启、停。　　　　　　　　　　　（　　）

6. 交流接触器除通断电路外，还具备短路和过载保护作用。　　　　　　　（　　）

7. 断路器也可以进行短路和过载保护。　　　　　　　　　　　　　　　　（　　）

## 三、选择题

1. 下列电器哪一种不是自动电器？（　　　　）

A. 组合开关　　　　　B. 直流接触器　　　　C. 继电器　　　　　D. 热继电器

2. 接触器的常态是指（　　　　）。

A. 线圈未通电情况　　　　　　　　　B. 线圈带电情况

C. 触头断开时　　　　　　　　　　　D. 触头动作

3. 复合按钮在按下时其触头动作情况是（　　　　）。

A. 动合先闭合　　　　　　　　　　　B. 动断先断开

C. 动合、动断同时动作　　　　　　　D. 动断动作，动合不动作

4. 下列电器不能用来通断主电路的是（　　　　）。

A. 接触器　　　　　B. 自动空气开关　　　C. 刀开关　　　　　D. 热继电器

5. 交流接触器在不同的额定电压下，额定电流（　　　　）。

A. 相同　　　　　　B. 不相同　　　　　　C. 与电压无关　　　D. 与电压成正比

## 四、简答题

1. 开关设备通断时，触头间的电弧是怎样产生的？通常采取哪些灭弧措施？

2. 写出下列电器的作用、图形符号和文字符号：（1）熔断器；（2）按钮；（3）交流接触器；（4）热继电器；（5）时间继电器；（6）速度继电器；（7）断路器。

3. 在电动机的控制线路中，熔断器和热继电器能否相互代替？为什么？

4. 简述交流接触器在电路中的作用、结构和工作原理。

5. 自动空气开关有哪些脱扣装置？各起什么作用？

6. 如何选择熔断器？

7. 从接触器的结构上，如何区分是交流还是直流接触器？

8. 线圈电压为 220 V 的交流接触器，误接入 220 V 直流电源上；或线圈电压为 220 V 直流接触器，误接入 220 V 交流电源上，会产生什么后果？为什么？

9. 交流接触器铁芯上的短路环起什么作用？若此短路环断裂或脱落后，在工作中会出现什么现象？为什么？

10. 带有交流电磁铁的电器如果衔铁吸合不好（或出现卡阻）会产生什么问题？为什么？

11. 电动机的启动电流很大，启动时热继电器应不应该动作？为什么？

12. 某机床的电动机为 JO2 -42 -4 型，额定功率为 5.5 kW，额定电压为 380 V，额定电流为 12.5 A，启动电流为额定电流的 7 倍，现用按钮进行启停控制，需有短路保护和过载保护，试选用接触器、按钮、熔断器、热继电器和电源开关的型号。

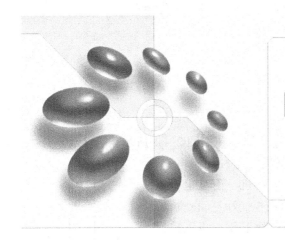

# 项目二 基本电气控制电路的安装与调试

## 【项目描述】

电气设备的正常使用和生产机械的自动运转，离不开自动控制。选择合适的继电器、接触器、按钮、行程开关、熔断器等电气元件根据一定的控制方式用导线把它们连接起来就组成了各种电气自动控制电路，简称电气控制电路。生产工艺和过程不同，对控制电路的要求也不同。但是，无论哪一种控制，都是由一些比较基本的控制环节组合而成的。因此，只要掌握控制电路的基本环节以及一些典型电路的工作原理、分析方法和设计方法，就很容易掌握复杂电气控制电路的分析方法和设计方法。

本项目划分为7个主要任务，通过对应用广泛的三相异步电动机的启动、调速、制动的基本控制电路和一些典型控制电路的分析，掌握一些电气控制的典型环节和控制方法，为分析和设计复杂的控制电路打下坚实的基础。

## 【项目目标】

（1）了解三相异步电动机的点长动、正反转等基本控制电路的组成和控制特点。

（2）了解三相异步电动机和直流电动机的启动、调速、制动控制电路的组成及实际操作。

（3）能看懂基本的电气控制原理图，掌握电气系统图的识图方法和步骤。

（4）会设计简单的电气控制电路图，能绘制普通电路的电器安装位置图、接线图。

（5）能按原理图或接线图正确安装、接线，完成调试。能对一般的故障予以排除。

## 任务一 三相异步电动机点动、长动控制

### 【任务描述】

电动机及电气设备，最简单的控制为手动直接控制，如图 2 - 1 所示。合上 QS 开关，电动机开始转动，拉下 QS 开关，电动机停止运转。这种控制电路，虽然很简单，但仅适合于不频繁启动的小容量电动机。而且也不安全，操作劳动强度大，最重要的是不能实现远距离控制和自动控制。

如何来实现自动控制呢？要实现自动控制，除了要有主电路以外，还必须有控制元件和控制电路。电动机及电气设备，在通常情况下，多是连续工作的，可以采用最常见的继电器－接触器长动控制方式来进行自动控制。但也有一些是短时工作的，这就要求进行点动控制。点动控制比长动控制简单，但两者都是最基本、最简单的继电器－接触器电气控制方式。

熟练掌握点动、长动电气控制的原理，看懂其原理图、位置图和接线图，并能正确地安装、调试系统电路，是由浅入深掌握各种电气控制电路安装与调试的最佳路径。为便于以后分析比较复杂的电路，同时先了解一下电气控制电路图的识读方法也是很有必要的。

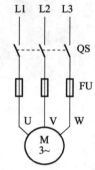

图 2 - 1 电动机手动控制电路

### 【相关知识】

### 2.1.1 电气控制系统图的识读

电气控制电路是用导线将电机、电器、仪表等元器件按照一定规律连接起来并能实现规定的控制要求的电路。电气控制电路的表示方法有两种：电气原理图和电气安装图。电气原理图是用图形符号、文字符号和项目代号表示各个电气元件连接关系和电气工作原理的图形，具有结构简单、层次分明、便于研究和分析电路的工作原理等优点。电气安装图是按照电器实际位置和实际接线，用规定的图形符号、文字符号和项目代号画出来的，电气安装图便于实际安装时的操作、调整和维护，检修时查找故障及更换元件等。

1. 电路图

电路图，又叫电气控制原理图。按电路的功能来划分，控制电路可分为主电路和控制电路，有些还带有辅助电路。一般把电源和起拖动作用的电动机之间的电路称为主电路，它由电源开关、熔断器、热继电器的热元件、接触器的主触头、电动机以及其他按要求配置的启动电器等电气元件连接而成。

通常把由主令电器、热继电器的常闭触点、接触器的辅助触头、继电器和接触器的线圈

等组成的电路称作控制电路。辅助电路主要是指实现电源显示、工作状态显示、照明和故障报警等的电路，它们也多由控制电路中的元件来控制完成。

2. 电气控制系统中的图形符号、文字符号

电气控制电路图涉及大量的元器件，为了表达电气控制系统的设计意图，便于分析系统工作原理，安装、调试和检修控制系统，通常用图形符号来表示一个设备或概念的图形、标记或字符。电气控制电路图必须采用符合国家统一标准的图形符号和文字符号。

文字符号为电气控制电路各种器械或部件提供字母代码和功能字母代码。文字符号通常可分为基本文字符号和辅助文字符号两类。为了便于阅读和理解电气电路图，国家标准局参照国际电工委员会（IEC）颁布的有关文件，制定了我国电气设备的有关国家标准。附录一绘出了电气控制系统常用的一些图形文字符号。

3. 电气控制系统图的绘制

按照用途和表达方式不同，电气控制系统图可分为电气原理图、电气元件布置图、电气安装接线图等几种类。

1）电气控制原理图

电气原理图是用图形符号和项目代号表示电气元件连接关系及电气工作原理的图形，它是在设计部门和生产现场广泛应用的电路图。现以如图 2-2 所示 CW6132 型普通车床的电气原理图为例，来说明识读电气原理图时应注意的以下几点绘制规则。

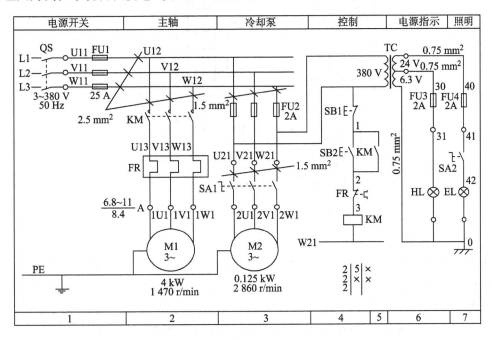

图 2-2 CW6132 型普通车床的电气原理图

（1）在识读电气原理图时，一定要注意图中所有电气元件的可动部分通常表示的是在电器非激励或不工作时的状态和位置，即常态位置。

（2）电气原理图电路可水平或垂直布置。一般将主电路和辅助电路分开绘制。

（3）电气原理图中的所有电气元件不画出实际外形图，而采用国家标准规定的图形符号和文字符号表示，同一电器的各个部件可据实际需要画在不同的地方，但用相同的文字符

号标注。

（4）原理图上应标注各电源的电压值、极性、频率及相数等；元器件的特性（电阻的阻值、电容的容量等）；不常用电器（如位置传感器、手动触头等）的操作方式和功能。

（5）在原理图上可将图按功能分成若干图区，以便阅读、分析、维修。

2）电器位置图

电器位置图用来表示电气设备和电气元件的实际安装位置，是机械电气控制设备制造、安装和维修必不可少的技术文件。安装位置图可集中画在一张图上，或将控制柜、操作台的电气元件布置图分别画出，但图中各电气元件的代号应与有关原理图和元器件清单上的代号相同。在位置图中，电气元件用实线框表示，而不必按其外形形状画出。图中往往还留有10%以上的备用面积及导线管（槽）的位置，以供走线和改进设计时用。同时图中还需要标注出必要的尺寸，方便制作。CW6132型普通车床电器安装位置图如图2-3所示。

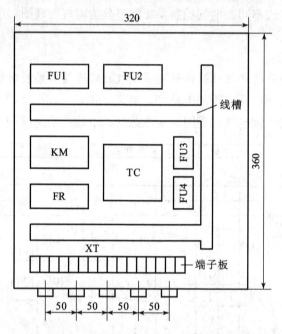

图 2-3　CW6132 型普通车床电器安装位置图

3）电气接线图

电气接线图用来表明电气设备各单元之间的接线关系，主要用于安装接线、电路检查、电路维修和故障处理，在生产现场得到广泛应用。识读电气接线图时应熟悉绘制电气接线图的四个基本原则。

（1）各电气元件的图形符号、文字符号等均与电气原理图一致。

（2）外部单元同一电器的各部件画在一起，其布置基本符合电器实际情况。

（3）不在同一控制箱和同一配电屏上的各电气元件的连接是经接线端子板实现的，电气互连关系以线束表示，连接导线应标明导线参数（数量、截面积、颜色等），一般不标注实际走线途径。

（4）对于控制装置的外部连接线应在图上或用接线来表示清楚，并标明电源引入点。图2-4是CW6132型普通车床的电气接线图。

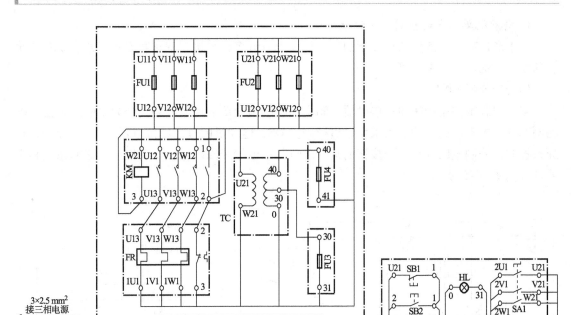

图 2 - 4 CW6132 型普通车床的电气接线图

4）原理图中连接端上的标志和编号

在电气原理图中，三相交流电源的引入线采用 L1、L2、L3 来标记，中性线以 N 表示。电源开关之后的三相交流电源主电路分别按 U、V、W 顺序标记，分级三相交流电源主电路采用代号 U、V、W 的前面加阿拉伯数字 1、2、3 等标记，如 1U、1V、1W 及 2U、2V、2W 等。电动机定子三相绕组首端分别用 U、V、W 标记，尾端分别用 U′、V′、W′标记。双绕组的中点则用 U″、V″、W″标记。

5）控制电路原理图中的其他规定

在设计和施工图中，过去常常把主电路部分以粗实线绘出，辅助电路则以细实线绘制。完整的电气原理图还应标明主要电器的有关技术参数和用途。例如，电动机应标明其用途、型号、额定功率、额定电压、额定电流、额定转速等。

## 2.1.2 三相异步电动机的点动、长动控制电路分析

三相笼型异步电动机坚固耐用，结构简单，且价格经济，在生产实际中应用十分广泛。因此，在相关项目及任务中，通常均以三相笼型异步电动机为例来分析常用的电气控制电路。又由于电动机的转子由静止状态转为正常运转状态的过程中，电动机的启动电流将增至额定值的 4～7 倍，会造成供电电路电压的波动。另外，频繁的启动产生的较高热量会加快线圈和绝缘的老化，影响电动机使用寿命。所以，在设计电动机的控制电路时，必须考虑过载、短路等问题。

**1. 电动机单向点动控制电路的分析**

在生产过程中，需要点动控制的生产机械也有许多，如机床调整对刀和刀架、立柱的快速移动、电动葫芦的走车等。

**1）点动控制电路图**

点动控制电路是用按钮和接触器控制电动机的最简单的控制电路，分为主电路和控制电路两部分。主电路的电源引入采用了负荷开关 QS，电动机的电源由接触器 KM 主触点的通、断来控制，控制电路仅有一个按钮的常开触点与接触器线圈串联。点动控制电路的原理和实物接线如图 2－5 所示。

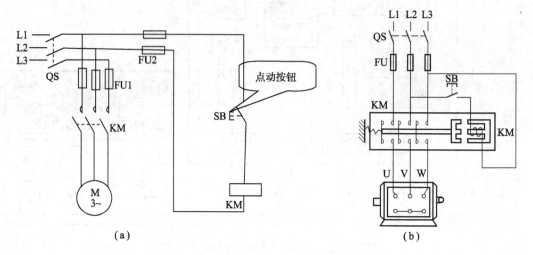

（a）

（b）

图 2－5　点动控制的原理图与实物接线图

（a）点动控制原理图；（b）点动控制实物接线图

**2）工作原理分析**

先合上 QS。

启动：按下 SB→KM 线圈得电→KM 主触头闭合→电动机 M 接通三相电源并运转。

停止：松开 SB→KM 线圈失电→KM 主触头断开→电动机 M 脱离三相电源并停转。

**3）点动控制的概念与特点**

这种当按钮按下时电动机就运转，按钮松开后电动机就停转的控制方式，称为点动控制。优点是电路简单、控制动作迅速。缺点是不能实现电动机的连续运转。

**2. 电动机单向长动控制电路的分析**

上述点动控制电路要使电动机连续运行，按钮 SB 就必须一直按着不能松开，这显然不符合生产实际。事实上，在工作和生活中，电动机用得最多的是连续控制。图 2－7 为最典型的电动机单向长动控制电路。

**1）长动控制电路图**

图 2－6 中左侧为主电路，由刀开关 QS、熔断器 FU1、接触器 KM 主触点、热继电器 FR 的热元件和电动机 M 构

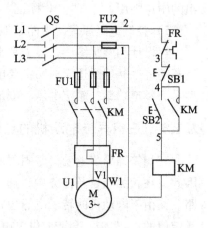

图 2－6　长动控制的原理图

成；右侧控制电路由熔断器 FU2、热继电器 FR 常闭触点、停止按钮 SB1、启动按钮 SB2、接触器 KM 常开辅助触点和它的线圈构成。

2）工作原理分析

电路工作原理如下：

首先合上电源开关 QS。

3）自锁的概念

这种当启动按钮松开后，依靠接触器自身辅助动合触点使其线圈保持通电的现象称为自锁（或称自保）。起自锁作用的动合触点，称为自锁触点（或称自保触点），这样的控制电路称为具有自锁（或自保）的控制电路。自锁的作用：实现电动机的连续运转。

4）电路保护环节

（1）短路保护。图 2-6 中由熔断器 FU1、FU2 分别对主电路和控制电路进行短路保护。为了扩大保护范围，在电路中熔断器应安装在靠近电源端，通常安装在电源开关下面。

（2）过载保护。图 2-6 中由热继电器 FR 对电动机进行过载保护。当电动机工作电流长时间超过额定值时，FR 的动断触点会自动断开控制回路，使接触器线圈失电释放，从而使电动机停转，实现过载保护作用。

（3）欠压和失压保护。图 2-6 中由接触器本身的电磁机构还能实现欠压和失压保护。当电源电压过低或失去电压时，接触器的衔铁自行释放，电动机断电停转；而当电压恢复正常时，要重新操作启动按钮才能使电动机再次运转。这样可以防止重新通电后因电动机自行运转而发生的意外事故。

### 2.1.3　电动机的点长联动控制电路分析

机床这类电气设备在通常工作时，一般电动机都处于连续运行状态。但机床在试车或调整刀具与工件的相对位置时，又需要对电动机进行点动控制。实现这种控制要求的电路叫点长联动控制电路。电动机单向点长联动控制电路如图 2-7 所示。

1. 电路图

电动机单向点长联动控制电路，如图 2-7 所示。

2. 工作原理

1）复合按钮切换的点长联动控制电路原理

图 2-7（a）为复合按钮切换的点长联动控制电路原理。合上 QF 开关，单独按下 SB3 按钮时，为点动控制；单独按下 SB1 按钮时，为长动控制。其原理如下。

（1）连续控制。

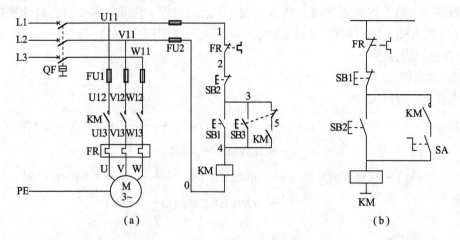

图 2 - 7　点长联动控制电路

（a）复合按钮切换的点长联动控制；（b）转换开关切换的点长联动控制电路

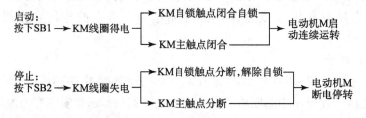

（2）点动控制。

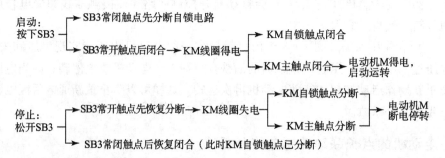

2）转换开关切换的点长联动电路原理

图 2 - 7（b）为转换开关切换的点长联动控制图。当 SA 开关打开时，与图 2 - 5（a）一样为点动控制；当 SA 开关闭合时，与图 2 - 6 一样为长动控制。

【任务实施】

### 2.1.4　电动机单向长动控制电路安装与调试

1. 安装

（1）熟读三相异步电动机的单向长动控制电路的电气原理图 2 - 6。

（2）根据电气原理图 2 - 6，得出三相异步电动机的单向启动长动控制的电气元件布置图如图 2 - 8 所示，电气安装接线图如图 2 - 9 所示。

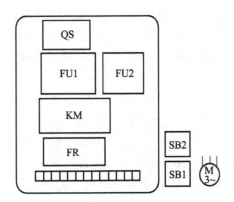

图 2 - 8　长动控制电气元件布置

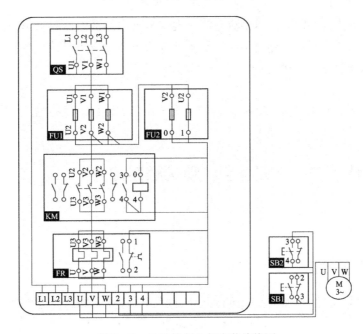

图 2 - 9　长动控制电气安装接线图

（3）按图所示配齐所用电气元件，并进行质量检验。按照电器位置图安装电气元件。

（4）按电气安装接线图接线，注意接线要牢固，接触要良好，工艺力求美观。

（5）检查控制电路的接线是否正确，是否牢固。

2. 检查

接线完成后，检查无误，经指导教师检查允许后方可通电调试。检查方法如下。

（1）对照电路图或接线图进行粗查。从电路图的电源端开始，逐段核对接线及接线端子处的线号是否正确；检查导线接点是否牢固，否则，带负载运行时会产生闪弧现象。

（2）用万用表进行通断检查。先查主电路，此时断开控制电路，将万用表置于欧姆挡，将其表笔分别放在 U1 – U2、V1 – V2、W1 – W2 之间的线端上，读数应接近零；人为将接触器 KM 吸合，再将表笔分别放在 U1 – V1、V1 – W1、U1 – W1 之间的接线端子上，此时万用表的读数应为电动机绕组的值（此时电动机应为△接法）。

再检查控制电路，此时应断开主电路，将万用表置于欧姆挡，将其表笔分别放在 U2 - V2 线端上，读数应为"∞"；按下按钮 SB2 时，读数应为 KM 线圈的电阻值。

（3）用兆欧表进行绝缘检查。将 U 或 V 或 W 与兆欧表的接线柱 L 相连，电动机的外壳和兆欧表的接线柱 E 相连，测量其绝缘电阻应大于或等于 1 MΩ。

3. 调试

（1）在老师的监护下，通电试车。合上开关 QS，按下启动按钮 SB2，观察接触器是否吸合，电动机是否运转。在观察中，若遇到异常现象，应立即停车，检查故障。常见的故障一般分为主电路故障和控制电路故障两类。若接触器吸合，此时电动机不转，则故障可能出现在主电路中；若接触器不吸合，则故障可能出现在控制电路中。

（2）保护试验。若按下按钮 SB2 启动运转一段时间后，电源电压降到 320 V 以下或电源断电，则接触器 KM 主触点会断开，电动机停转。再次恢复电压 380 V（允许 ±10% 波动），电动机应不会自行启动——具有欠压或失压保护。

如果电动机转轴被卡住而接通交流电源，则在几秒内热继电器应动作，自动断开加在电动机上的交流电源（注意不能超过 10 s，否则电动机过热会冒烟导致损坏）。

（3）通电试车完毕，切断电源。

4. 注意事项

接线要求牢靠，不允许用手触及各电气元件的导电部分，以免触电及伤害。

# 任务二　三相异步电动机顺序控制

## 【任务描述】

在多电动机驱动的生产机械上，各台电动机所起的作用不同，设备有时要求某些电动机按一定顺序启动并工作，以保证操作过程的合理性和设备工作的可靠性。例如，船舶柴油发电机的冷却泵电动机都是在输油泵电动机工作使主机转动后才启动。这就对电动机启动过程提出了顺序控制的要求，实现顺序控制要求的电路称为顺序控制电路。

熟练掌握两台三相异步电动机的顺序控制原理，读懂其原理图，并能按照电器位置图、原理图正确地安装、调试系统电路，就能举一反三地掌握多电机顺序控制的相关内容。

## 【相关知识】

### 2.2.1　多地控制电路分析

多地控制是指在两地或两个以上地点进行的控制操作。在大型生产设备上，为使操作人员在不同方位均能进行启停操作，常常要求组成多地控制电路。例如，船内机舱许多泵浦电动机不但要求能在泵的附近进行启停控制，而且要求能在集中控制室进行操纵。而两地控制使用频率最多，所谓两地控制，是指在两个地点各设一套电动机启动和停止用的控制按钮。

图 2-10 为两地控制的控制电路。其中 SB11、SB12 为安装在甲地的启动按钮和停止按钮，SB21、SB22 为安装在乙地的启动按钮和停止按钮。电路的特点是：启动按钮应并联接在一起，停止按钮应串联接在一起。这样就可以分别在甲、乙两地控制同一台电动机，达到操作方便的目的。对于三地或多地控制，只要将各地的启动按钮并联、停止按钮串联即可实现。

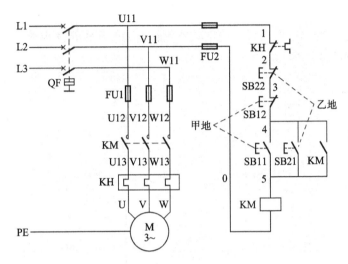

图 2-10　两地控制电路原理

## 2.2.2　三相异步电动机的顺序控制电路分析

实现多台电动机的顺序启动的电路也有很多种，下面以两台电动机顺序启动的电路为例介绍几种常见的顺序控制电路。

**1. 主电路实现顺序控制**

**1）电路图**

图 2-11 是两台电动机主电路实现顺序控制电路。电动机 M1 和 M2 分别通过接触器 KM1 和 KM2 来控制。接触器 KM2 的主触点接在接触器 KM1 主触点的下面，这样就保证了当 KM1 主触点闭合，电动机 M1 启动运转后，M2 才可能通电运转。

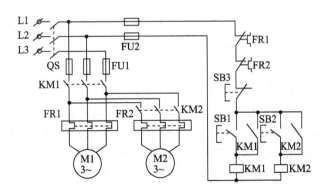

图 2-11　电动机主电路实现顺序控制电路

2）工作原理

电路工作过程：合上电源开关 QS，按下启动按钮 SB1，接触器 KM1 线圈得电，接触器 KM1 主触点闭合，电动机 M1 启动连续运转。此后，按下按钮 SB2，接触器 KM2 线圈才能吸合自锁，接触器 KM2 主触点也同时闭合，电动机 M2 启动连续运转。按下按钮 SB3，控制电路失电，接触器 KM1 和 KM2 线圈失电，主触点分断，电动机 M1 和 M2 失电停转。

2. 控制电路实现顺序控制

1）电路图

图 2-12 所示为控制电路实现电动机顺序控制电路的三种常用电路。电动机 M1 启动运行之后，电动机 M2 才能启动。

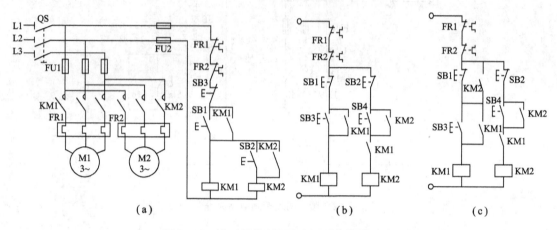

（a） （b） （c）

图 2-12　电动机控制电路实现顺序控制电路

2）工作原理

（1）顺序启动同时停止控制。

图 2-12（a）中，接触器 KM2 的线圈串联在接触器 KM1 自锁触点的下方，这就保证了只有当 KM1 线圈得电自锁、电动机 M1 启动后，KM2 线圈才可能得电自锁，使电动机 M2 启动。接触器 KM1 的辅助动合触点具有自锁和顺序控制的双重功能。

工作过程：合上电源开关 QS，按下按钮 SB1→KM1 线圈得电→KM1 主触头闭合并自锁→M1 启动运转后，再按下按钮 SB2→KM2 线圈得电→KM2 主触头闭合并自锁→M2 启动运转。

按下按钮 SB3，控制电路失电，接触器 KM1 和 KM2 线圈失电，主触点分断，电动机 M1 和 M2 失电同时停转。

（2）顺序启动分别停止控制。

图 2-12（b）所示控制电路，是将图 2-12（a）中 KM1 辅助动合触点自锁和顺序控制的功能分开，专门用一个 KM1 辅助动合触点作为顺序控制触点，串联在接触器 KM2 的线圈回路中。当接触器 KM1 线圈得电自锁、辅助动合触点闭合后，接触器 KM2 线圈才具备得电工作的先决条件，同样可以实现顺序启动控制的要求。在该电路中，按下停止按钮 SB1 和 SB2 可以分别控制两台电动机使其停转。

（3）顺序启动逆序停止控制。

图 2-12（c）所示的控制电路，该电路除具有顺序启动控制功能以外，还能实现逆序

停车的功能。图 2 - 12（c）中，接触器 KM2 的辅助动合触点并联在停止按钮 SB1 动断触点两端，只有接触器 KM2 线圈失电（电动机 M2 停转）后，操作 SB1 才能使接触器 KM1 线圈失电，从而使电动机 M1 停转，即实现电动机 M1、M2 顺序启动、逆序停车的控制要求。

 【任务实施】

### 2.2.3　顺序控制电路的安装与调试

1. 安装

（1）熟悉电气原理图 2 - 12，分析控制电路实现电动机顺序控制电路的控制关系。

（2）对照图 2 - 12（a）的电气原理图，认真阅读图 2 - 13 所示的电动机顺序控制电路电气安装接线图。

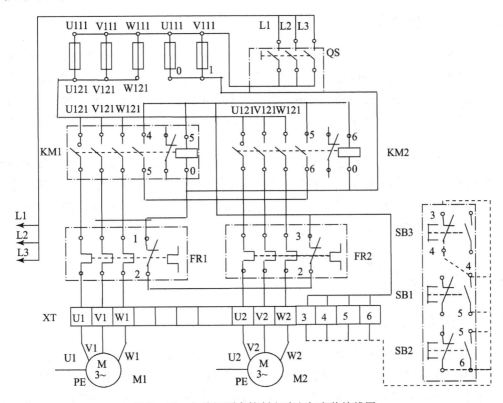

图 2 - 13　电动机顺序控制电路电气安装接线图

（3）根据实际负载的需要，选择合适的交流接触器、热继电器、按钮等电气元件，并检查元器件是否完好。

（4）在实训控制板上，按照电气元件安装位置图的有关原则，安排固定好电气元件。

（5）按电气安装接线图接线。注意接线要牢固，接触要良好，文明操作。

（6）在接线完成后，若检查无误，经指导老师检查允许后方可通电调试。

2. 调试

(1) 接通三相交流电源。按下 SB2，观察并记录电动机和接触器的运行状态。

(2) 按下 SB1，观察并记录电动机和接触器的运行状态。

(3) 按下 SB1，再按下 SB2 观察并记录电动机和接触器的运行状态。

3. 注意事项

SB2 与 KM2 的动合触点应接在 KM1 自锁触点的后面，防止接到前面而不能实现电动机顺序控制。

# 任务三　三相异步电动机正反转控制

## 【任务描述】

电梯、吊车等起重设备必须能进行上下运动，一些机床的工作台也需要进行前后运动，生活和生产中很多拖动设备的运动部件要求两个方向的运动，这就要求作为拖动这些设备的电动机能实现正、反转可逆运转，对电动机来说就必须要进行正反转控制。由三相交流电动机的工作原理可知，如果将接至电动机的三相电源线中的任意两相对调，就可以实现电动机的反转。

正反转控制集自锁和互锁于一身，在电气控制中最具有代表性。必须掌握正反转控制的组成及原理，活学、熟记典型正反转控制电路，读懂其系统图，并能绘制实训电路的电气元件布置图，对照绘制电气安装接线图，正确地完成系统电路的安装与调试系统，全面掌握正反转控制电路的典型应用。

## 【相关知识】

### 2.3.1　倒顺开关正反转控制电路分析

倒顺开关控制也叫可逆转换开关，属于组合开关的类型。它有三个操作位置：Ⅰ（正转）、0（停止）和Ⅱ（反转），图 2 - 14（a）为倒顺开关控制的结构图。常用倒顺开关控制正反转控制电路有两种，一种是倒顺开关直接正反转控制，另一种是倒顺开关和接触器联合正反转控制。

1. 电路图

倒顺开关正反转控制的电路如图 2 - 14（b）、（c）所示。

2. 工作原理及电路特点分析

1）倒顺开关直接正反转控制原理

如图 2 - 14（b）所示为倒顺开关直接控制电动机正反转的电路，该电路为纯手动控制。工作原理如下：

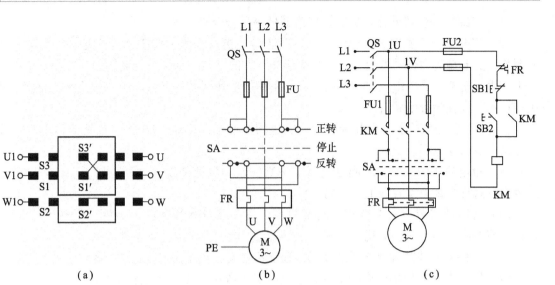

图 2-14　倒顺开关正反转控制电路

（a）倒顺开关结构；（b）倒顺开关直接正反转控制；（c）倒顺开关和接触器联合正反转控制

合上 QS 开关，当开关手柄置于"正转"位置时，动触片分别将 U-L1、V-L2、W-L3 相连接，使电动机实现正转；当开关手柄置于"反转"位置时，动触片分别将 U-L3、V-L2、W-L1 接通，使电动机实现反转；当开关手柄置于中间位置时，两组动触片均不与固定触点连接，电动机停止旋转。

倒顺开关直接正反转控制电路所用电器少，电路简单，但这是一种手动控制电路，频繁换向时操作人员的劳动强度大、操作不安全，因此一般只用于控制额定电流 10 A、功率在 5.5 kW 以下的小容量电动机。那么，在生产实践中，对于频繁正反转的电动机采用什么样的控制方法呢？

2）倒顺开关和接触器联合正反转控制

对于容量大于 5.5 kW 的电动机，也可用图 2-14（c）控制电路进行控制。它是利用倒顺开关来改变电动机相序，预选电动机旋转方向，而由一个接触器 KM 来接通与断开电源，控制电动机启动与停止。由于采用接触器通断负载电路，则可实现过载保护和失压与欠压保护。但该电路由于操作不太方便，控制也比较烦琐等原因，生产中使用得也不太多。

## 2.3.2　电气控制电路安装工艺

### 1. 电器安装工艺要求

对于定型产品一般必须按电气元件布置图、接线图和工艺的技术要求去安装电器，要符合国家或企业标准化要求。

对于只有电气原理图的安装项目或现场安装工程项目，决定电器的安装、布局，其实也就是电气工艺设计施工作业同时进行的过程，因而布局安排是否合理，在很大程度上影响着整个电路的工艺水平及安全性和可靠性。当然，允许有不同的布局安排方案。应注意以下几点。

（1）仔细检查各器件是否良好，规格型号等是否合乎要求。

（2）刀开关应垂直安装。合闸后，应手柄向上指，分闸后应手柄向下指。不允许平装或倒装。受电端应在开关的上方，负荷侧应在开关的下方，保证分闸后闸刀不带电。空气开关也应垂直安装。受电端应在开关的上方，负荷侧应在开关的下方。组合开关安装应使手柄旋转在水平位置为分断状态。

（3）RL 系列熔断器的受电端应为其底座的中心端。RT0、RM 等系列熔断器应垂直安装，其上端为受电端。

（4）带电磁吸引线圈的时间继电器应垂直安装。保证使继电器断电后，动铁芯释放后的运动方向符合重力垂直向下的方向。

（5）各器件安装位置要合理，间距适当，便于维修查线和更换器件；要整齐、匀称、平正。使整体布局科学、美观、合理，为配线工艺提供良好的基础条件。

（6）器件的安装紧固要松紧适度，保证既不松动，也不因过紧而损坏器件。

（7）安装器件要使用适应的工具，禁止用不适当的工具安装或敲打式的安装。

2. 电气控制电路布线的基本要求及方法

1）导线连接

导线接线正确，应符合原理图和配线图的要求。

2）导线排列

（1）横平竖直，即各线束与箱体呈水平或垂直排列。

（2）整齐划一，即各柜、屏及各线束布线方式一致，走向一致，捆扎与固定方式及间距一致，线束各层高度一致，垂直位置一致。

（3）牢固美观，即各线束中的线均拉直、捆扎并固定牢固。

3）下线

（1）根据装置的结构形式、元器件的位置确定线束的长短、走向及安装固定方法。

（2）装有电子器件的控制装置，一次线和二次线应分开走，尽可能各走一边。

（3）过门线一律采用多股软线，下线长度保证门开到极限位置时不受拉力影响。

4）接线和行线

行线方式分为捆扎法和行线槽法。

（1）捆扎法：布线以后，在各电路之间不致产生相互干扰或耦合的情况下，对相同走向的导线可以采用捆扎法形成线束。

（2）行线槽法：行线槽法布线将导线按走向分为水平和垂直两个方向布放在行线槽内，而不必对导线施行捆扎。

（3）导线线端的标号方向以阅读方便为原则，一般为水平方向从左至右、垂直方向从下往上。

3. 板前配线工艺要求

板前配线是指在电器安装板正面明线敷设，完成整个电路连接的一种配线方法。这种配线方式的优点是便于维护维修和查找故障，要求讲究整齐美观，因而配线速度稍慢。

一般应注意以下几点：

（1）要把导线抻直拉平，去除小弯。

（2）配线尽可能短，根数尽可能少，要以最简单的形式完成电路连接。符合同一个电气原理图的实际接线方式会有多种形式，也会由于工作习惯，接法会因人而异。但是，简单实用的方案不仅节约线材，还会使故障隐患点减少，因而，在具备同样控制功能条件下是"以简为优"。

（3）排线要求横平竖直，整齐美观。变换走向应垂直变向，杜绝行线歪斜。

（4）主、控电路在空间的平面层次，不宜多于三层。

（5）同类导线，同层密排或间隔均匀。长距离线紧贴敷面并行走，尽可能避免空中飞线。

（6）同一平面层次的导线应高低一致、前后一致，避免交叉接线。

（7）对于较复杂的电路，宜先配控制回路，后配主回路。

（8）线端剥皮的长短要适当，并且保证不伤芯线。

（9）压线必须可靠，不松动。既不压线过长而压到绝缘皮，又不露导体过多。

（10）对于器件的接线端子，瓦式和插孔式端子采取直压方式，带圆垫圈的用圈压法。当直压处直压，该圈压处圈压，并避免反圈压线。一个接（压）线端子上禁止"一点压三线"。

（11）盘外电器与盘内电器的连接导线，必须经过接线端子板压线。

（12）主、控回路线头均应穿套线头码（回路编号），便于装配和维修。

应该指出，以上几点要求中，有些要求是相互制约或相互矛盾的，如"配线尽可能短"与"避免交叉"等。这是需要反复实践操作，积累一定经验，才能统筹好和掌握好的工艺要领。

4. 槽板配线的工艺要求

槽板配线是采用塑料线槽板作通道，除器件接线端子处一段引线暴露外，其余行线隐藏于槽板内的一种配线方法。它的特点是配线工艺相对简单，配线速度较快，适合于某些定型产品的批量生产配线。但线材和槽板消耗较多。作业中除了剥线、压线、端子使用等方面与板前配线有相同的工艺要求外，还应注意以下几点要求：

（1）根据行线多少和导线截面，估算和确定槽板的规格型号。配线后，宜使导线占有槽板内空间容积约70%。

（2）规划槽板的走向，并按一定合理尺寸裁割槽板。

（3）槽板换向应拐直角弯，衔接方式宜用横、竖各45°角对插方式。

（4）槽板与器件的间隔要适当，以方便压线和换件。

（5）安装槽板要紧固可靠，避免敲打而引起破裂。

（6）所有行线的两端，应无一遗漏地，正确地套装与原理图一致编号的线头码。

（7）应避免槽板内的行线过短而拉紧，应留有少量裕度，并尽量减少槽内交叉。

（8）穿出槽板的行线，以尽量保持横平竖直，间隔均匀，高低一致，避免交叉。

## 2.3.3　电动机正反转控制电路分析

常用的正反转控制电路有：接触器联锁的正反转控制电路、按钮联锁的正反转控制电路、按钮和接触器双重联锁的正反转控制电路。按钮控制的正反转控制电路如图 2 - 15 所示，他们的共同点是由两个按钮分别控制两个接触器来改变电源相序，实现电动机正反向控制。正转接触器 KM1、反转接触器 KM2。正转接触器 KM1 主触头闭合时，电动机相序为：

L1 – U、L2 – V、L3 – W。反转接触器 KM2 主触头闭合，电动机相序为：L1 – W、L2 – V、L3 – U。

**1. 接触器联锁的正反转控制电路的分析**

1）接触器不联锁的正反转控制电路

图 2 – 15（a）为最简单的电动机正反转控制电路。按下启动按钮 SB2 或 SB3，此时 KM1 或 KM2 得电吸合，KM1 或 KM2 主触头闭合并自锁，电动机正转或反转。该电路当电动机正向（反向）运转。按下停止按钮 SB1，电动机停止运行。

但该电路的最大缺点是：当电动机正向（反向）运转时，如果直接按下反向（正向）启动按钮，接触器 KM2（KM1）线圈也同时通电，其主触头闭合，造成电源两相短路。因此，该电路由于可靠性很差，实际中一般不采用。

2）接触器联锁的正反转控制电路

（1）电路构成。

为了避免两接触器同时得电而造成电源相间短路的事故，改进电路如图 2 – 15（b）所示，它是在图 2 – 15（a）的电路基础上将接触器 KM1、KM2 线圈各自的支路中相互串联了对方的常闭辅助触头，以保证接触器 KM1 与 KM2 不会同时通电。两常闭辅助触头 KM1、KM2 在电路中所起的作用为互锁（联锁），这两对触头称为互锁触头。这种利用接触器（或继电器）常闭触头的互锁方式也称为电气互锁。它要求在改变电动机转向时，必须先按停止按钮 SB1，再按反转按钮，才能使电动机反转。

（2）工作原理。

图 2 – 15（b）接触器联锁的正反转控制电路原理如下：

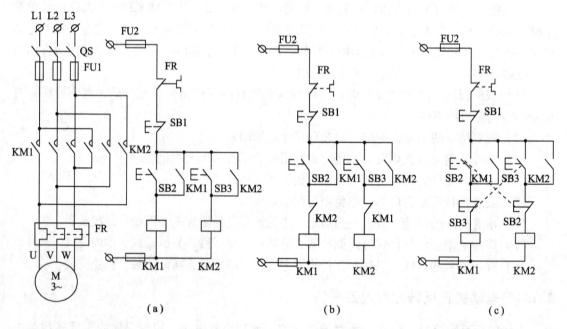

图 2 – 15 电动机正反转控制电路

合上电源开关 QS：

①正转控制。

按下SB2 ⟶ KM1线圈得电 ⟶ KM1主触点闭合 ⟶ 电动机M正转
KM1辅助动断触点分断，对KM2互锁
KM1辅助动合触点闭合，自锁

②停止控制。

按下SB1 ⟶ KM1线圈失电 ⟶ KM1主触点分断 ⟶ 电动机M停转
KM1辅助动断触点闭合，互锁解锁
KM1辅助动合触点分断，自锁解锁

③反转控制。

按下SB3 ⟶ KM2线圈得电 ⟶ KM2主触点闭合 ⟶ 电动机M反转
KM2辅助动断触点分断，对KM1互锁
KM2辅助动合触点闭合，自锁

图 2 – 15（b）的控制电路做正反向操作控制时，必须首先按下停止按钮 SB1，然后再反向启动，因此，此电路只能构成正 – 停 – 反的操作顺序。

2. 按钮和接触器双重联锁的正反转控制电路的分析

1）按钮联锁的正反转控制电路

如要求频繁实现正反转的控制电路，可采用图 2 – 15（c）所示电路，它是将图 2 – 15（b）接触器 KM1 与 KM2 的常闭互锁触头去掉，换上正、反转按钮 SB2、SB3 的常闭触头。利用按钮的常开、常闭触头的机械连接（按下按钮时常闭触头先断开，然后常开触头闭合，释放按钮时常开触头先断开，然后常闭触头闭合）在电路中相互制约。这种互锁方式称为机械互锁。

这种电路操作虽然方便，但容易产生短路故障。例如，当 KM1 主触头发生熔焊或有杂物卡住，即使其线圈断电，主触头也可能分断不开。此时，若按下 SB2，KM2 线圈得电，其主触头闭合，这就发生了两接触器主触头同时闭合的情况，造成电源两相短路。因此，单用复合按钮互锁的电路安全性能并不高。在实际工作中，经常采用的是按钮和接触器双重联锁的正反转控制电路。

2）按钮和接触器双重联锁的正反转控制电路的分析

（1）电路构成。

按钮和接触器双重联锁的正反转控制电路是在接触器联锁的基础上，又增加了按钮联锁，故兼有二者的优点，使电路更安全、可靠、实用。这种具有电气、机械双重互锁的控制电路是特别适合于中、小型电动机的可逆旋转控制，它既可实现正转—停止—反转—停止的控制，又可实现正转—反转—停止的控制。如图 2 – 16 所示。

（2）工作原理。

电路工作原理如下：

合上电源开关 QS：

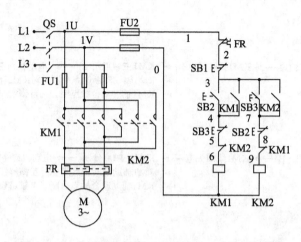

图 2-16 按钮和接触器双重联锁的正反转控制电路

①正转控制。

②反转控制。

## 【任务实施】

### 2.3.4 接触器联锁正反转控制电路安装与调试

1. 设计

（1）认真观察图 2-15 的正反转控制原理图，自己动手画出三相异步电动机接触器联锁正反转控制电路的实训原理图，并在控制电路图中标上线号，如图 2-17 所示。

（2）根据电气原理图，绘制接触器联锁正转—停止—反转实训电路的电气元件布置图，如图 2-18 所示；绘制电气安装接线图，如图 2-19 所示。

（3）选择并检查各电气元件。

2. 安装

（1）按照图 2-18 电气元件布置图，固定各电气元件。

（2）按图 2 - 19 所示的互锁电路的接线图，进行板前明线布线和套编码套管。

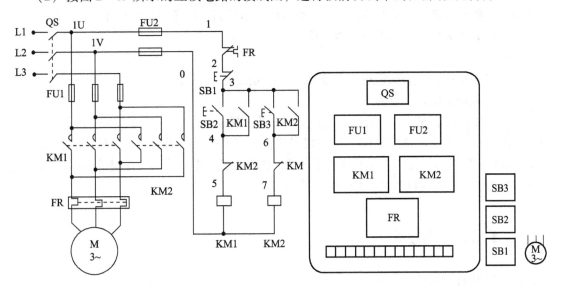

图 2 - 17 正反转控制电路实训原理图      图 2 - 18 正反转控制电路电气元件布置图

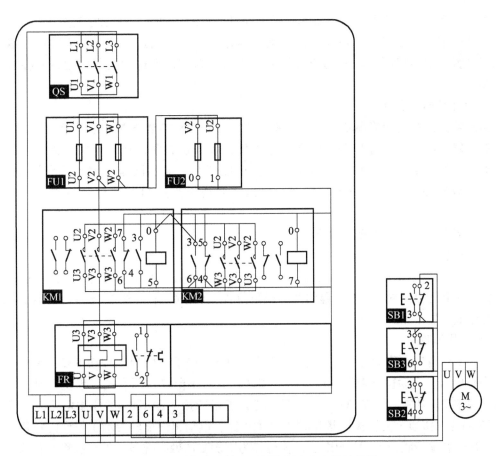

图 2 - 19 接触器互锁正反转控制电路安装接线图

布线做到：整齐、横平竖直、分布均匀；走线合理；套编码套管正确；严禁损伤线芯和导线绝缘；接点牢靠，不得松动，不得压绝缘层，不反圈、不露线芯太长等。

（3）用万用表检查控制电路是否正确。

3. 调试

（1）安装完毕后，必须经过认真检查后，方可通电。

（2）在老师的监护下，通电试车。

接通电源，按下 SB2，电动机应正转（若不符合转向要求，可停机，换接电动机定子绕组任意两个接线即可）。按下 SB3，电动机仍正转（因 KM1 联锁断开）。如果要电动机反转，应按下 SB1，使电动机停转，然后再按下 SB3，则电动机反转，若电动机不能正常工作，则应立即停车，分析并排除故障，使电路正常工作。

## 【知识拓展】

### 2.3.5　自动往返循环控制

1. 位置控制

工农业生产中有很多机械设备都是需要往复运动的。例如，机床的工作台、高炉的加料设备等要求工作台在一定距离内能自动往返运动，它是通过行程开关来检测往返运动的相对位置，进而控制电动机的正反转来实现的。因此，把这种控制称为位置控制或行程控制。

2. 位置控制的实现

实现限位控制是相当简单的，只要将行程开关安置在需要限制的位置上，其常闭触点与控制电路中的停止按钮串联，则当机械移到此极限位置时，行程开关被撞击，常闭触点断开，与按下停止按钮同样的效果，电动机便停车。显然限位控制是一种限位保护，使生产机械避免进入异常位置。那么，行程开关是如何控制电动机自动进行往返运动的呢？

3. 自动往返循环控制电路的设计

1）电路结构特点

若要求生产机械在两个行程位置内来回往返运动，则可将两个自复位行程开关 SQ1、SQ2 置于两个行程位置，并在行程的两个极限位置安放限位开关 SQ3、SQ4，如图 2-20 所示，并组成控制电路。

2）工作原理

若要工作台向右移动时，首先合上电源开关 QS，按下正转启动按钮 SB2，正转接触器 KM1 通电吸合，电动机便带动工作台向右移动。当工作台移动到右端行程位置时，便碰撞行程开关 SQ2，其常闭触点 SQ2-1 断开，切断了正转接触器 KM1 的线圈电路，常开触点 SQ2-2 闭合、接通了反转接触器 KM2 的线圈电路，电动机便反转带动工作台向左移动。当工作台离开右端行程位置后，SQ2 自动复位，为下次工作做好准备。工作台移至左端极限位置后的换接过程与刚才分析的类似。当左右往返行程控制开关 SQ1 或 SQ2 失灵，工作台超过原定的行程移动范围，碰撞左端 SQ3 或右端 SQ4 时，接触器断电释放，实现了限位保护

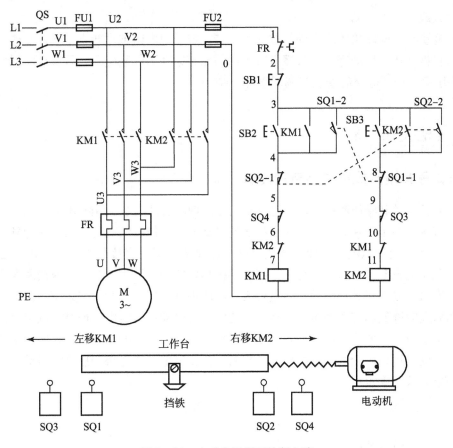

图 2 - 20　自动往返循环控制电路

功能。

# 任务四　三相笼式异步电动机启动控制

## 【任务描述】

三相笼型异步电动机的启动有全压直接启动和降压启动两种。

对于容量不大的交流电动机启动转矩小，一般为额定转矩的 0.8 ～ 1.3 倍，适用于空载或轻载下启动，待转速上升后，就可以承担额定负载。此时，虽然启动电流很大，但启动时间很短，在几分之一秒至数秒之间，对电动机和电网都不会有太大的影响，可以全压直接启动。这类需要不大的启动转矩和长期连续运行的电拖系统比较多，如电力拖动的离心泵、通风机等机械设备。

有时为了减小和限制启动时对机械设备的冲击，即使允许直接启动的电动机，也采用减压启动方式。减压启动的目的在于减小启动电流，但启动力矩也将减小，因此，减压启动仅适用于空载或轻载下启动。

三相笼型异步电动机减压启动的方法主要有：定子串电阻或电抗器、Y－△连接、延边三角形和自耦调压器启动等。在看懂各减压启动控制原理图的基础上，再重点掌握典型电路Y－△降压启动控制电路的安装与调试很有必要。

## 【相关知识】

### 2.4.1 定子串电阻或电抗器启动控制分析

全压直接启动和降压间接启动是电动机启动的两种方式，各适用于不同状态。

全压直接启动是一种简单、可靠、经济的启动方法，但电动机的启动电流为额定电流的4～7倍。过大的启动电流一方面会造成电网电压显著下降，直接影响在同一电网工作的其他电动机及用电设备正常运行；另一方面电动机频繁启动会严重发热，加速线圈老化，缩短电动机的寿命。当三相异步电动机容量较大，不能进行直接启动时，应采用降压启动。降压启动是指启动时降低加在电动机定子绕组上的电压，启动后再将电压恢复至额定值，使之在正常电压下运行。一般规定：电源容量在 180 V·A 以上的，电动机的功率在 10 kW 以下的三相异步电动机可采用全电压直接启动。判断一台交流电动机能否全压直接启动，还可以用下面的经验公式来确定：

$$\frac{I_{St}}{I_N} \leqslant \frac{3}{4} + \frac{S_B}{4 \times P_N}$$

式中　$I_{St}$——启动电流；

　　　$S_B$——电力变压器容量。

电动机启动时，在定子绕组上串接电阻或电抗，利用电阻或电抗压降，使加在电动机定子绕组上的电压低于电源电压，待电动机启动后将电阻（或电抗）短接，进入全电压下正常运行。这就是定子绕组串接电阻（或电抗器）降压启动的方法。

1. 时间继电器控制定子串电阻启动控制基础电路

1）电路结构

时间继电器控制降压自动启动电路基础电路如图 2－21 所示。

由电路的控制电路可以看出，接触器 KM1 和 KM2 满足顺序控制条件。KM1 为电路接触器，它从启动到正常运行始终通电工作，在启动时为启动接触器。KM2 为运行接触器，又叫加速接触器，短接启动电阻（或电抗），SB1 为启动按钮，SB2 为停止按钮，KT 为时间继电器，FR 为热继电器，FU 为熔断器，QS 为开关。启动时只需按下启动按钮 SB1，由启动过程到全压运行便可自动完成。

2）工作原理

动作原理如下：先合上开关 QS，按下 SB1 按钮，KM1 线圈经 FR、SB1、SB2 得电并自锁，同时时间继电器 KT 得电，KM1 主触点闭合，电动机串电阻启动。延时 $t$ 时间后，时间继电器常开触点闭合，接触器 KM2 得电并自锁，短路启动电阻 $R$，电动机进入正常工作状态。

停止时，按动 SB2 停止按钮即可实现。

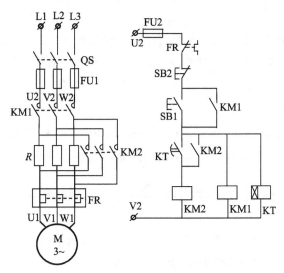

图 2 – 21　时间继电器控制定子串电阻降压启动控制电路

电动机进入正常运行后，KM1、KT 始终通电工作，不但消耗了电能，而且增加了出现故障的概率。若发生时间继电器触点不动作故障，将使电动机长期在降压下运行，造成电动机无法正常工作，甚至烧毁电动机。

2. 时间继电器控制定子串电阻启动控制实用电路

图 2 – 22 是对图 2 – 21 基础电路的缺陷进行改进后的常用电路。

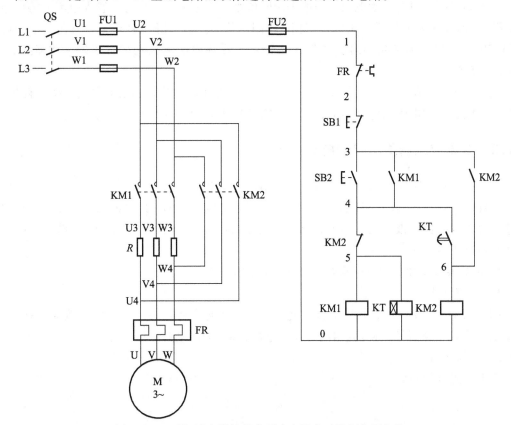

图 2 – 22　时间继电器控制定子串电阻启动控制实用电路

1）电路结构

该电路中的 KM1 和 KT 只是在启动过程中短时接入减压，待电动机全压运行后就从电路中切除。从而延长了 KM1 和 KT 的使用寿命，节约了能源，提高了可靠性。

2）工作原理

首先合上电源开关 QS：

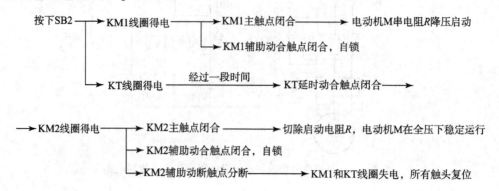

3）应用选择

因为电动机启动转矩与所加电压平方成正比，当串电阻或电抗器降压至额定电压的 0.5 倍时，起动转矩只有全压直接启动转矩的 0.25 倍，因此可从定量角度进一步说明此方法仅适用启动转矩不大的空载或轻载的场合。

三相异步电动机的启动电阻，一般采用阻值小、功率大、允许通过较大电流的铸铁电阻（如 ZX1、ZX2 系列电阻器）组成，三相所串阻值相等。由于降压启动电阻只在启动的短时间内有电流流过，为了缩小启动电阻的体积，实际选用的电阻功率可取计算功率值 $P_g$ 的 1/4 或 1/5 左右。

采用定子串电阻降压启动的缺点是：减小了电动机启动转矩；在电阻上功率损耗较大；如果启动频繁，则电阻的温升很高，对于精密的机床等设备会产生一定的影响。

## 2.4.2 自耦变压器降压启动控制分析

在自耦变压器降压启动控制电路中，电动机启动电流的限制是依靠自耦变压器的降压作用来实现的。电动机启动的时候，定子绕组得到的电压是自耦变压器的二次电压，一旦启动完毕，自耦变压器便被短接，额定电压即自耦变压器的一次电压直接加于定子绕组，电动机进入全电压正常工作。

1. 两个接触器控制的自耦变压器降压启动控制电路

1）电路结构

图 2-23 为两个接触器控制的自耦变压器降压启动控制电路。图中 KM1 为降压接触器，KM2 为正常运行接触器，KT 为启动时间继电器，KA 为启动中间继电器。

2）工作原理

合上电源开关 QS：

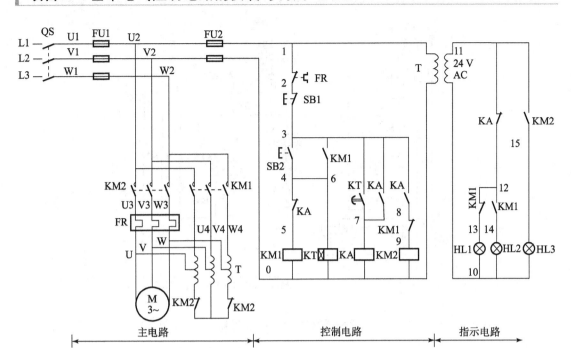

图 2 - 23　两个接触器控制的自耦变压器降压启动控制电路

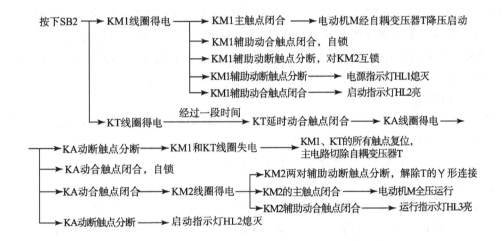

**2. 三个接触器控制的自耦变压器降压启动控制电路**

**1）电路结构**

图 2 - 24 为三个接触器控制的自耦变压器降压启动控制电路。图中选择开关 SA 有自动与手动位置，KM1、KM2 为降压启动接触器，KM3 为正常运行接触器，KA 为启动中间继电器，KT 为时间继电器，HL1 为电源指示灯，HL2 为降压启动指示灯，HL3 为正常运行指示灯。

**2）工作原理**

合上电源开关 Q。

（1）自动控制。

当 SA 置于自动控制位置 A 时，HL1 亮，表明电源正常。按下启动按钮 SB2，KM1、

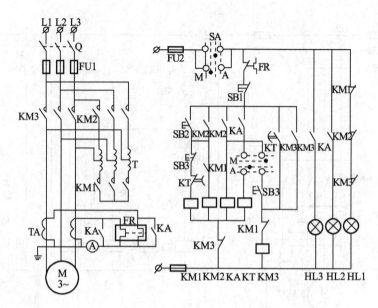

图 2-24 三个接触器控制的自耦变压器降压启动控制电路

KM2 相继通电并自锁，HL1 暗，KM1 触点先将自耦变压器作星形连接，再由 KM2 触点接通电源，电动机定子绕组经自耦变压器实现降压启动。同时 KA 通电并自锁，KT 也通电，此时 HL2 亮，表示正在进行降压启动，在启动过程中由 KA 触点将电动机主电路电流互感器二次侧的热继电器 FR 发热元件短接。当时间继电器 KT 延时已到，相应延时触点动作，使 KM1、KM2、KA、KT 相继断电，而 KM3 通电并自锁，指示灯 HL3 亮进入正常运行，降压启动过程结束。

（2）手动控制。

若将选择开关 SA 扳在手动控制 M 位置，当按下启动按钮 SB2，电动机降压启动过程的电路工作情况与自动控制时工作过程相同，只是在转接全压运行时，尚需再按下 SB3，使 KM1 断电，KM3 通电并自锁，实现全压下正常运行。

（3）其他环节。

电路的联锁环节：电动机启动完毕投入正常运行时，KM3 常闭触点断开，使 KM1、KM2、KA、KT 电路切断，确保正常运行时自耦变压器切除，只在启动时短时接入。

中间继电器 KA 断电后，将热继电器 FR 发热元件接入定子电路，实现长期过载保护。

在操作按钮 SB2 时，要求按下时间稍长一点，待 KM2 通电并自锁后才可松开，不然自耦变压器无法接入，不能实现正常启动。

3. 自耦变压器降压启动的应用

自耦变压器降压启动常用于电动机容量较大的场合，启动转矩可以通过改变抽头的连接位置得到改变，如无大容量的热继电器，也可采用电流互感器后使用小容量的热继电器来实现过载保护。

但是由于自耦变压器价格较贵，操作麻烦，而且不允许频繁启动，故使用频率并不太高。

### 2.4.3 延边三角形降压启动控制分析

延边三角形启动法，这种启动新方法适用于定子绕组为特殊设计的 Y 系列（或 JQ3 系列）异步电动机，正常工作时为三角形接法。通常的电动机定子为 6 个接线头，而这类电动机有中间抽头，为 9 个接线头，如图 2-25 （a）所示。启动时，把定子三相绕组的一部分接成三角形，另一部分接成 Y 形，使整个绕组接成延边三角形，如图 2-25 （b）所示，由于图形像一个三角形的三边延长后的图形，所以称为延边三角形。

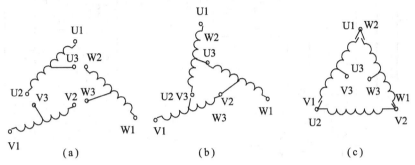

图 2-25 延边三角形接法时绕组的连接方法
(a) 原始状态；(b) 启动时；(c) 正常运转

启动时，将电源接在三个绕组的始端 U1/V1/W1。待电动机启动完毕后，再将其绕组的三个始端分别与三个尾端 U2/V2/W2 连接成三角形，电动机正常运行，如图 2-25 （c）所示。此时电源分别与 U1 和 W2，V1 和 U2，W1 和 V2 相连接。启动时，每相绕组所承受的电压值，比三角形接法时的相电压要低，比星形接法时的相电压要高，介于二者之间（220～380 V），所以启动电流和启动转矩也介于直接启动和星、三角启动之间。

1. 电路结构

三相鼠笼式异步电动机定子绕组接成的延边三角形降压启动控制电路如图 2-26 所示。图中 KM1 为公共共用接触器，KM2 为延边三角形降压启动接触器，KM3 为正常运行接触器。

2. 工作原理

先合上 QS 开关。

按下启动按钮 SB2，接触器 KM1、KM3 线圈和时间继时器 KT 线圈同时获电，接触器 KM1 和 KM3 的主触头闭合，使电动机绕组 U1/V1/W1 点与电源 L1/L2/L3 接通，U2/V2/W2 三点分别与 V3/W3/U3 三点连接，电动机接成延边三角形降压启动。KM1 和 KM3 相应的辅助触头动作，起自锁、联锁作用。

当电动机转速升高到一定值时，也就是到了时间继电器的整定时间，时间继电器 KT 的触头动作，使常闭触头延时断开，切断了接触器 KM3 线圈的电源，其主触头、辅助触头均复原，电动机绕组的 U2 与 V3、V2 与 W3、W2 与 U3 三个接点分别断开；同时，时间继电器 KT 常开延时闭合，接触器 KM2 线圈获电，主触头闭合，使电动机绕组 U1 与 W2、V1 与 U2、W1 与 V2 分别接通为三角形接法，电动机便正常运转。辅助触头 KM2 闭合，使 KM2 线圈自锁，KM2 常闭触点断开，使 KM3、KT 退出工作实现，与 KM2 互相联锁。

SB1 为停止按钮，需停车时，只要按动 SB1，断开控制电源回路，KM1、KM2 线圈失电，电动机停止。

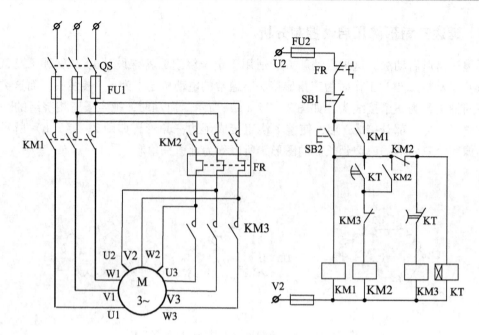

图 2 - 26  延边三角形降压启动控制电路

### 3. 应用情况

鼠笼式异步电动机采用延边三角形降压启动时，其启动转矩比现在常用的星形－三角形降压启动时大，并且可以在一定范围内进行选择。从结构上看比自耦变压器降压启动简单，并克服了自耦变压不允许频繁启动的缺点，而且维修方便。经过实际应用证明，它是一种值得推广的启动新方法。由于使用这种新方法要求电动机在制造时备有的抽头较多，而一般普通电动机（只有 6 个出线端头，无抽头）不能使用这种方法，这是目前暂时尚未得到广泛应用的原因，也就是在更大的范围内人们还没有认识它，没有在使用中去体会它的优点和带来的良好效益。

## 2.4.4  三相异步电动机 Y－△ 降压启动控制分析

Y－△ 降压启动是指电动机启动时，把定子绕组接成星形，以降低启动电压，限制启动电流，待电动机启动后，再把定子绕组改接为三角形，使其全压运行。只有正常运转时定子绕组接成三角形接法的三相异步电动机可以采用此降压启动方法。

启动时，定子绕组首先接成星形，待转速上升到接近额定转速时，将定子绕组的接线由星形换接成三角形，电动机便进入全电压正常运行状态。因功率在 4 kW 以上的三相笼型异步电动机均为三角形接法，故都可以采用星形－三角形启动方法。此法既简便又经济，故使用比较普遍。

### 1. 按钮切换 Y/△ 降压启动控制电路

#### 1）电路结构

图 2 -27 为按钮切换 Y/△ 降压启动控制电路。该电路使用了 3 个接触器和 3 个按钮，可分为主电路和控制电路两部分。

主电路中，接触器 KM1 和 KM2 的主触点闭合时定子绕组为星形连接（启动）；KM1、KM3 主触点闭合时定子绕组为三角形连接（运行）。由控制电路的按钮 SB2 和 SB3 手动控制

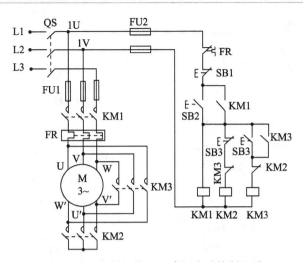

图 2 – 27　按钮切换 Y/△降压启动控制电路

实现 Y/△切换。

2）工作原理

电动机 Y 接法启动：先合上电源开关 QS，按下 SB2，接触器 KM1 线圈通电，KM1 自锁触点闭合，同时 KM2 线圈通电，KM2 主触点闭合，电动机 Y 接法启动，此时，KM2 常闭互锁触点断开，使得 KM3 线圈不能得电，实现电气互锁。

电动机△接法运行：当电动机转速升高到一定值时，按下 SB3，KM2 线圈断电，KM2 主触点断开，电动机暂时失电，KM2 常闭互锁触点恢复闭合，使得 KM3 线圈通电，KM3 自锁触点闭合，同时 KM3 主触点闭合，电动机△接法运行；KM3 常闭互锁触点断开，使得 KM2 线圈不能得电，实现电气互锁。

这种启动电路由启动到全压运行，需要两次按动按钮不太方便，并且，切换时间也不易掌握。为了克服上述缺点，也可采用时间继电器自动切换控制电路。

2. 时间继电器自动切换 Y/△降压启动控制电路

1）电路结构

图 2 – 28 为时间继电器自动切换 Y/△降压启动控制电路。该电路使用了 3 个接触器和 1 个时间继电器，可分为主电路和控制电路两部分。

主电路中，接触器 KM1 和 KM3 的主触点闭合时定子绕组为星形连接（启动）；KM1、KM2 主触点闭合时定子绕组为三角形连接（运行）。控制电路按照时间控制原则实现自动切换。

2）工作原理

先合上 QS 开关：

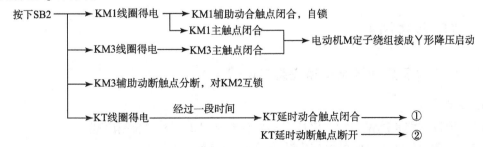

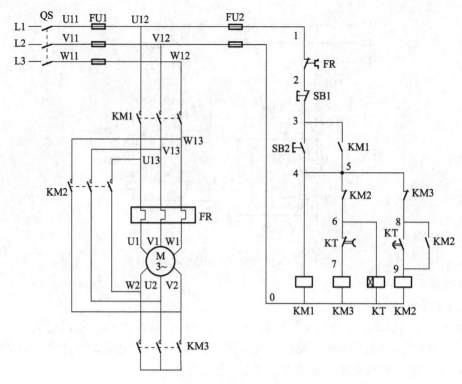

图 2 - 28　时间继电器自动切换 Y/△ 降压启动控制电路

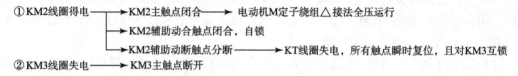

①KM2线圈得电 ——→ KM2主触点闭合 ——→ 电动机M定子绕组△接法全压运行
　　　　　　　 ——→ KM2辅助动合触点闭合，自锁
　　　　　　　 ——→ KM2辅助动断触点分断 ——→ KT线圈失电，所有触点瞬时复位，且对KM3互锁
②KM3线圈失电 ——→ KM3主触点断开

　　SB1 为停止按钮，必须指出，KM2 和 KM3 实行电气互锁的目的，是为了避免 KM2 和 KM3 同时通电吸合而造成的严重短路事故。

　　3. 应用情况

　　三相笼型异步电动机采用 Y/△ 降压启动时，定子绕组星形连接状态下启动电压为三角形连接直接启动电压的 $1/\sqrt{3}$。启动转矩为三角形连接直接启动转矩的 1/3，启动电流也为三角形连接直接启动电流的 1/3。与其他降压启动相比，Y/△ 降压启动投资少，电路简单，但启动转矩小。这种启动方法，适用于空载或轻载状态下启动，同时，这种降压启动方法，只能用于正常运转时定子绕组接成三角形的异步电动机。

## 【任务实施】

### 2.4.5　Y/△ 降压启动控制电路安装与调试

　　1. 安装

　　（1）熟读并能正确说明 Y/△ 降压启动控制电路图 2-28 的控制原理。

　　（2）对照绘制图 2-29 的电气安装接线图，正确标注线号。

将图 2-28 电路中 QS、FU1、KM1、FR、KM3 排成直线，KM2 与 KM3 并列放置，将 KT 与 KM1 并列放置，并且与 KM3 在纵方向对齐，使各电气元件排列整齐，走线美观，检查维护方便。注意主电路中各接触器主触点的端子号不能标错；辅助电路的并列支路较多，应对照原理图看清楚连线方位和顺序。尤其注意连接端子较多的 4 号线，应认真核对，防止漏标编号。

（3）固定电气元件。要注意 JS7—1A 时间继电器的安装方位。如果设备安装底板垂直于地面，则时间继电器的衔铁释放方向必须指向下方，否则违反安装规程。

2. 接线与整定调整

（1）按电气安装接线图 2-29 连接导线。注意接线要正确、牢固、美观，接触要良好，文明操作。

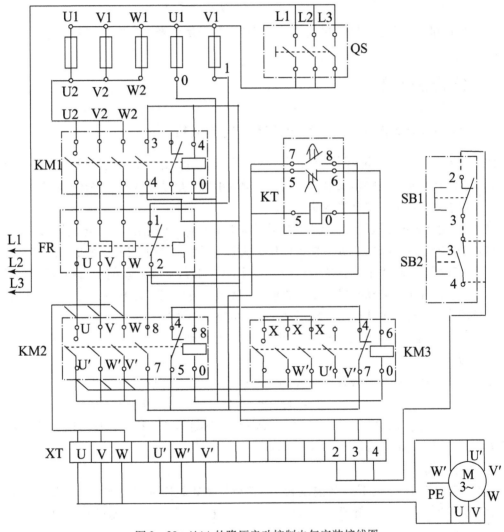

图 2-29 Y/△的降压启动控制电气安装接线图

（2）检查各电气元件。特别是时间继电器的检查，对其延时类型、延时器的动作是否灵活，将延时时间调整到 5 s（调节延时器上端的针阀）左右。

3. 检验与通电调试

（1）在接线完成后，用万用表检验电路的通断。分别检验主电路，辅助电路的启动控制、联锁电路、KT 的控制作用等。

（2）若检验无误，经指导老师检查允许后，方可通电调试。

通电源，按下 SB2，接触器 KM1、KM3 动作，电动机 Y 形低速启动。运行 5 s 左右后 KM3 断开，KM2 接通，电动机进入△正常运转。若电动机不按正常程序工作，则应立即停车，分析并排除故障，使电路正常按Y/△降压过程工作。

4. 注意事项

（1）进行Y/△启动控制的电动机，接法必须是△连接。额定电压必须等于三相电源线电压。其最小容量为 2、4、8 极的 4 kW。

（2）接线时要注意电动机的△接法不能接错，同时应该分清电动机的首端和尾端的连接。

（3）电动机、时间继电器、接线端板的不带电的金属外壳或底板应可靠接地。

**【知识拓展】**

## 2.4.6 绕线式异步电动机转子串电阻降压启动控制

如果希望在启动时既要限制启动电流，又不降低启动转矩，则可选用绕线式三相异步电动机。启动时在其转子电路串入启动电阻或频敏变阻器，启动完成后，将转子电路串入的启动电阻或频敏变阻器由控制电路自动切除。

绕线式三相异步电动机可以通过滑环在转子绕组中串接外加电阻来改善电动机的机械特性，从而减少启动电流、提高启动转矩，使其具有良好的启动性能，以适用于电动机的重载启动。

串接在三相转子绕组中的启动电阻，一般都接成 Y 接线。在启动前，启动电阻全部接入电路，在启动过程中，启动电阻被逐步地短接。短接的方式有三相电阻平衡短接法和三相电阻不平衡短接法两种。本项目仅分析接触器控制的平衡短接法启动控制电路。

1. 时间原则控制绕线型电动机转子串电阻启动控制电路

1）电路结构

图 2-30 为按时间原则控制绕线型电动机转子串电阻启动控制电路。图中 KM1～KM3 为短接转子电阻接触器，KM 为电源接触器，KT1～KT3 为时间继电器。它是依靠 KT1、KT2、KT3 三只时间继电器和 KM1、KM2、KM3 三个接触器的互相配合来实现转子回路三段启动电阻的短接，完成三级启动控制过程。

2）工作原理

合上电源开关 QS，按下启动按钮 SB2，接触器 KM 线圈通电并自锁，KT1 同时通电，KT1 常开触头延时闭合，接触器 KM1 通电动作，使转子回路中 KM1 常开触头闭合，切除第一级启动电阻 $R_1$，同时使 KT2 通电，KT2 常开触头延时闭合，KM2 通电动作，切除第二级启动电阻 $R_2$，同时使 KT3 通电，KT3 常开触头延时闭合，KM3 通电并自锁，切除第三级启动电阻 $R_3$，KM3 的另一副常闭触点断开，使 KT1 线圈失电，进而 KT1 的常开触头瞬时断开，使 KM1、KT2、KM2、KT3 依次断电并释放，恢复原位。只有当接触器 KM3 保持工作状态时，电动机的启动过程结束，进行正常运转。

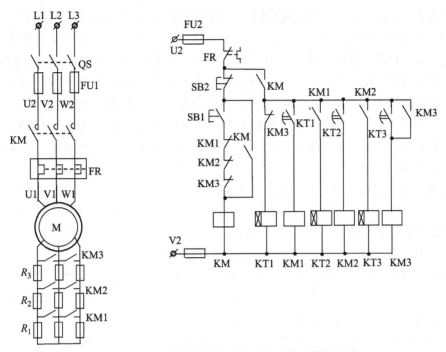

图 2-30  按时间原则控制转子串电阻启动控制电路

**2. 电流原则控制绕线型电动机转子串电阻的启动控制电路**

1) 电路结构

图 2-31 为电流原则控制绕线型电动机转子串电阻的启动控制电路。图中 KM1～KM3 为短接转子电阻接触器，$R_1$～$R_3$ 为转子电阻，KA1～KA3 为电流继电器，KM4 为电源接触器，KA4 为中间继电器。

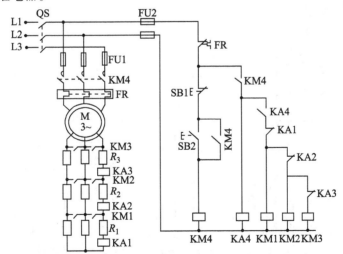

图 2-31  电流原则控制绕线型电动机转子串电阻的启动控制电路

2) 工作原理

合上电源开关 QS，按下启动按钮 SB2，KM4 线圈通电并自锁，电动机定子绕组接通三相电源，转子串入全部电阻启动，同时 KA4 通电，为 KM1～KM3 通电做好准备。由于刚启动时电流很大，KA1~KA3 吸合电流相同，故同时吸合动作，其常闭触点都断开，使 KM1~KM3 处于断电状态，转子电阻全部串入，达到限流和提高的目的。在启动过程中，随着电动机转速升高，启动电流逐渐减小，而 KA1~KA3 释放电流调节得不同，其中 KA1 释放电流最大，KA2 次之，KA3 为最小，所以当启动电流减小到 KA1 释放电流整定值时，KA1 首先释放，其常闭触点返回闭合，KM1 通电，短接一段转子电阻 $R_1$，由于电阻短接，转子电流增加，启动转矩增大，致使转速又加快上升，这又使电流下降，当降低到 KA2 释放电流时，KA2 常闭触点返回，使 KM2 通电，切断第二段转子电阻 $R_2$，如此继续，直至转子电阻全部短接，电动机启动过程结束。

**3. 电动机转子绕组串频敏变阻器启动控制电路**

绕线式异步电动机转子绕组串接电阻的启动方法，在电动机启动过程中，由于逐段减小电阻，电流和转矩突然增大，产生一定的机械冲击力。同时由于串接电阻启动，控制电路复杂、工作很不可靠，而且电阻本身比较粗笨，所以控制箱的箱体较大。

频敏变阻器是一种静止的、无触点的电磁元件，其阻值随电流频率变化而改变。它是由几块 30~50 mm 厚的铸铁板或钢板叠成的三柱式铁芯，在铁芯上分别装线圈，三个线圈连接成星形连接，并与电动机转子绕组相接。

从 20 世纪 60 年代开始，我国电气工程技术人员就开始应用和推广自己独创的频敏变阻器。频敏变阻器的阻抗能够随着转子电流频率的下降而自动减小，所以它是绕线式异步电动机较为理想的一种启动装置，常用于较大容量的线式异步电动机中。

**1）电动机单向旋转转子串频敏变阻器启动控制电路**

**（1）电路结构。**

图 2-32 为电动机单向旋转转子串频敏变阻器启动控制电路。图 2-32（a）为主电路，KM 为电源接触器，KM1 为短接频敏变阻器用接触器；图 2-32（b）为控制电路；图 2-32（c）为改进后的控制电路。

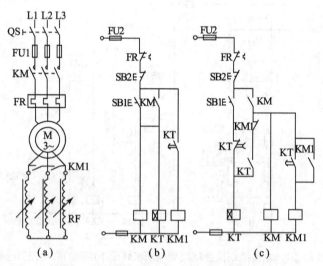

图 2-32　电动机单向旋转转子串频敏变阻器启动控制电路

**（2）工作原理。**

图 2-32（b）控制电路的工作原理：

合上电源开关 QS，按下 SB1，KM 得电吸合并自锁，电动机串频敏变阻器启动，同时 KT 得电吸合开始延时，当电动机启动完毕后，KT 的延时常开触头闭合，KM1 得电，主触头闭合，将频敏变阻器短接，电动机正常运行。

（3）电路的改进。

图 2-32（b）控制电路的缺点是：当 KM1 的主触头熔焊或机械部分被卡死，电动机将直接启动，当 KT 线圈出现断线故障时，KM1 线圈将无法得电，电动机运行时频敏变阻器不能被切除。

为了克服上述缺点，可采用图 2-32（c）所示的控制电路，该电路操作时，按下 SB1 时间应稍长点，待 KM 常开触点闭合后才可松开。KM 为电源接触器，KM 线圈得电需在 KT、KM1 触点工作正常条件下进行，若发生 KT、KM1 触点粘连，KT 线圈断线等故障时，KM 线圈将无法得电，从而避免了电动机直接启动和转子长期串接频敏变阻器的不正常现象发生。

2）电动机转子绕组串频敏变阻器正反转启动控制电路

图 2-33 为电动机转子绕组串频敏变阻器正反转手动、自动启动控制电路。SA 为手动与自动切换开关，KM1、KM2 为正反转接触器，KM3 为短接频敏变阻器接触器，KT 为自动切换时间继电器。该电路工作原理可作为练习内容自行分析。

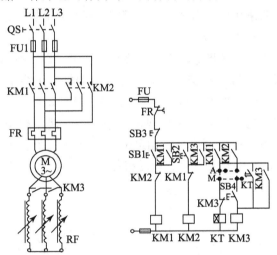

图 2-33　电动机转子绕组串频敏变阻器正反转手动、自动启动控制电路

# 任务五　三相异步电动机转速控制

## 【任务描述】

为了满足生产工艺的要求，常常需要改变电动机的转速。由异步电动机的转速表达式

$$n = n_1(1 - s) = \frac{60f_1}{p}(1 - s)$$

可知，改变三相交流异步电动机的转速可通过以下三种方法来实现：一是改变电动机的磁极

对数 $p$ 来达到调速的目的，称为变极调速；二是改变电动机电源频率 $f_1$ 来达到调速的目的，称为变频调速；三是改变转差率 $s$ 调速来达到调速目的，只适用于绕线式转子绕组的异步电动机的变转差率调速。

三相笼型异步电动机的变极调速和变频调速控制是最常用的调速控制方式。在看懂典型变极、变频调速控制原理图的同时，试设计制作简单的变频器调速控制系统，从而进一步提高基本电气控制电路的应用能力。

## 【相关知识】

### 2.5.1 三相笼型异步电动机变极调速控制分析

变极调速是三相笼型异步电动机长期以来常用的调速控制方法，由于笼型异步电动机的转子极数是固定不变的。因此，只能通过改变定子的连接方式来改变磁极对数，从而实现对转速的控制。笼型异步电动机的变极调速属于电气有差（极）调速，常用的多速笼型异步电动机有双速、三速、四速几种，本任务就以感应式双速电动机的控制为例来做分析。

1. 双速电动机定子绕组的连接

图 2-34 为 4/2 极的双速异步电动机定子绕组接线示意图，图（a）将电动机定子绕组的 U1、V1、W1 三个接线端接三相交流电源，而将电动机定子绕组 U2、V2、W2 三个接线端悬空，三相定子绕组接成三角形，这样每相绕组中的①、②线圈串联，电动机以四极运行为低速。若将电动机定子绕组的 U2、V2、W2 三个接线端接三相交流电源，而将另外三个接线端 U1、V1、W1 连在一起，则原来三相定子绕组中的三角形接线立即变为双星形接线，此时每相绕组中的①、②线圈相互并联，电动机便以两极启动高速运行。

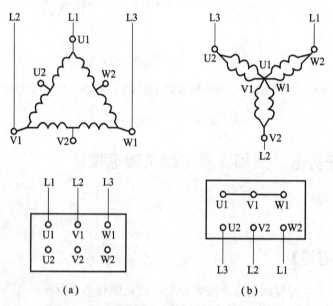

图 2-34 双速异步电动机定子绕组接线示意图

(a) 低速△形接法；(b) 高速 Y Y形接法

2. 双速感应电动机按钮控制的调速电路

1）电路结构

图 2 - 35 为双速电动机按钮控制变极调速电路。图中 KM1 为 △ 连接接触器，KM2、KM3 为双 Y 连接接触器，SB1 为低速按钮，SB2 为高速按钮，SB3 为停止按钮。

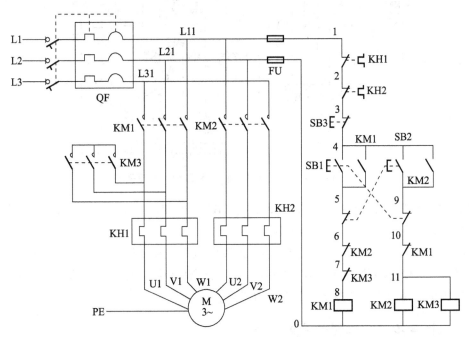

图 2 - 35　双速电动机按钮控制变极调速电路

2）工作原理

合上电源开关 QF，按下启动按钮 SB1，KM1 通电并自锁，电动机作 △ 连接，实现四极低速运行。按下高速按钮 SB2，KM2、KM3 通电并自锁，电动机接成双 Y 连接实现两极高速运行。按下停止按钮 SB3，接触器失电，电动机停止运行。

由于电路采用了 SB1、SB2 的机械互锁和接触器的电气互锁，能够实现低速运行直接转换为高速，或由高速直接转换为低速，无须通过停止按钮才能完成低速、高速切换。

3. 双速感应电动机手动变速和自动变速的控制电路

1）电路结构

图 2 - 36 为双速电动机手动调速和自动加速控制电路。与图 2 - 35 相比，引入了一个自动加速与手动变速选择开关 SA，时间继电器 KT、电源指示灯 HL1、低速指示灯 HL2、高速指示灯 HL3。

2）工作原理

当选择手动变速时，将开关 SA 扳在 M 位置。时间继电器 KT 电路切除，电路工作情况与图 2 - 35 相同。当需要自动加速工作时，将 SA 扳在 A 位置。按下 SB2，KM1 通电并自锁，同时 KT 相继通电并自锁，电动机按 △ 连接低速启动运行，当 KT 延时常闭触点打开、延时常开触点闭合时，KM1 断电，而 KM2、KM3 通电并自锁，电动机便由低速自动转换为高速运行，实现了自动控制。

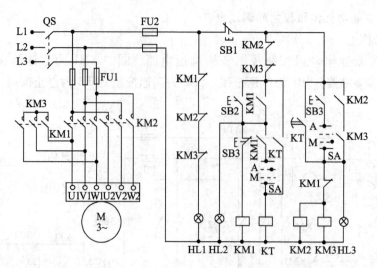

图 2-36  双速电动机手动调速和自动加速控制电路

当 SA 置于 M 位置，仅按下低速启动按钮 SB2 则可使电动机只作三角形接法的低速运行。随后，再按下 SB3，电动机 Y Y 高速运行。

时间继电器 KT 自锁触头作用是在 KM1 线圈断电后，KT 仍保持通电，直至已进入高速运行即 KM2、KM3 线圈通电后，KT 才断电，一方面使控制电路可靠工作；另一方面使 KT 只在换接过程中短时通电，减少 KT 线圈的能耗。

## 2.5.2  三相异步电动机变频调速控制分析

随着控制技术和电力电子技术的发展，变频器的使用越来越广泛。一是由于变频调速性能好，而且可以很方便地实现无级（差）调速。二是变频器的价格有了大幅度下降，国内外生产厂家很多，产品的数量和质量也很高。

变频器调速的应用领域非常宽广。它用于大容量的风机、泵类、搅拌机、挤压机等，节能效果极其明显；用于精密设备如数控机床等加工机械，可极大地提高加工质量和生产率。

1. 变频调速的基本概念

根据异步电动机原理 $n = n_1(1 - s) = \dfrac{60f_1}{p}(1 - s)$ 可知，改变电源频率 $f_1$ 可改变电动机同步转速。异步电动机采用变频进行调速时，为了避免电动机磁饱和，要控制电动机磁通，同时抑制启动电流，这就需要根据电动机的特性对供电电压、电流、频率进行适当的控制，使电动机产生必需的转矩。

变频器的控制方式可分为两种，即开环控制和闭环控制。开环控制有 V/F 控制方式，闭环控制有矢量控制等方式。

1）V/F 控制

异步电动机的转速由电源频率和极对数决定，所以改变频率，电动机就可以调速运转。但是频率改变时电动机内部阻抗也改变。仅改变频率，将会产生由弱励磁引起的转矩不足或由过励磁引起的磁饱和现象，使电动机功率因数和效率显著下降。

V/F 控制是这样一种控制方式，即改变效率的同时控制变频器输出电压，使电动机的磁通保持一定，在较广泛的范围内调速运转时，电动机的功率因数和效率不下降。这就是控制电压与频率之比，所以称 V/F 控制。

V/F 控制比较简单，多用于通用变频器。如风机和泵类、家用电器等中。

2）矢量控制

我们知道直流电动机的电枢电流控制方式，使直流电动机构成的传统系统的调速和控制性能非常优良。矢量控制按照直流电动机电枢电流控制思想，在交流异步电动机上实现该控制方法，并且达到与直流电动机相同的控制性能。

矢量控制方式将供给异步电动机的定子电流从理论上分为两部分：产生磁场的电流分量（磁场电流）和与磁场相垂直、产生转矩的电流分量（转矩电流）。该磁场电流、转矩电流与直流电动机的磁场电流、电枢电流相当。在直流电动机中，利用整流子和电刷机械换向，使两者保持垂直，并且可分别供电。对异步电动机来说，其定子电流在电动机内部，利用电磁感应作用，可在电气上分解为磁场电流和垂直的转矩电流。

矢量控制就是根据上述原理，将定子电流分解成磁场电流和转矩电流，任意进行控制。两者合成后，决定定子电流大小，然后供给异步电动机。

矢量控制方式使交流异步电动机具有与直流电动机相同的控制性能。目前采用这种控制方式的变频器已广泛用于生产实际中。

2. 各种控制方式的变频器特性比较

1）V/F 控制变频器的特点

（1）它是最简单的一种控制方式，不用选择电动机，通用性优良。

（2）与其他控制方式相比，在低速区内电压调整困难，故调速范围窄，通常在 1∶10 左右的调速范围内使用。

（3）急加速、减速或负载过大时，抑制过电流能力有限。

（4）不能精密控制电动机实际速度，不适合于同步运转场合。

2）矢量控制变频器的特点

（1）需要使用电动机参数，一般用作专用变频器。

（2）调速范围在 1∶100 以上。

（3）速度响应性极高。适合于急加速、减速运转和连续四象限运转，能使用任何场合。

3. 变频器的操作和显示

一台变频器应有可供用户方便操作的操作器和显示变频器运行状况及参数设定的显示器。用户通过操作器对变频器进行设定及运行方式的控制。通用变频器的操作方式一般有三种，即数字操作器、远程操作器和端子操作方式。变频器的操作指令可以由此三处发出。

1）数字操作器和数字显示器

新型变频器几乎均采用数字控制，使数字操作器可以对变频器进行设定操作。如设定电动机的运行频率、运转方式、V/F 类型、加减速时间等。数字操作器有若干个操作键，不同厂商生产的变频器的操作器有很大的区别，但 4 个按键是不可少的，即运行键、停止键、上升键和下降键。运行键控制电动机的启动，停止键控制电动机的停止，上升键或下降键可以检索设定功能及改变功能的设定值。数字操作器作为人机对话接口，使得变频器参数设定值显示直观清晰，操作简单方便。

在数字操作器上，通常配有6位或4位数字显示器，它可以显示变频器的功能代码及各功能代码的设定值。在变频器运行前显示变频的设定值，在运行过程中显示电动机的某一参数的运行状态，如电流、频率、转速等。

2）远程操作器

远程操作器是一个独立的操作单元，它利用计算机的串行通信功能，不仅可以完成数字操作器所具有的操作功能，而且可以实现数字操作器不能实现的一些功能，特别是在系统调试时，利用远程操作器可以对各种参数进行监视和调整，比数字操作器功能强，而且更方便。

变频器的日益普及，使用场地相对分散，远距离集中控制是变频器应用的趋势，现在的变频器一般都具有标准的通信接口，用户可以利用通信接口在远处如中央控制室对变频器进行集中控制，如参数设定、启动/停止控制、速度设定和状态读取等。

3）端子操作

变频器的端子包括电源接线端子和控制端子两大类。电源接线端子包括三相电源输入端子，三相电源输出端子，直流侧外接制动电阻用端子以及接地端子。控制端子包括频率指令模拟设定端子，运行控制操作输入端子、报警端子、监视端子。不同类型的变频器端子的设置与排列有差别，但共同点很多，在后面变频器应用中再详细介绍。

4. 变频器调速应用举例

目前使用的变频器种类很多，国内应用最早的是西门子系列和三菱系列等产品，下面以西门子 MICROMASTER 440 为例，简要说明变频器的使用。

MICROMASTER 440 是一种集多种功能于一体的变频器，它适用于电动机需要调速的公众场合。它可通过数字操作面板或通过远程操作器方式，修改其内置参数，即可工作于各种场合。主要特点是：内置多种运行控制方式；快速电流限制，实现无跳闸运行；内置式制动斩波器，实现直流注入制动；具有 PID 控制功能的闭环控制，控制器参数可制动整定；多组参数设定且可相互转换，变频器可用于控制多个交替工作的生产过程；多功能数字、模拟输入/输出口，可任意定义其功能和具有完善的保护功能。

1）控制方式

变频器运行控制方式，即变频器输出电压与频率的控制关系。控制方式的选择，可通过变频器相应的参数设置。主要有以下7种控制方式。

（1）线性 V/F 控制。变频输出电压与频率为线性关系，用于恒定转矩负载。

（2）带磁通电流控制（FCC）的线性 V/F 控制。在这种模式下，变频器根据电动机特性实时计算所需要的电压，以此来保持电动机的磁通处于最佳状态，此方式可提高电动机效率和改善电动机动态响应特性。

（3）平方 V/F 控制。变频输出电压平方与频率为线性关系，用于变转矩负载，如风机和泵。

（4）特性曲线可编程的 V/F 控制。变频器输出电压与频率为分段性关系，此种控制方式可应用于某一特定频率下为电动机提供特定的转矩。

（5）带"能量优化控制（ECO）"的线性 V/F 控制。此方式的特点是变频器自动增加或降低电动机电压，搜寻并适用电动机运行在损耗最小的工作点。

（6）无传感器矢量控制。用固有的滑差补偿对电动机的速度进行控制。采用这一控制方式时，可以得到大的转矩、改善瞬时响应特性和具有优良的速度稳定性，而且在低频时可提高电动机的转矩。

（7）无传感器的矢量转矩控制。变频器可以直接控制电动机的转矩。当负载要求具有恒定的转矩时，变频器通过改变向电动机输出的电流，使转矩维持在设定的数值。另外，还有与纺织机械相关的 V/F 控制方式。

2）保护特性

过电压及欠电压保护、变频器过热保护、接地故障保护、短路保护、电动机过载保护和用 PTC 为传感器的电动机过热保护等。

3）变频器功能的方框图

如图 2-37 所示为变频器内部功能方框图，此变频器共有 20 多个控制端子，分为 4 类：输入信号端子、频率模拟设定输入端子、监视信号端子和通信端子。

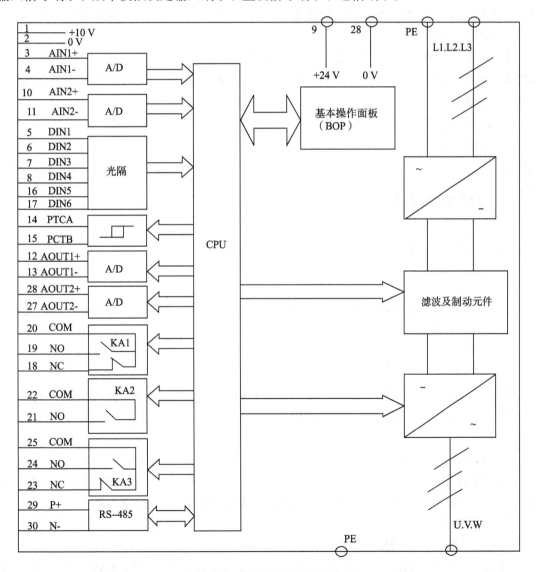

图 2-37  变频器内部功能方框图

DIN1～DIN6 为数字输入端子，一般用于变频器外部控制，其具体功能由相应设置决定。例如出厂时设置 DIN1 为正向运行，DIN2 为反向运行等，根据需要通过修改参数可改变功能。使用输入信号端子可以完成对电动机的正反转控制、复位、多级速度设定、自由停车、点动等控制操作。PTC 端子用于电动机内置 PTC 测温保护，为 PTC 传感器输入端。

AIN1、AIN2 为模拟信号输入端子，分别作为频率给定信号和闭环时反馈信号输入。变频器提高了 3 种频率模拟设定方式：外接电位器设定、0～10 V 电压设定和 4～20 mA 电流设定。当用电压或电流设定时，最大的电压或电流对应变频器输出频率设定的最大值。变频器有两路频率设定通道，开环控制时只用 AIN1 通道，闭环控制时使用 AIN2 通道作为反馈输入，两路模拟设定进行叠加。输出信号的作用是对变频器运行状态的指示或向上位机提供这些信息，KA1、KA2、KA3 为继电器输出，其功能也是可编程的，如故障报警、状态提示等。AOUT1、AOUT2 端子为模拟量输出 0～20 mA 信号，其功能也是可编程的，用于输出指示运行频率、电流等。

P＋、N－ 为通信接口端子，是一个标准的 RS－485 接口，通过此通信接口，可以实现对变频器的远程控制，包括运行、停止及频率设定控制，也可以与端子控制进行组合完成对变频器的控制。

变频器可使用数字操作面板控制，也可使用端子控制，还可使用 RS－485 通信接口对其进行远程控制。

## 【任务实施】

### 2.5.3 变频调速控制系统设计、安装与调试实训

1. 实训任务

设计并试制一个电动机变频调速的实用控制电路。要求：电路能实现电动机的正反向运行、调速和点动控制功能。

2. 设计

1）设计思路

根据功能要求，首先要对变频器编程并修改参数。根据控制要求选择合适的运行方式，如线性 V/F 控制，无传感矢量控制等；频率设定值信号源选择模拟输入。实训拟选择 V/F 控制方式。

2）选择控制端子的功能

将变频器 DIN1、DIN2、DIN 3 和 DIN 4 端子分别设置为正转运行、反转运行、正向点动和反向点动功能。除此之外还要设置如斜坡上升时间、斜坡下降时间等参数。

3）实用电路

设计并绘制如图 2－38 所示的实训电路。

在图 2－38 中，SB3、SB4 为正、反向运行控制按钮，KA4、KA5、KA6、KA7 为正反转和点长动的中间继电器，运行频率由电位器 $R_p$ 给定。SB5、SB6 为正反向点动运行控制按

钮，点动运行频率由变频器内部设置。按钮 SB1 为总停止控制。

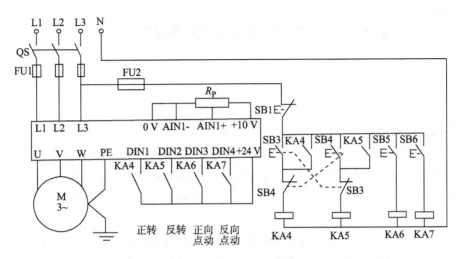

图 2 - 38　使用变频器的异步电动机可逆调速系统的控制电路

**3. 安装**

（1）选择并检查各电气元件，中间继电器也可采用接触器来代替部分或全部。

（2）据根电气原理图，自行绘制实训电路的电气元件布置图，自行绘制电气安装接线图简图。经小组讨论确定，老师确认正确后，作为最后的实用安装接线图。

（3）按照电气元件布置图，固定好各电气元件及变频器和电动机。

**4. 接线**

对照接线图，进行板前明线布线接线，先接控制电路，后接与变频器连接的主电路。布线做到：正确、牢固、美观，接触要良好，文明操作。

**5. 检查**

在接线完成后，用万用表检查电路的通断。分别检查主电路，控制电路的启动控制、联锁电路，若检查无误，经指导老师检查允许后，方可通电调试。

**6. 通电调试**

（1）运行控制。合上总电源开关，对照变频器手册，先调整变频器的设定参数。然后再分别按下 SB3 ~ SB6 等按钮，完成正反转和点动控制操作实训。

（2）调速控制。调整 $R_P$ 电位器改变频率进行手动调速控制。进一步改变变频器内部参数进行自动调速。

（3）若出现异常，则应立即停车，分析并排除故障。

**7. 注意事项**

（1）变频器要固定在安全位置，电动机的容量要小于变频器的额度容量。变频器的电位器旋钮调整要慢慢旋转。对于变频器的参数设定，应看清楚再修改，不得乱改。

（2）接线要求牢靠，不允许用手触及各电气元件的导电部分，以免触电及伤害。

## 任务六 三相异步电动机制动控制

### 【任务描述】

由于机械惯性的影响，高速旋转的电动机从切除电源到停止转动要经过一定的时间。这样往往满足不了某些生产工艺快速、准确停车的控制要求，这就需要对电动机进行制动控制。

所谓制动，就是给正在运行的电动机加上一个与原转动方向相反的制动转矩，迫使电动机迅速停转。电动机常用的制动方法有机械制动和电气制动两大类。机械制动是利用机械装置使电动机断开电源后迅速停转的制动方法。机械制动常用的方法有：电磁抱闸和电磁离合器制动。

电气制动是使电动机产生一个和转子转速方向相反的电磁转矩，让电动机的转速迅速下降。三相交流异步电动机常用的电气制动方法有能耗制动和电源反接制动两种。掌握电气制动控制的组成及原理，能正确分析电路工作过程。根据典型能耗制动电气控制原理图，参考设计出电气安装系统图，并完成电路的安装与调试。

### 【相关知识】

## 2.6.1 三相异步电动机反接制动分析

将电动机的三根电源线的任意两根对调称为反接。若在停车前，把电动机反接，则其定子旋转磁场便反方向旋转，在转子上产生的电磁转矩亦随之反方向，成为制动转矩，在制动转矩作用下电动机的转速便很快降到零，称为反接制动。

必须指出，当电动机的转速接近零时，应及时切除反接电源，以免电动机反向运转。在控制电路中常用速度继电器来实现这个要求。为此采用速度继电器来检测电动机的速度变化。在 $120 \sim 3\ 000$ r/min 范围内为速度继电器触头动作，当转速低于 $100$ r/min 时，其触头恢复原位。

1. 单方向启动的反接制动控制电路

1）电路结构

图 2-39 为单向反接制动控制电路。图中 KM1 为单向旋转接触器，KM2 为反接制动接触器，KS 为速度继电器，$R$ 为反接制动电阻。

2）工作原理

合上电源开关 QS。

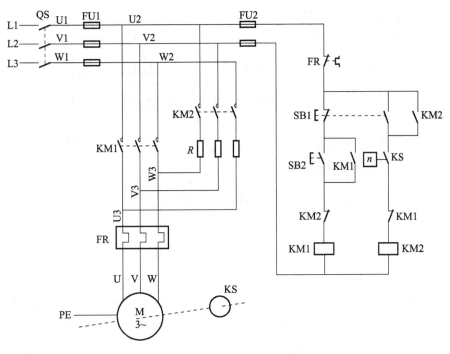

图 2 – 39　单向反接制动的控制电路

（1）启动过程：

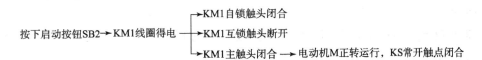

（2）制动停车过程：

2. 电动机可逆运行反接制动控制电路

1）电路结构

图 2 – 40 为可逆运行反接制动控制电路。图中 KM1、KM2 为正、反转接触器，KM3 为短接电阻接触器，KA1～KA3 为中间继电器，KS 为速度继电器，其中 KS1 为正转闭合触点，KS2 为反转闭合触点，$R$ 为启动与制动电阻。

2）工作原理

启动：合上电源开关 QS，按下正转启动按钮 SB2，KM1 通电并自锁，电动机串入电阻接入正序电源启动，当转速升高到一定值时 KS1 触点闭合，KM3 通电，短接电阻，电动机

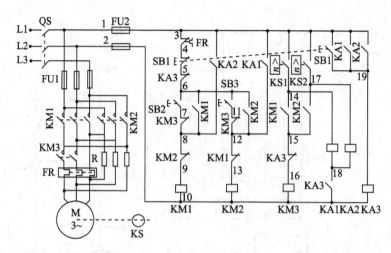

图 2-40　可逆运行反接制动控制电路

在全压下启动进入正常运行。

制动：需要停车时，按下停止按钮 SB1，KM1、KM3 相继断电，电动机脱离正序电源并串入电阻，同时 KA3 通电，其常闭触点又再次切断 KM3 电路，使 KM3 无法通电，保证电阻 R 串接在定子电路中，由于电动机惯性仍以很高速度旋转，KS1 仍保持闭合使 KA1 通电，触点 KA1（3—12）闭合使 KM2 通电，电动机串接电阻接上反序电源，实现反接制动；另一触点 KA1（3—19）闭合，使 KA3 仍通电，确保 KM3 始终处于断电状态，R 始终串入。当电动机转速下降到 100 r/min 时，KS1 断开，KA1、KM2、KA3 同时断电，反接制动结束，电动机停止。

电动机反向启动和停车反接制动过程与上述工作过程相同，不再赘述，可自行分析。

3．反接制动特点

反接制动时，转子与旋转磁场的相对速度接近于两倍的同步转速，所以定子绕组中流过的反接制动电流相当于全电压直接启动电流的两倍，因此反接制动特点之一是制动迅速、效果好、冲击力大，通常仅适用于 10 kW 以下的小容量电动机。

为了减小冲击电流，通常要求在电动机主电路中串接一定的电阻以限制反接制动电流，这个电阻称为反接制动电阻。反接制动的制动力矩较大，冲击强烈，易损坏传动零件，而且频繁反接制动可能使电动机过热。使用时必须引起注意。

## 2.6.2　三相异步电动机能耗制动分析

所谓能耗制动，就是在电动机脱离三相交流电源之后，定子绕组上加一个直流电压，即通入直流电流，以产生静止磁场，利用转子的机械能产生的感应电流与静止磁场的作用以达到制动的目的。

根据能耗制动的时间原则，可用时间继电器进行控制，也可根据能耗制动的速度原则，用速度继电器进行控制。

1．按时间原则控制的单向运行的能耗制动控制电路

1）电路结构

图 2-41 为时间原则进行能耗制动控制电路。图中 KM1 为单向运行接触器，KM2 为能

耗制动接触器，KT 为时间继电器，T 为整流变压器，VC 为桥式整流电路。

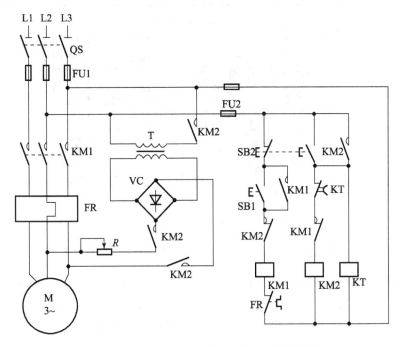

图 2-41　时间原则进行单向能耗制动控制电路

2）工作原理

启动：合上电源开关 QS，按下正转启动按钮 SB1，KM1 通电并自锁，电动机正常运行。

制动：按下停止按钮 SB2，KM1 断电，电动机定子脱离三相电源，同时 KM2 通电并自锁，将二相定子接入直流电源进行能耗制动，在 KM2 通电的同时 KT 也通电。电动机在能耗制动作用下转速迅速下降，当接近零时，KT 延时时间到，其延时触点动作，使 KM2、KT 相继断电，制动过程结束。

**2. 按速度原则控制的可逆运行的能耗制动控制电路**

1）电路结构

图 2-42 为速度原则控制的可逆运行的能耗制动控制电路。图中 KM1、KM2 为正反转接触器，KM3 为制动接触器，KS 为速度继电器。

2）工作原理

启动：合上电源开关 QS，根据需要可按下正转或反转启动按钮 SB2 或 SB3，相应接触器 KM1 或 KM2 通电并自锁，电动机正常运转。此时速度继电器相应触点 KS1 或 KS2 闭合，为停车时接通 KM3，实现能耗制动做准备。

制动：按下停止按钮 SB1，电动机定子绕组脱离三相交流电源，同时 KM3 通电，电动机接入直流电源进行能耗制动，转速迅速下降到 100 r/min 时，速度继电器 KS1 或 KS2 触点断开，此时 KM3 断电，能耗制动结束，以后电动机自然停车。

**3. 无变压器单管能耗制动控制电路**

上述任务的能耗制动均为带变压器的单相桥式整流电路，其制动效果好。对于功率较大

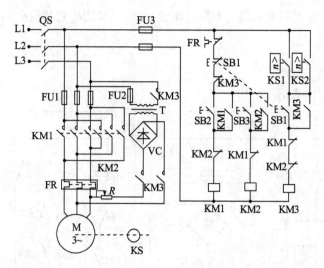

图 2-42　速度原则控制的可逆运行能耗制动控制电路

的电动机应采用三相整流电路，但所需设备多，成本高。对于 10 kW 以下的电动机，在制动要求不高时，可采用无变压器单管能耗制动控制电路，这样设备简单、体积小、成本低。图 2-43 为无变压器单管能耗制动控制电路，其工作原理请自行分析。

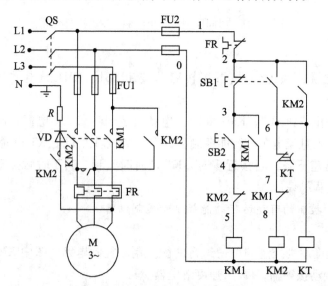

图 2-43　无变压器单管能耗制动控制电路

### 4. 能耗制动的特点

由上分析可知，能耗制动比反接制动消耗的能量少，其制动电流也比反接制动电流小得多，但能耗制动效果不及反接制动明显，同时需要一个直流电源，控制电路相对比较复杂，通常能耗制动适用于电动机容量较大和启动、制动频繁的场合。

## 【任务实施】

### 2.6.3 三相异步电动机能耗制动控制系统设计、安装与调试

1. 分析设计

（1）认真观察并分析图 2-43 的无变压器单管能耗制动控制电路原理图，写出工作过程。并在控制电路图中标上线号。

（2）据根电气原理图，绘制实训电路的电气元件布置图和电气安装接线图。实用安装接线参考图，如图 2-44 所示。

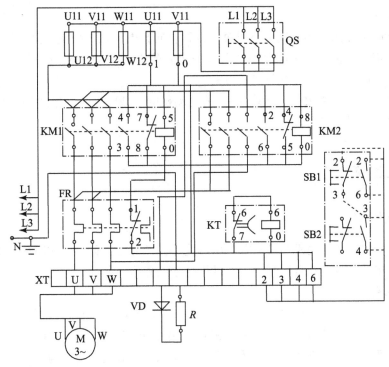

图 2-44 无变压器单管能耗制动控制电路电气安装接线图

2. 安装接线

（1）选择并检查各电气元件，整流二极管的额度电压取 600 V，额度电流选电机额定电流的两倍左右。

（2）按照电气元件布置图，固定好各电气元件、二极管、电阻和电动机。

（3）对照接线图，进行板前明线布线接线，先接控制电路，后接主电路。布线做到：正确、牢固、美观，接触要良好，文明操作。

3. 检查

在接线完成后，用万用表检查电路的通断。分别检查主电路，控制电路的启动和制动控制、联锁电路，若检查无误，经指导老师检查允许后，方可通电调试。

4. 通电调试

调试步骤，正常启动运行一段时间。待正常启动和运行无异常后，再按制动按钮，进行

制动操作。

（1）启动：合上电源开关 QS，按下启动按钮 SB2，KM1 得电并自锁，电动机全压正常运转。同时，KM1 互锁点打开。

（2）制动：按下停止按钮 SB1，KM1 断电，电动机定子脱离三相电源，同时 KM1 互锁点复位闭合。SB1 按到底，使 KM2 通电并自锁，主电路中 KM2 三个常开触点闭合，将 L3 单相交流电经定子线圈，通过单管二极管整流形成直流制动电源进行能耗制动，在 KM2 通的电同时 KT 也通电。电动机在能耗制动作用下转速迅速下降，当接近零时，KT 延时时间到，其延时触点动作，使 KM2、KT 相继断电，制动过程结束。

（3）工作步骤：正常启动运行一段时间。待正常启动和运行无异常后，再按制动按钮，进行制动操作。

5. 注意事项

（1）试验时应注意启动、制动不可过于频繁，防止电动机过载或整流器过热。

（2）试验前应反复核查主电路接线，并一定要先进行空操作试验，直到电路动作正确可靠后，再进行带负荷试验，避免造成损失。

（3）制动电流不能太大，一般取 3~5 倍电动机的空载电流，可通过调节制动电阻 R 来实现。制动时 SB1 必须按到底。

【知识拓展】

## 2.6.4　机械制动控制

利用机械装置，使电动机在脱离电源后迅速停转的方法，称为机械制动。机械制动主要有：电磁抱闸制动和电磁离合器制动。最常用的是电磁抱闸制动。

1. 电磁抱闸的结构

如图 2-45 所示，电磁抱闸主要由两部分组成：制动电磁铁和闸瓦制动器。制动电磁由铁芯、衔铁、线圈三部分组成，一般有单相和三相之分。闸瓦制动器由闸轮、闸瓦、杠杆、弹簧等组成，闸轮与电动机装在同一转轴上。制动强度可通过调整机构来改变。电磁抱闸又有断电制动控制与通电制动控制两种。

2. 电磁抱闸断电制动控制电路

1）电路结构

图 2-46 制动控制电路属于断电制动控制类型，当主电路通电时，抱闸线圈获电使闸瓦与闸轮分开；当主电路断电时，闸瓦与闸轮抱住。

2）工作原理

合上电源开关 QS，按下启动按钮 SB1，接触器 KM 得电动作，辅助（常开）触头闭合使 KM 自保，同时主触头闭合，电动机通电启动，KM 主触头使电磁抱闸线圈也同时获电，吸引衔铁，使它与铁芯闭合，衔铁克服弹簧拉力，迫使制动杆向上移动，从而使制动器的闸瓦与闸轮分开，电动机进入正常运行。当停车时，按下 SB2，接触器 KM 线圈断电释放，主触头断开电源，电机失电，电磁抱闸线圈也失电，使抱闸衔铁与铁芯分开，在弹簧拉力作用下，闸瓦与闸轮紧紧抱住，电动机和工作机械被迅速制动而停转。

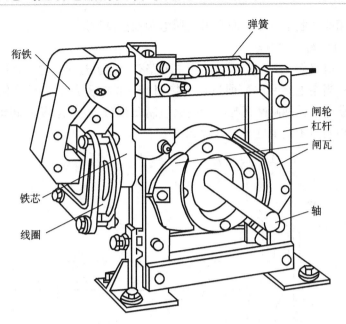

图 2 - 45  电磁抱闸的结构示意图

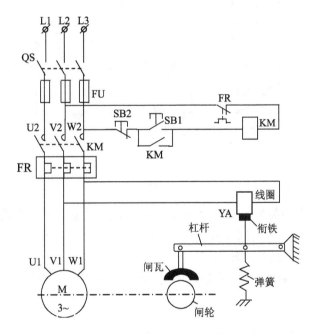

图 2 - 46  电磁抱闸断电制动控制电路

3）电路特点

这种制动在起重设备上被广泛采用。当重物吊到一定高度时，按动停止按钮 SB2，电动机断电，电磁抱闸立即抱住闸轮，由于电动机迅速制动而停转，吊起的重物在空中被准确定位。其突出优点是可以防止重物自由跌落，即电动机在工作时，如果电源故障突然失电时，电磁抱闸迅速使电动机制动，防止重物自由跌落和倒拉反转事故发生。但是这种制动器线圈通电时间与电动机工作时间同时，故很不经济；而且有些设备要求电动机制动停转后能调整位置，则不能采用此种制动方法，而要采用通电制动控制方法。

3. 电磁抱闸通电制动控制电路

通电制动控制电路如图 2-47 所示。当主电路有电流流过时，电磁抱闸线圈无电，这时闸瓦与闸轮松开；当主电路断电而通过复合按钮 SB2 的常开触头的闭合使 KM2 线圈有电，使电磁抱闸线圈获电时，抱闸闸瓦与闸轮抱紧呈制动状态。在电动机不转动的常态下，电磁抱闸线圈无电，抱闸与闸轮也处于松开状态。

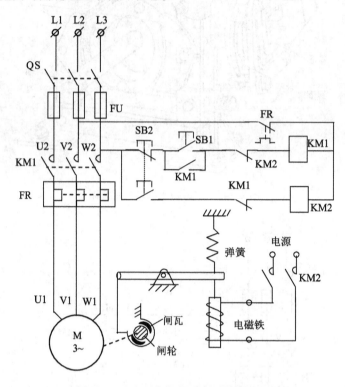

图 2-47　电磁抱闸通电制动控制电路

控制电路动作原理很简单，大家可自行分析，需要提醒的是，在图 2-47 的控制电路中，只有将停止按钮 SB2 按到底才有制动作用。电路的设计，可根据实际工况的需要，确定制动的时间长短，从而延长电磁抱闸和机械设备的使用寿命。

电磁抱闸制动定位准确、制动迅速，广泛地应用在电梯、卷扬机、吊车等工作机械上。

## 任务七　直流电动机控制

### 【任务描述】

直流电动机具有良好的启动、制动与调速性能，容易实现各种运行状态的自动控制。因此，在工业生产中直流拖动系统得到广泛应用，直流电动机的控制已成为电力拖动自动控制的重要组成部分。

直流电动机可按励磁方式来分类,如电枢电源与励磁电源分别由两个独立的直流电源供电,则称为他励直流电动机;而当励磁绕组与电枢绕组以一定方式连接后,由一个电源供电时,则按其连接方式的不同而分并励、串励及复励电动机。在机床等设备中,以他励直流电动机应用较多;而在牵引设备中,则以串励直流电动机应用较多。

掌握工厂常用的直流电动机的启动、正反转、调速及制动控制的方法,正确分析直流电机的工作原理。能根据典型直流电动机电气控制原理图,设计出电气安装系统图,并完成电路的安装与调试。

【相关知识】

### 2.7.1 直流电动机启动控制电路分析

直流电动机启动特点之一是启动冲击电流大,可达额定电流的 $10 \sim 20$ 倍。这样大的电流将可能导致电动机换向器和电枢绕组的损坏,同时对电源也是沉重的负担,大电流产生的转矩和加速度对机械部件也将产生强烈的冲击。因此,直流电动机一般不允许全压直接启动,必须采用加大电枢电路电阻或减低电枢电压的方法来限制启动电流。

1. 直流电动机串电阻按时间原则启动的控制电路

1)电路结构

图 2-48 为电枢串二级电阻按时间原则启动控制电路。图中 KA1 为过电流继电器,KM1 为启动接触器,KM2、KM3 为短接启动电阻接触器,KT1、KT2 为时间继电器,KA2 为欠电流继电器,$R_3$ 为放电电阻。

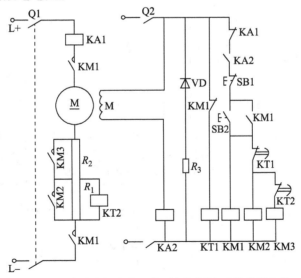

图 2-48 直流电机串电阻按时间原则启动的控制电路

2)工作原理

合上电源开关 Q1 和控制开关 Q2,KT1 通电,其常闭触点断开,切断 KM2、KM3 电路,保证启动时串入电阻 $R_1$、$R_2$。按下启动按钮 SB2,KM1 通电并自锁,主触点闭合,接通电动机电枢电路，电枢串入二级电阻启动，同时 KT1 断电，为 KM2、KM3 通电短接电枢回路电阻做准备。在电动机启动时，并接在 $R_1$ 电阻两端的 KT2 通电，其常闭触点打开，KM3 不能通电，确保 $R_2$ 串入电枢。

经一段时间延时后，KT1 延时闭合触点闭合，KM2 通电，短接电阻 $R_1$，随着电动机转速升高，电枢电流减小，为保持一定的加速转矩，启动过程中将串接电阻逐级切除，就在 $R_1$ 被短接的同时，KT2 线圈断电，经一定延时，KT2 常闭触点闭合，KM3 通电，短接 $R_2$，电动机在全压下运转，启动过程结束。

电路中采用过电流继电器 KA1 实现电动机过载保护和短路保护；欠电流继电器 KA2 实现弱（欠）磁保护；电阻 $R_3$ 与二极管 VD 构成电动机励磁绕组断开电源时的放电回路，避免发生过电压。

2. 直流电动机正反转控制

直流电动机的转向取决于电磁转矩 $M = C_M \varphi I$ 的方向，因此改变直流电动机转向有两种方法：当电动机的励磁绕组端电压的极性不变，改变电枢绕组端电压的极性，或者电枢绕组两端电压极性不变，改变励磁绕组端电压的极性，都可以改变电动机的旋转方向。但当两者电压极性同时改变时，则电动机的旋转方向维持不变。由于前者电磁惯性大，对于频繁正反向运行的电动机，通常采用后一种方法。

图 2-49 为直流电动机可逆运转的启动控制电路。图中 KM1、KM2 为正、反转接触器，KM3、KM4 为短接电枢电阻接触器，KT1、KT2 为时间继电器，KA1 为过电流继电器，KA2 为欠电流继电器，$R_1$、$R_2$ 为启动电阻，$R_3$ 为放电电阻。其电路工作情况与图 2-48 相同，此处不再重复。在直流电动机正反转控制的电路中，通常都设有制动和联锁电路，以确保在电动机停转后，再作反向启动，以免直接反向产生过大的电流。

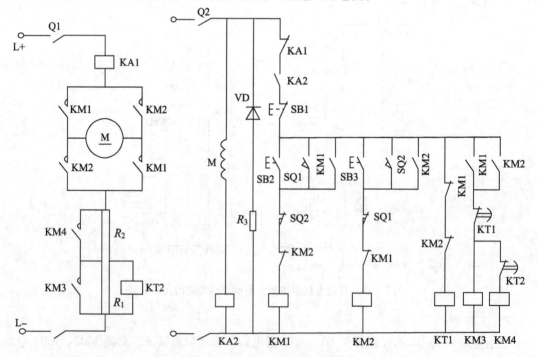

图 2-49  直流电动机可逆运转的启动控制电路

### 2.7.2 直流电动机制动控制电路分析

与交流电动机类似，直流电动机的电气制动有能耗制动、反接制动和再生发电制动等几种方式。为了获得准确、迅速停车，一般只采用能耗制动和反接制动。

**1. 直流电动机单向运行能耗制动控制**

**1）电路结构**

图 2-50 为直流电动机单向运行串二级电阻启动、停车采用能耗制动的控制电路。图中 KM1 为电源接触器，KM2、KM3 为启动接触器，KM4 为制动接触器，KA1 为过电流继电器，KA2 为欠电流继电器，KA3 为电压继电器，KT1、KT2 为时间继电器。电动机启动时电路工作情况与图 2-49 相同，不再赘述，仅分析制动过程。

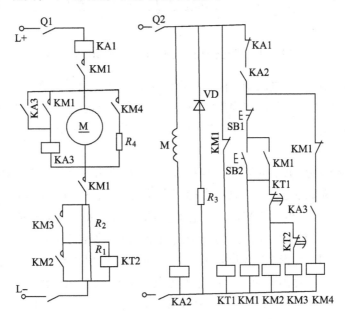

图 2-50 直流电动机单向运行能耗制动控制电路

**2）制动工作原理**

停车时，按下停止按钮 SB1，KM1 断电，切断电枢直流电源。此时电动机因惯性，仍以较高速度旋转，电枢两端仍有一定电压，并联在电枢两端的 KA3 经自锁触点仍保持通电，使 KM4 通电，将电阻 $R_4$ 并接在电枢两端，电动机实现能耗制动，转速急剧下降，电枢电动势也随之下降，当降至一定值时，KA3 释放，KM4 断电，电动机能耗制动结束。

**2. 直流电动机可逆运行反接制动控制**

**1）电路结构**

图 2-51 为电动机可逆旋转、反接制动控制电路。图中 KM1、KM2 为正、反转接触器，KM3、KM4 为启动接触器，KM5 为反接制动接触器，KA1 为过电流继电器，KA2 为欠电流继电器，KA3、KA4 为反接制动电压继电器，KT1、KT2 为时间继电器，$R_1$、$R_2$ 为启动电阻，$R_3$ 为放电电阻，$R_4$ 为制动电阻，SQ1 为正转变反转行程开关，SQ2 为反转变正转行程开关。

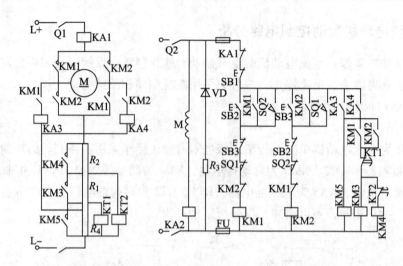

图 2 - 51  直流电动机可逆运转反接制动控制电路

该电路采用时间原则两级启动，能正、反转运行，并能通过行程开关 SQ1、SQ2 实现自动换向。在换向过程中，电路能实现反接制动，以加快换向过程。下面以电动机正向运转时反方向进行反接制动为例，说明电路自动运行反接制动的工作情况。

2）工作原理

电动机正向运转拖动运动部件，当撞块压下行程开关 SQ1 时，KM1、KM3、KM4、KM5、KA3 断电，KM2 通电，使电动机电枢接上反向电源，同时 KA4 通电。

由于机械惯性存在，电动机转速 $n$ 与电动势 $E_M$ 的大小和方向来不及变化，且电动势 $E_M$ 的方向与电压降 $IR$ 方向相反，此时反接电压继电器 KA4 的线圈电压很小，不足以使 KA4 通电，使 KM3、KM4、KM5 线圈处于断电状态，电动机电枢串入全部电阻进行反接制动。随着电动机转速下降，$E_M$ 逐渐减小，反接电压继电器 KA4 上电压逐渐增加，当 $n \approx 0$ 时，$E_M \approx 0$，加至 KA4 线圈两端电压使它吸合，使 KM5 通电，短接反接制动电阻 $R_4$，电动机串入 $R_1$、$R_2$ 进行反向启动，直至反向正常运转。

当反向运转，撞块压下 SQ2 时，则由 KA3 控制实现反转—制动—正向启动过程。

## 2.7.3  直流电动机调速控制电路分析

直流电动机的突出优点是能在很大的范围内具有平滑、平稳的调速性能。转速调节的主要技术指标有调速范围 $D$、负载变化时对转速的影响即静差率 $s$、调速时的允许负载性质等。

直流电动机转速调节主要有以下四种方法：改变电枢回路电阻值调速、改变励磁电流调速、改变电枢电压调速、混合调速。通常采用改变励磁电流调速的比较多。下面介绍直流电动机改变励磁电流进行调速的控制。

1）电路结构

图 2 - 52 为改变励磁电流进行调速的控制电路，它是 T4163 坐标镗床主传动电路的一部分。电动机的直流电源采用两相零式整流电路。启动时电枢回路中串入启动电阻 $R$，以限制启动电流，启动过程结束后，由接触器 KM3 切除。同时该电阻还兼作制动时的限流

电阻。

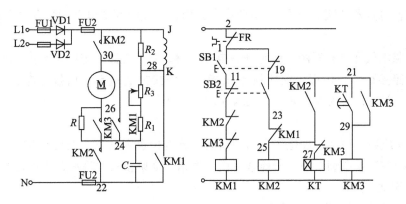

图 2 - 52　直流电动机改变励磁电流进行调速的控制电路

电动机的并励绕组串入调速电阻 $R_3$，调节 $R_3$ 即可对电动机实现调速。与励磁绕组并联的电阻 $R_2$ 是为吸收励磁绕组的磁能而设，以免接触器断开瞬间因过高的自感电动势而击穿绝缘或接触器火花太大而烧蚀。接触器 KM1 为能耗制动接触器，KM2 为工作接触器，KM3 为切除启动用电阻的接触器。

2）工作原理

（1）启动：

按下启动按钮 SB2，KM2、KT 得电吸合并自锁，电动机 M 串电阻 R 启动，KT 经过一定时间的延时后，其延时闭合的常开触点闭合，使 KM3 吸合并自保，切除启动电阻 R，启动过程结束。

（2）调速：在正常运行状态下，调节电阻 $R_3$，即可改变电动机的转速。

（3）停车及制动：在正常运行状态下，只要按下停止按钮 SB1，则接触器 KM2 及 KM3 断电释放，切断电动电枢回路电源，同时 KM1 通电吸合，其主触点闭合，通过 R 使能耗制动回路接通，同时通过 KM1 的另一对常开触点短接电容 C，使电源电压全部加于励磁绕组以实现制动过程中的强励作用，加强制动效果。松开按钮 SB1，制动结束，电路又处于准备工作状态。

　【任务实施】

## 2.7.4　直流电动机调速控制系统设计、安装与调试

1. 设计安装图

（1）认真观察并分析图 2 - 52 直流电动机改变励磁电流进行调速的控制电路原理，写出工作过程，并在控制电路图中标上线号。

（2）根据图 2 - 52 电气原理图，自行绘制实训电路的电气元件布置图，进而绘制电气安装接线图简图。经小组讨论确定，老师确认正确后，作为最后的实用安装接线图。

2. 元件选择与参数整定

（1）选择并检查各电气元件，特别要注意启动电阻 R 和调速电阻 $R_3$ 除阻值合适以外，

功率要足够大。

（2）调整电位器调速电阻 $R_3$ 的阻值在最大值，调整时间继电器的整定值为 6~8 s。

**3. 安装**

（1）按照电气元件布置图，固定好各电气元件、整流电路、电阻、直流电动机。

（2）对照接线图，进行板前明线布线接线，先接控制电路，后接主电路。布线做到：正确、牢固、美观，接触要良好，文明操作。

**4. 检查**

在接线完成后，用万用表检查电路的通断。分别检查主电路，控制电路的启动控制、调速控制、制动控制及联锁电路，若检查无误，经指导老师检查允许后，方可通电调试。

**5. 通电调试**

合上电源开关，按照工作原理，进行启动、调速与制动等控制。并在调速控制过程中，轻轻转动调速电阻 $R_3$，获得不同的运行速度，观察电阻大小变化与转速高低变化的关系。

**6. 注意事项**

（1）试验时应注意启动、制动不可过于频繁，防止电动机过载或整流器过热。

（2）试验前应反复核查主电路和控制电路的接线，并一定要先进行不带电的空操作试验，直到电路动作正确可靠后，再进行带载试验，避免造成短路等事故。

（3）调速电阻要慢慢转动，认真观察速度的变化，认清阻值增大时（减小）时，转速是增加还是减小。把变化情况写到实习报告中，写出原因。

（4）接线要求牢靠，不允许用手触及各电气元件的导电部分，以免触电及伤害。

 【项目考核】

表 2-1　"基本电气控制电路安装与调试" 项目考核表

姓名_____　　班级_____　　　学号_____　　　总得分_____

| 项目编号 | 2 | 项目选题 | | 考核时间 | |
|---|---|---|---|---|---|
| 技能训练考核内容（60分） | | | 考核标准 | | 得分 |
| 安装布置（10分） | | | 电器、电动机等元件安装位置正确，错一处扣5分 | | |
| 参数整定（10分） | | | 可调参数设定正确，如不正确，每次扣5分 | | |
| 接线连接（15分） | | | 电路连接不正确一次扣10分；接线不牢固、不美观一处扣2~5分 | | |
| 通电调试（15分） | | | 一次不成功扣10分；二次不成功扣15分 | | |
| 安全文明操作（10分） | | | 违反安全文明操作规程一次扣5~10分 | | |
| 知识巩固测试内容（40分） | | | 见知识训练二 | | |
| 完成日期 | | 年　月　日 | | 指导教师签字 | |

## 知识训练二

### 一、填空题

1. 电气控制的系统图包括_____、_____、_____。

2. 三相笼型异步电动机的启动方式有_____和_____，直接启动时，电动机启动电流 $I_{st}$ 为额定电流的_____倍。

3. 依靠接触自身的辅助触点保持线圈通电的电路称为_____电路。

4. 多地控制是用多组_____、_____来控制的，就是把各启动按钮的常开触头_____连接，各停止按钮的常闭触头_____连接。

5. 三相笼型异步电动机常用的降压启动有_____、_____、_____等。

### 二、判断题（正确的打"√"，错误的打"×"）

1. 在接触器正、反转控制电路中，若正转接触器和反转接触器同时通电会发生两相电源短路。　　　　　　　　　　　　　　　　　　　　　（　　）

2. 点动控制，就是按下按钮就可以启动并连续运转的控制方式。　　　（　　）

3. 反接制动法适用于要求制动迅速、系统惯性较大、制动不频繁的场合。（　　）

4. 能耗制动法是将电动机旋转的动能转变为电能，消耗在制动电阻上。（　　）

### 三、选择题

1. 采用交流接触器、按钮等构成的鼠笼式异步电动机直接启动控制电路，在合上电源开关后，电动机启动、停止控制都正常，但转向反了，原因是（　　　　）。

A. 接触器线圈反相　　　　　　　　B. 控制回路自锁触头有问题

C. 引入电动机的电源相序错误　　　D. 电动机接法不符合铭牌标注

2. 由接触器等构成的电动机直接启动控制回路中，如漏接自锁环节，其后果是（　　　　）。

A. 电动机无法启动　　　　　　　　B. 电动机只能点动

C. 电动机启动正常，但无法停机　　D. 电动机无法停止

3. 下列电器不能用来通断主电路的是（　　　　）。

A. 接触器　　　　B. 自动空气开关　　　　C. 刀开关　　　　D. 热继电器

4. 在笼式异步电动机反接制动过程中，当电动机转速降至很低时，应立即切断电源，防止（　　　　）。

A. 损坏电动机　　　B. 电动机反转　　　C. 电动机堵转　　　D. 电动机失控

### 四、问答题

1. 动合触点串联或并联，在电路中起什么样的控制作用？动断触点串联或并联，在电路中起什么样的控制作用？

2. 电动机能耗制动与反接制动控制各有何优缺点？分别适用于什么场合？

3. 电动机常用的保护环节有哪些？各应用于什么场合？

4. 什么叫降压启动？常用的降压启动方法有哪几种？

5. 电动机在什么情况下应采用降压启动？定子绕组为 Y 形连接的三相异步电动机能否用 Y – △减压启动？为什么？

6. 直流电动机启动时，为什么要限制启动电流？限制启动电流的方法有哪几种？这些方法分别适用于什么场合？

7. 直流电动机的调速方法有哪几种？

8. 直流电动机的制动方法有哪几种？各有什么特点？

9. 分析图 2 – 53 中各控制电路按正常操作时会出现什么现象？若不能正常工作请加以改进。

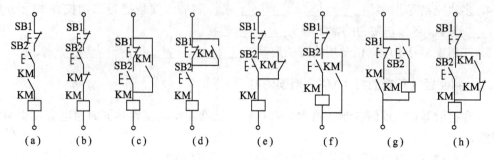

图 2 – 53　问答题 9 的图

## 五、设计题

1. 试设计可从两地对一台电动机实现连续运行和点动控制的电路。

2. 设计一个两地控制的电动机正、反转控制电路，要有过载、短路保护环节。

3. 如图 2 – 54 所示，要求按下启动按钮后能依次完成下列动作：

（1）运动部件 A 从 1 到 2；（2）接着 B 从 3 到 4；

（3）接着 A 从 2 回到 1；（4）接着 B 从 4 回到 3。

试画出电气控制电路图。

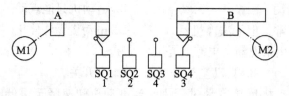

图 2 – 54　设计题 3 的图

4. 要求三台电动机 M1、M2、M3 按下列顺序启动：M1 启动后，M2 才能启动；M2 启动后，M3 才能启动。停止时按逆序停止，试画出控制电路。

5. 一台 △ – Y Y 接法的双速电动机，按下列要求设计控制电路：（1）能低速或高速运行；（2）高速运行时，先低速启动；（3）能低速点动；（4）具有必要的保护环节。

6. 根据下列要求画出三相笼型异步电动机的控制电路：（1）能正反转；（2）采用能耗制动；（3）有短路、过载、失压和欠压等保护。

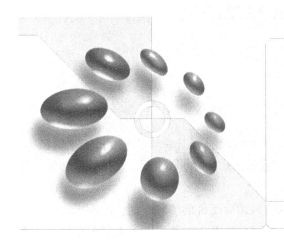

# 项目三 典型生产机械电气控制系统

## 【项目描述】

金属切削机床素有工业母机之称。现在，绝大多数机床仍采用继电器、接触器等电气元件控制，也就是继电接触式控制。随着科学技术的进步，现代化的数控机床，正在不断涌现，但是其控制器件和对象并未改变。因此，掌握传统机床电气控制电路的分析方法具有重要的现实意义。吊车、电梯等起重设备，被广泛地应用于生产和人们的日常生活中，掌握其基本电气工作原理和故障处理的方法，作为电气技术人员很有必要。

本项目分为6个主要任务，通过对5台常用典型机床和一台桥式起重机电气控制系统的分析，从而了解了常用生产设备典型控制环节的应用特点，明晰了机床及起重设备控制电路的工作原理，进一步提高了分析能力、阅读图能力，加深了对电气控制系统的全面认识。

## 【项目目标】

（1）了解典型车床、磨床、镗床、铣床、钻床、桥式起重机的主要结构与运动形式。

（2）了解典型生产机械电气控制电路的分析方法与电气控制系统图的分析步骤。

（3）能看懂机床及起重机电气控制说明书，可指导工人按要求进行现场操作。

（4）掌握典型机床与桥式起重机常见电气故障的诊断与处理步骤。

（5）能按典型机床与桥式起重机的电气原理图和接线图，完成安装接线。

## 任务一　CA6140 车床电气控制系统

### 【任务描述】

车床是一种应用极为广泛的金属切削机床，在金属切削机床中，车床所占的比例最大，而且应用也最广泛。主要用于切削外圆、内圆、端面、螺纹和定形表面，也可装置钻头、绞刀、镗刀等进行钻孔等加工。

普通车床有两个主要运动部分，一是卡盘或顶尖带着工件的旋转运动，即车床主轴的运动；另一个是溜板带着刀架的直线运动，称为进给运动。车床工作时，绝大部分功率消耗在主轴运动上。下面以 CA6140 车床为例。重点了解其结构与运动形式，掌握其控制原理，会处理其常见电气故障，能制作简单车床的配电盘，并完成调试。

### 【相关知识】

### 3.1.1　CA6140 普通车床的主要结构和运动分析

1. CA6140 普通车床结构及型号

1）CA6140 普通车床结构

普通车床主要由床身、主轴变速箱、进给箱、溜板箱、刀架、尾架、光杆和丝杠等部分组成，CA6140 普通车床外形及结构示意如图 3 – 1 所示。

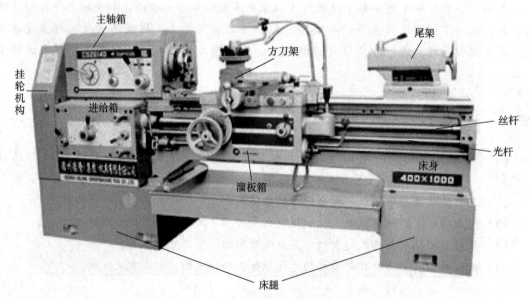

图 3 – 1　CA6140 普通车床外形及结构

2）CA6140普通车床型号含义

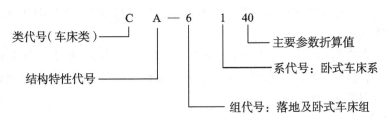

2. 车床的主要运动形式及控制要求

1）车床的主要运动形式

（1）主运动。工件的旋转运动，由主轴通过卡盘或顶尖带动工件旋转。

车削速度是指工件与刀具接触点的相对速度。根据条件的不同，要求主轴有不同的切削速度。主轴变速主要由主轴电动机经皮带传递到主轴变速箱来实现。CA6140型车床主轴正转速度有24种，反转速度有12种。

（2）进给运动。刀架带动刀具的直线运动。

溜板箱把丝杆或光杆的转动传递给刀架部分，变换溜板箱外的手柄位置，经刀架部分使车刀做纵向或横向进给。

（3）辅助运动。机床上除切削运动以外的其他一切必需的运动，如刀架的快速移动、工件的夹紧与放松等。

2）电力拖动的特点及控制要求

（1）主拖动电动机从经济性、可靠性考虑，一般选用三相笼型异步电动机，不进行电气调速。为满足调速要求，采用机械变速，主拖动电动机与主轴间采用齿轮变速箱。

（2）为了车削螺纹（主轴要求有正反转），对于小型车床，主轴正反转由主拖动电动机正反转来实现，当主拖动电动机容量较大时，主轴上正反转采用电磁摩擦离合器的机械方法来实现。

（3）主电动机启动、停止应能实现自动控制，采用按钮操作，容量小的可直接启动，容量大的常采用Y－△减压启动，停止必须有制动措施，一般采用机械或电气制动的方法。

（4）车削加工时，刀具与工件温度较高，必须配合冷却，且冷却泵电动机应在主轴电动机启动之后方可选择启动与否，当主轴电动机停止时，冷却泵电动机应立即停止。

（5）控制电路应具有必要的过载、短路、失欠压等保护装置，同时还应有安全可靠的电压和局部照明装置（即必须使用36 V或24 V的安全电压）。

### 3.1.2　电气控制系统的分析方法和步骤

1. 电气控制系统分析的内容

电气控制线路是电气控制系统各种技术资料的核心文件。分析的具体内容和要求主要包括以下几个方面：

（1）设备说明书。设备说明书由机械（包括液压部分）与电气两部分组成。

（2）电气控制原理图。这是控制电路分析的中心内容。原理图主要由主电路、控制电路和辅助电路等部分组成。

（3）电气设备总装接线图。阅读分析总装接线图，可以了解系统的组成分布状况，各部分的连接方式，主要电气部件的布置和安装要求，导线和穿线管的型号规格。这是安装设备不可缺少的资料。

（4）电气元件布置图与接线图。这是制造、安装、调试和维护电气设备必须具备的技术资料。在调试和检修中可通过布置图和接线图方便地找到各种电气元件和测试点，进行必要的调试、检测和维修保养。

### 2. 查线读图法

查线读图法是分析继电－接触控制电路的最基本方法。继电－接触控制电路主要由信号元器件、控制元器件和执行元器件组成。

用查线读图法阅读电气控制系统图时，一般先分析执行元器件的线路（即主电路）。

查看主电路有哪些控制元器件的触点及电气元器件等，根据它们大致判断被控制对象的性质和控制要求，然后根据主电路分析的结果所提供的线索及元器件触点的文字符号，在控制电路上查找有关的控制环节，结合元器件表和元器件动作位置图进行读图。

控制电路的读图通常是由上而下或从左往右，读图时假想按下操作按钮，跟踪控制线路，观察有哪些电气元器件受控动作。再查看这些被控制元器件的触点又怎样控制另外一些控制元器件或执行元器件动作的。如果有自动循环控制，则要观察执行元器件带动机械运动将使哪些信号元器件状态发生变化，并又引起哪些控制元器件状态发生变化。在读图过程中，特别要注意控制环节相互间的联系和制约关系，直至将电路全部看懂为止。

查线读图法的优点是直观性强，容易掌握。缺点是分析复杂电路时易出错。因此，在用查线读图法分析线路时，一定要认真细心。

### 3. 电气控制原理图的分析步骤

电气控制原理图通常由主电路、控制电路、辅助电路、联锁与保护环节以及特殊控制电路等部分组成。分析控制电路最基本的方法就是查线读图法。

（1）分析主电路。从主电路入手，根据每台电动机和电磁阀等执行电器的控制要求去分析它们的控制内容，包括电动机启动、转向控制、调速和制动等基本控制电路。

（2）分析控制电路。根据主电路中各电动机和电磁阀等执行电器的控制要求，逐一找出控制电路中的控制环节，将控制电路"化整为零"，按功能不同划分成若干个局部控制电路来进行分析。

（3）分析辅助电路。辅助电路包括执行元件的工作状态显示、电源显示、参数测定、照明和故障报警等部分。辅助电路中很多部分是由控制电路中的元器件来控制的，所以分析辅助电路时，还要回过头来对控制电路的这部分电路进行分析。

（4）分析联锁与保护环节。生产机械对安全性、可靠性有很高的要求，实现这些要求，除了合理地选择拖动、控制方案之外，在控制电路中还设置了必要的电气联锁和一系列的电气保护。必须对电气联锁与电气保护环节在控制线路中的作用进行分析。

（5）分析特殊控制环节。在某些控制电路中，还设置了一些与主电路、控制电路关系不密切，相对独立的某些特殊环节，如产品计数装置、自动检测系统、晶闸管触发电路和自动调温装置等。这些部分往往自成一个小系统，其读图分析的方法可参照上述分析过程，并灵活运用所学过的电子技术、变流技术、自控系统、检测与转换等知识进行逐一分析。

（6）总体检查。经过"化整为零"，逐步分析每一局部电路的工作原理以及各部分之间的控制关系后，还必须用"集零为整"的方法，全面检查整个控制电路，看是否有遗漏。特别要从整体角度去进一步检查和理解各控制环节之间的联系，机电液的配合情况，了解电路图中每一个电气元器件的作用，熟悉其工作过程并了解其主要参数，由此可以对整个电路有清晰的理解。

### 3.1.3　CA6140 普通车床电气控制电路和故障分析

1. CA6140 普通车床电气控制电路的分析

图 3－2 为 CA6140 型普通车床的电气控制电路，分为主电路、控制电路及照明电路三部分。

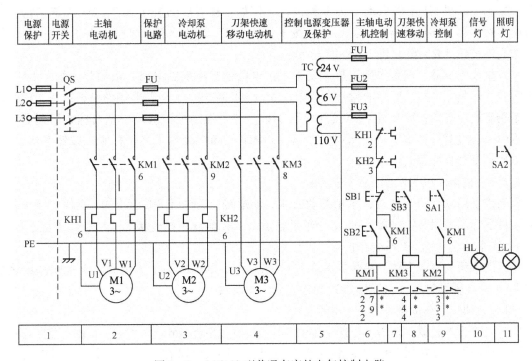

图 3－2　CA6140 型普通车床的电气控制电路

1）电路结构

（1）主电路。共有三台电动机，M1 为主轴电动机；M2 为冷却泵电动机；M3 为刀架快速移动电动机。三相交流电源经转换开关 QS 引入。主轴电动机 M1 由接触器 KM1 控制启动，热继电器 KH1 为主轴电动机 M1 的过载保护。冷却泵电动机 M2 由接触器 KM2 控制启动停止，热继电器 KH2 为其过载保护。刀架快速移动电动机 M3 由接触器 KM3 控制启动停止，由于 M3 是短期工作，故未设过载保护。

（2）控制电路。控制回路的电源由控制变压器 TC 二次侧输出 110 V 电压提供（或用 220 V）。

2）工作原理

接通电源开关 QS，信号灯 HL 亮。

（1）主轴启动。按下启动按钮 SB2，接触器 KM1 通电自锁，KM1 主触点闭合，KM1 辅助触点也闭合，M1 主轴电动机通电启动，主轴运转。

（2）冷却泵启动。拨动开关 SA1，因 KM1 常开辅助触点已接通，所以接触器 KM2 通电，KM2 主触点闭合，M2 电动机通电启动。

（3）刀架快速移动。按下点动按钮 SB3，接触器 KM3 通电，KM3 主触点闭合，M3 电动机通电启动；松开点动按钮 SB3，接触器 KM3 断电，KM3 主触点分断，M3 电动机停止。

（4）停止。按下停止按钮 SB1，主轴、冷却泵电动机均停止工作。

（5）照明灯工作。车床工作时，按下开关 SA2，照明灯 EL 工作。

工作结束后，断开电源开关 QS，信号灯 HL 灭。

2. CA6140 普通车床电气故障的分析

1）主轴电动机 M1 不能启动

主轴电动机 M1 不能启动分为多种情况，例如，按下启动按钮 SB2，M1 不能启动；运行中突然停车，并且不能立即再启动；按下 SB2，FU2 熔丝熔断；当按下停止按钮 SB1 后，再按启动按钮 SB2，电动机 M1 不能再启动。

发生以上故障，应首先确定故障发生在主电路还是在控制电路，依据是接触器 KM1 是否吸合。若是主电路故障，应检查车间配电箱及支电路开关的熔断器熔丝是否熔断；导线连接是否有松脱现象；KM1 主触点接触是否良好。若是控制电路故障，主要检查熔断器 FU2 是否熔断；过载保护 KH1 是否动作；接触器 KM1 线圈接线端子是否松脱；按钮 SB1、SB2 触点接触是否良好等。

2）主轴电动机 M1 启动后不能自锁

当按下启动按钮 SB2 时，主轴电动机能启动运转，但松开 SB2 后，M1 也随之停止。造成这种故障的原因是接触器 KM1 动合辅助触点（自锁触点）的连接导线松脱或接触不良。

3）主轴电动机 M1 不能停止

这类故障的原因多数为接触器 KM1 的主触点发生熔焊或停止按钮 SB1 击穿短路或接触器 KM1 动合辅助触点（自锁触点）的连接点错误所致。

4）刀架快速移动电动机 M3 不能启动

首先检查熔断器 FU 的熔丝是否熔断，然后检查接触器 KM3 的主触点接触是否良好；若无异常或按下点动按钮 SB3 时 KM3 接触器不吸合，则故障必在控制电路中。这时应依次检查热继电器 KH1 和 KH2 的动断触点，点动按钮 SB3 及继电器 KM3 的线圈是否有断路现象。

【任务实施】

### 3.1.4 普通车床配电板制作与调试训练

1. 普通车床现场操作练习

在教师和现场岗位工作人员的指导下对普通车床进行操作，了解车床的各种工作状态和操作方法。

2. 普通车床配电板设计

（1）参照现场普通车床的电器位置图和接线图，熟悉车床电气元件的实际位置及走线情况。

（2）根据普通车床电气原理图 3-2，以图 3-3 为参考，绘制出电器布置图，正确标注线号。

（3）对照设计并绘制如图 3 - 3 所示的普通车床接线图。

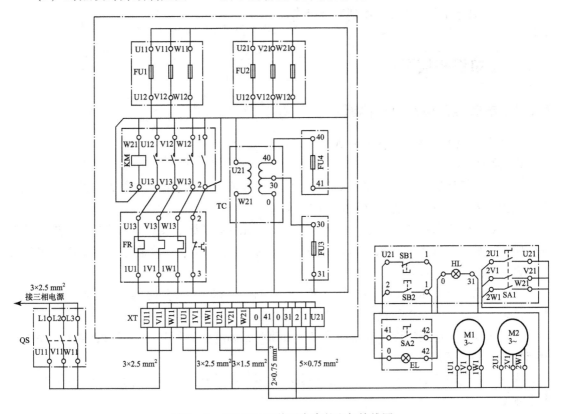

图 3 - 3　CW6132 型普通车床的电气接线图

3. 安装接线

（1）选择并检查各电气元件，M1 主轴电动机和 M2 冷却泵电动机可选择小功率三相异步电动机即可，不带负载。

（2）按照电气元件布置图，固定好各电气元件、指示灯、变压器、电动机等。

（3）对照接线图，进行板前明线布线接线，先接控制电路，后接主电路。布线做到正确、牢固、美观，接触要良好，文明操作。

4. 检验与通电调试

（1）在接线完成后，用万用表检验电路的通断。分别检验主电路、控制电路、辅助电路等。

（2）若检验无误，经指导老师检查允许后，方可通电调试。

合上电源 QS，信号灯 HL 亮，拧动转子开关 SA2，照明灯 EL 亮。按下 SB2，接触器 KM1 得电并自锁，主轴电动机 M1 运转。扭动转子开关 SA1，冷却泵电动机 M2 转动。若系统不按正常程序工作，则应立即停车，分析并排除故障，使电路正常工作。

5. 注意事项

（1）安装时，必须认真、细致地按接点号接线，不得产生差错。

（2）如通道内导线根数较多时，应按规定放好备用导线，并将导线通道牢固地支承住。

（3）通电前，检查布线是否正确，应一个环节一个环节地进行，以防止由于漏检而产生通电不成功。

（4）必须遵守安全规程，做到安全操作。

【知识拓展】

### 3.1.5 电气控制电路故障诊断

**1. 电气控制电路故障的诊断步骤**

1）故障调查

问：询问机床操作人员，故障发生前后的情况如何，有利于根据电气设备的工作原理来判断发生故障的部位，分析出故障的原因。

看：观察熔断器内的熔体是否熔断；其他电气元件有烧毁、发热、断线、导线连接螺钉是否松动；触点是否氧化、积尘等。要特别注意高电压、大电流的地方，活动机会多的部位，容易受潮的接插件等。

听：电动机、变压器、接触器等，正常运行的声音和发生故障时的声音是有区别的，听声音是否正常，可以帮助寻找故障的范围、部位。

摸：电动机、电磁线圈、变压器等发生故障时，温度会显著上升，可切断电源后用手去触摸判断元件是否正常。

注意：不论电路通电或是断电，要特别注意不能用手直接去触摸金属触点！必须借助仪表来测量。

2）电路分析

根据调查结果，参考该电气设备的电气原理图进行分析，初步判断出故障产生的部位，然后逐步缩小故障范围，直至找到故障点并加以消除。

分析故障时应有针对性，如接地故障一般先考虑电气柜外的电气装置，后考虑电气柜内的电气元件。断路和短路故障，应先考虑动作频繁的元件，后考虑其余元件。

3）断电检查

检查前先断开机床总电源，然后根据故障可能产生的部位，逐步找出故障点。检查时应先检查电源线进线处有无碰伤而引起的电源接地、短路等现象，螺旋式熔断器的熔断指示器是否跳出，热继电器是否动作。然后检查电气外部有无损坏，连接导线有无断路、松动，绝缘有否过热或烧焦。

4）通电检查

做断电检查仍未找到故障时，可对电气设备做通电检查。

在通电检查时要尽量使电动机和其所传动的机械部分脱开，将控制器和转换开关置于零位，行程开关还原到正常位置。然后用万用表检查电源电压是否正常，有否缺相或严重不平衡。再进行通电检查，检查的顺序为：先检查控制电路，后检查主电路；先检查辅助系统，后检查主传动系统；先检查交流系统，后检查直流系统；合上开关，观察各电气元件是否按要求动作，有否冒火、冒烟、熔断器熔断的现象，直至查到发生故障的部位。

**2. 电气控制电路故障的诊断方法**

**1）断路故障的诊断**

（1）试电笔检修法。试电笔检修断路故障的方法如图 3-4 所示。检修时用试电笔依次测试 1、2、3、4、5、6 各点，测到哪点试电笔不亮，即表示该点为断路处。

（2）电压测量法：指利用万用表测量电气线路上某两点间的电压值来判断故障点的范围或故障元件的方法。

①电压分阶测量法。

电压的分阶测量法如图 3-5 所示，检查时，首先用万用表测量 1、7 两点间的电压，若电路正常应为 380 V 或 220 V。然后按住启动按钮 SB2 不放，同时将黑色表棒接到点 7 上，红色表棒按 6、5、4、3、2 标号依次向前移动，分别测量 7—6、7—5、7—4、7—3、7—2 各阶之间的电压，电路正常情况下，各阶的电压值均为 380 V 或 220 V。

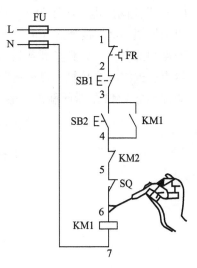

图 3-4　试电笔检修法示意图

如测到 7—6 之间无电压，说明是断路故障，此时可将红色表棒向前移，当移至某点（如 2 点）时电压正常，说明点 2 以前的触点或接线有断路故障。一般是点 2 后第一个触点（即刚跨过的停止按钮 SB1 的触点）或连接线断路。

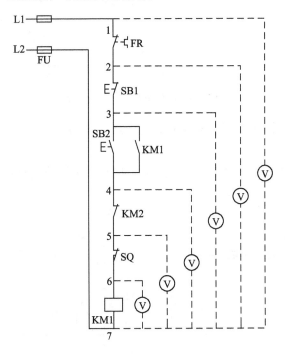

图 3-5　电压分阶测量法示意图

②电压分段测量法。

电压分段测量法如图 3-6 所示，检查时，首先用万用表测试 1、7 两点，电压值为 380 V 或 220 V，说明电源电压正常。电压的分段测试法是将红、黑两根表棒逐段测量相邻两标号点 1—2、2—3、3—4、4—5、5—6、6—7 间的电压。如电路正常，按 SB2 后，除

6—7 两点间的电压等于 380 V 或 220 V 之外，其他任何相邻两点间的电压值均为零。如按下启动按钮 SB2，接触器 KM1 不吸合，说明发生断路故障，此时可用电压表逐段测试各相邻两点间的电压。如测量到某相邻两点间的电压为 380 V 或 220 V 时，说明这两点间所包含的触点、连接导线接触不良或有断路故障。例如标号 4—5 两点间的电压为 380 V 或 220 V，说明接触器 KM2 的常闭触点接触不良。

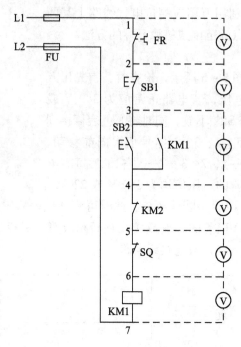

图 3-6　电压分段测量法示意图

（3）电阻测量法：指利用万用表测量电气线路上某两点间的电阻值来判断故障点的范围或故障元件的方法。

如图 3-7 所示电路中，按下启动按钮 SB2，接触器 KM1 不吸合，该电气回路有断路故

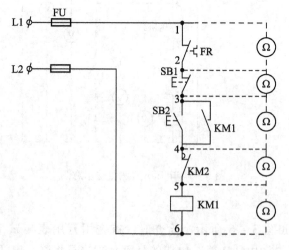

图 3-7　电阻测量法示意图

障。在查找故障点前首先把控制电路两端从控制电源上断开，万用表置于"$R \times 1\Omega$"挡。然后逐段测量相邻两标号点 1—2、2—3、3—4、4—5 之间的电阻。若测得某两点间电阻很大，说明该触头接触不良或导线断路；若测得 5—6 间电阻很大（无穷大），则线圈断线或接线脱落。若电阻接近零，则线圈可能短路。

电阻测量法注意点：

①用电阻测量法检查故障时一定要断开电源。

如被测的电路与其他电路并联时，必须将该电路与其他电路断开，否则所测得的电阻值是不准确的。

②测量高电阻值的电气元件时，把万用表的选择开关旋转至适合的电阻挡。

（4）短接法。对断路故障，如导线断路、虚连、虚焊、触头接触不良、熔断器熔断等，用短接法查找往往比用电压法和电阻法更为快捷。检查时，只需用一根绝缘良好的导线将所怀疑的断路部位短接。当短接到某处，电路接通，说明故障就在该处。

2）短路故障的诊断

（1）电源间短路故障的诊断。电源间短路故障一般是通过电器的触点或连接导线将电源短路的，如图 3 – 8 所示。行程开关 SQ 中 2 号点与 0 号点因某种原因形成连接将电源短路，电源合上，熔断器 FU 就熔断。

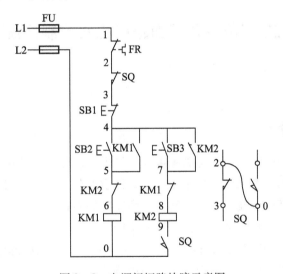

图 3 – 8　电源间短路故障示意图

（2）电器触点之间短路故障的诊断。如图 3 – 9 中的接触器 KM1 的两副辅助触点 3 号和 8 号因某种原因短路，则当合上电源时，接触器 KM2 即吸合。

对于这类故障，可在断电的状态下，采用欧姆表（万用表）测量可疑的运动触点是否相连，或直接采用机械敲击、按动驱动部件，使粘连触点脱离等方法来判断检修故障，严重时需更换元器件。

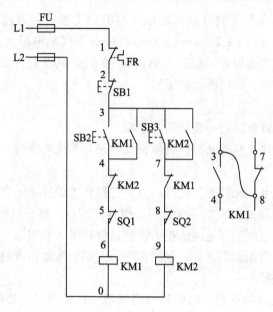

图 3 – 9　电器触点之间的短路示意图

# 任务二　M7120 平面磨床电气控制系统

## 【任务描述】

　　磨床是机械制造中广泛用于获得高精度高质量零件表面加工的精密机床，它是利用砂轮周边或端面进行加工的，磨床的种类很多，按其性质可分为外圆磨床、内圆磨床、内外圆磨床、平面磨床、工具磨床以及一些专用磨床。磨床上的主切削刀具是砂轮，平面磨床就是用砂轮来磨削加工各种零件平面的最普通的一种机床。

　　了解典型平面磨床 M7120 的结构与运动形式，读懂其控制原理图，会处理其常见电气故障，能制作典型的平面磨床配电模板，并完成调试。

## 【相关知识】

### 3.2.1　M7120 平面磨床结构和运动分析

　　1. M7120 平面磨床结构和运动形式

　　1）M7120 平面磨床结构

　　M7120 平面磨床结构如图 3 – 10 所示。它由床身、工作台、电磁吸盘、砂轮箱、滑座、立柱及撞块等组成。

　　工作台上装有电磁吸盘，用以吸持工件，工作台在床身的导轨上做往返运动，主轴可在

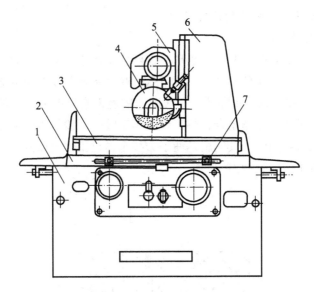

图 3 - 10 M7120 型平面磨床结构示意图
1—床身；2—工作台；3—电磁吸盘；4—砂轮箱；5—滑座；6—立柱；7—撞块

床身的横向导轨上做横向进给运动，砂轮箱可在立柱导轨上做垂直运动。

2）平面磨床的运动形式

（1）主运动。平面磨床的主运动是砂轮的旋转运动。

（2）进给运动。工作台的纵向往返移动。

（3）辅助运动。砂轮箱升降运动。工作台每完成一次纵向进给时，砂轮自动做一次横向进给，当加工完整个平面以后，砂轮由手动做垂直进给。

M7120 平面磨床共有四台电动机，砂轮电动机是主运动电动机，直接带动砂轮旋转；砂轮升降电动机拖动拖板沿立柱导轨上下移动；液压泵电动机拖动高压油泵，高压油供给液压系统；工作台的往复运动是由液压系统传动的；冷却泵由另一台电动机拖动。

2. 电力拖动特点及控制要求

（1）M7120 型平面磨床采用分散拖动，液压泵电动机、砂轮电动机、砂轮升降电动机和冷却泵电动机，全部采用普通笼型交流异步电动机。

（2）磨床的砂轮、砂轮箱升降和冷却泵不要求调速，换向是通过工作台上的撞块碰撞床身上的液压换向开关来实现的。

（3）为减少工件在磨削加工中的热变形并冲走磨屑，以保证加工精度，需用冷却液。

（4）为适应磨削小工件的需要，也为工件在磨削过程中受热能自由伸缩，采用电磁吸盘来吸持工作。

（5）砂轮电动机、液压泵电动机和冷却泵电动机只要求单方向旋转，并采用直接启动。

（6）砂轮升降电动机要求能正反转，并且冷却泵电动机与砂轮电动机具有顺序联锁关系，在砂轮电动机启动后才可开动冷却泵电动机。

（7）应具有完善的保护环节，如电动机的短路保护、过载保护、零压保护、电磁吸盘欠压保护等。

（8）有必要的信号指示和局部照明。

3. 电磁吸盘和交流去磁器的构造及原理

1）电磁吸盘构造及原理

电磁吸盘外形有矩形和圆形两种。矩形平面磨床采用矩形电磁吸盘，圆台平面磨床用圆形电磁吸盘。电磁吸盘工作原理如图 3-11 所示。在钢制吸盘体 1 的中部凸起的芯体 A 上绕有线圈 2；钢制盖板 3 被隔磁层 4 隔开。在线圈 2 中通入直流电流，芯体将被磁化，磁力线经由盖板、工件、吸盘体、芯体闭合，将工件 5 牢牢吸住。盖板中的隔磁层由铅、铜、黄铜及巴氏合金等非磁性材料制成，其作用是使磁力线都通过工件再回到吸盘体，不致直接通过盖板闭合，以增强对工作的吸持力。

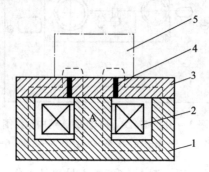

图 3-11　电磁吸盘工作原理

1—钢制吸盘体；2—线圈；3—钢制盖板；4—隔磁层；5—工件

电磁吸盘与机械夹紧装置相比，具有夹紧迅速，不损伤工件，工作效率高，能同时吸持多个小工件；在加工过程中，工件发热可自由伸延，加工精度高等优点。但也有夹紧力不及机械夹紧，调节不便；需用直流电源供电；不能吸持非磁性材料工件等缺点。

2）交流去磁器的构造及原理

去磁器的结构如图 3-12 所示。由硅钢片制成铁芯 1，在其上套有线圈 2 并通以交流电，在铁芯柱上装有极靴 3，在由软钢制成的两个极靴间隔有隔磁层 4。去磁时线圈通入交流电，将工件在极靴平面上来回移动若干次，即可完成去磁要求。

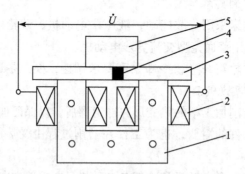

图 3-12　去磁器结构原理图

1—铁芯；2—线圈；3—极靴；4—隔磁层；5—工件

## 3.2.2　M7120 型平面磨床电气控制电路

M7120 型平面磨床的电气控制电路如图 3-13 所示。电路由主电路、控制电路、电磁吸盘控制电路和辅助电路四部分组成。

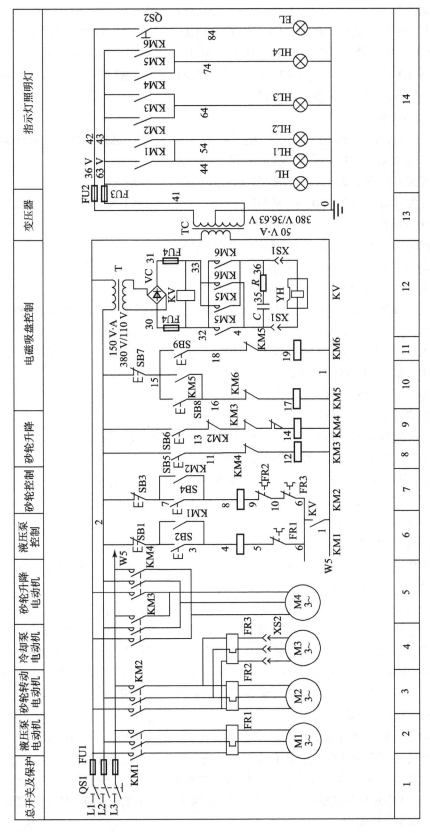

图3-13　M7120型平面磨床电气控制电路

1. 主电路分析

主电路中有四台电动机。其中，M1 为液压泵电动机，由 KM1 控制；M2 为砂轮电动机，M3 为冷却泵电动机，同由 KM2 控制；M4 为砂轮升降电动机，分别由 KM3、KM4 控制。FU1 对电路进行短路保护，FR1、FR2、FR3 分别对 M1、M2、M3 进行过载保护。因砂轮升降电动机短时运行，所以不设置过载保护。

2. 控制电路分析

当电源正常时，闭合电源开关 QS1，电压继电器 KV 的常开触点闭合，可进行操作。

（1）液压泵电动机 M1 控制（其控制电路位于 6 区）。

启动过程为：按下 SB2，SB2 +→KM1 +（得电吸合）→M1 启动；

停止过程为：按下 SB1，SB1 +→KM1 −（失电释放）→M1 停转。

（2）砂轮电动机 M2 的控制（其控制电路位于 7 区）。

启动过程为：按下 SB4，SB4 +→KM2 +→M2 启动；

停止过程为：按下 SB3，SB3 +→KM2 −→M2 停转。

（3）冷却泵电动机控制。

冷却泵电动机由于通过插座 XS2 与接触器 KM2 主触点相连，因此 M3 是与砂轮电动机 M2 联动控制，按下 SB4 时 M3 与 M2 同时启动，按下 SB3 时同时停止。FR2 与 FR3 的常闭触点串联在 KM2 线圈回路中，M2、M3 中任一台过载时，相应的热继电器动作，都将使 KM2 线圈失电，M2、M3 同时停止。

（4）砂轮升降电动机控制。

其控制电路位于 8 区、9 区，采用点动控制。

砂轮上升控制过程为：按下 SB5，SB5 +→KM3 +→M4 启动正转；

当砂轮上升到预定位置时，松开 SB5，SB5 −→KM3 −→M4 停转；

砂轮下降控制过程为：按下 SB6，SB6 +→KM4 +→M4 启动反转；

当砂轮下降到预定位置时，松开 SB6，SB6 −→KM4 −→M4 停转。

3. 电磁吸盘控制电路分析

1）磁吸盘控制电路

它由整流装置、控制装置及保护装置等组成。整流部分由整流变压器 T 和桥式整流器 VC 组成，输出 110 V 直流电压。

（1）电磁吸盘充磁。按下 SB8，SB8 +→KM5 +（自锁）→YH + 充磁。

（2）电磁吸盘退磁。工件加工完毕需取下时，先按下 SB7，切断电磁吸盘的电源，但由于吸盘和工件都有剩磁，故必须对吸盘和工件退磁。退磁过程为：按下 SB9，SB9 +→KM6 +→YH − 退磁。此时，电磁吸盘线圈通入反方向的电流，以消去剩磁。由于去磁时间太长会使工件和吸盘反向磁化，因此去磁采用点动控制，松开 SB9 则去磁结束。

2）电磁吸盘保护环节

（1）欠电压保护。当电源电压不足或整流变压器发生故障时，吸盘的吸力不足，在加工过程中，会使工件高速飞离而造成事故。为防止这种情况，在电路中设置了欠电压继电器 KV，其线圈并联在电磁吸盘电路中，常开触点串联在 KM1、KM2 线圈回路中，当电源电压不足或为零时，KV 常开触点断开，使 KM1、KM2 断电，液压泵电动机 M1 和砂轮转动电动机 M2 停转，确保生产安全。

（2）电磁吸盘线圈的过电压保护。电磁吸盘匝数多，电感大，通电工作时储有大量磁场能量。当线圈断电时，两端将产生高压，若无放电回路，将使线圈绝缘及其他电器设备损坏。为此，在线圈两端接有 RC 放电回路以吸收断开电源后放出的磁场能量。

（3）电磁吸盘的短路保护。在变压器二次侧或整流装置输出端装有熔断器短路保护。

4. 辅助电路分析

辅助电路有信号指示和局部照明电路，位于 14 区，其中 EL 为局部照明灯，工作电压为 36 V，由手动开关 QS2 控制。其余信号灯工作电压为 6.3 V。HL 为电源指示灯；HL1 为 M1 运转指示灯；HL2 为 M2 运转指示灯；HL3 为 M4 运转指示灯；HL4 为电磁吸盘工作指示灯。

## 【任务实施】

### 3.2.3　M7120 平面磨床电气控制线路模板制作与故障处理

1. 模板设计与准备

（1）制作 20 mm × 1 000 mm × 1 600 mm 的木制模拟板和 1 600 mm × 1 800 mm 立式铁质框架，并将模拟板紧固在框架上方沿线上。

模拟板分两个区域，大区在模拟板的左端，面积为 800 mm × 1 000 mm，小区在模拟板的右端，面积为 500 mm × 1 000 mm，中间留有 300 mm × 1 000 mm 的空区。

（2）按照编号原则在电气原理图 3 – 13 上进行编制接点号。

（3）按电气元件明细表配齐元件，并检验元件质量。

（4）按照电气原理图上编制的接点号，预制好编码套管和元件文字符号的标志。

2. 安装接线

（1）在模拟板的大区内合理、牢固安装熔断器 FU1 ~ FU2、接触器 KM1 ~ KM6、热继电器 FR1 ~ FR3、控制变压器 T、硅整流器 VC、欠电压继电器 KV、插座 XS1、电阻 R、电容 C、走线槽和接线端子板等。

在模拟板的小区内也应牢固、合理安装电源开关 QS、按钮 SB1 ~ SB9、机床局部工作照明灯、指示灯、接线端子板等。

安装时、电气元件的位置应考虑到走线方便和检修安全，同时应将电源开关安装在右上角，并在各电气元件的近处贴上文字符号的标志。

（2）电动机及电磁吸盘可安装在模拟板的大区正下方，若采用灯箱代替时，灯箱可固定在模拟板的中间空区内，但接线仍按控制板外部布线要求进行敷设。

（3）选配合适的导线，模拟板内部导线采用 BVR 塑铜线，接到电动机及电源进线采用四芯橡套绝缘电缆线，接到电磁吸盘及模拟板二区域的连接线，采用 BVR 塑铜线并应穿导线通道内加以保护。

（4）布线时，模拟板大区内采用走线槽的敷设方法，接到电动机或两区域间的导线必须经过接线端子板。在按原理图正确接线的同时，应在导线的线头上套有与原理图一致接点号的编码套管。

3. 检验与通电调试

（1）在接线完成后，检查布线的正确性和各接点的可靠性，用万用表检验电路的通断情况。分别检验主电路、控制电路、辅助电路等。同时进行绝缘电阻的测量和接地通道是否连续的试验。

（2）若检验无误，经指导老师检查允许后，方可通电调试。

（3）清理安装场地并进行通电运转试验。

通电时要密切注意电动机、电气元件及线路有无异常现象，若有，应立即切断电源进行检查，找出故障原因并进行排除后再通电试验。

4. 故障处理

（1）电动机 M1、M2、M3 和 M4 不能启动。

若四台电动机的其中一台不能启动，其故障的检查与处理较简单，与正转或正反转的基本控制环节类似，如果有区别，只是控制电源采用控制变压器供电和 M3 电动机在主电路采用了接插件连接。如果 M1 ~ M3 三台电动机都不能启动，则应检查电磁吸盘电路的电源是否接通，电路是否有故障，整流器的输出直流电压是否过低等，这些原因都会使欠电压继电器 KV 不能吸合，造成图区 6 中 KV 不能闭合，从而使 KM1、KM2 线圈不能获电所引起。

（2）电磁吸盘没有吸力。

首先应检查三相交流电源是否正常，然后检查 FU1 是否完好，接触是否正常，再检查接插器 XS1 接触是否良好。如上述检查未发现故障，则进一步检查电磁吸盘电路，包括 KV 线圈是否断开，吸盘线圈是否断路等。

（3）电磁吸盘吸力不足。

常见的原因有交流电源电压低，导致直流电压相应下降，以致吸力不足。若直流电压正常，有可能系 XS1 接触不良。

另一原因是桥式整流电路的故障。如整流桥一臂发生开路，将使直流输出电压下降一半左右，使吸力减少。若有一臂整流元件击穿形成短路，与它相邻的另一桥臂的整流元件会因过电流而损坏，此时 T 也会因短路而造成过电流，致使吸力很小甚至无吸力。

（4）电磁吸盘退磁效果差，造成工件难以取下。

其故障原因在于退磁电压过高或去磁回路断开，无法去磁或去磁时间掌握不好等。调整电压或重新接好去磁电路。

5. 注意事项

（1）安装时，必须认真、细致地做好接点号的安置工作，不得产生差错。

（2）如通道内导线根数较多时，应按规定放好备用导线，并将导线通道牢固地支承住。

（3）通电前，检查布线是否正确，应一个环节一个环节地进行，以防止由于漏检而产生通电不成功。

（4）安装整流电路时不可将整流二极管的极性接错或漏接散热器，否则会产生二极管和控制变压器因短路和二极管过热而烧毁。

（5）故障处理时，应先断电。处理完成，经老师检查后，方可再通电。

（6）必须遵守安全规程，做到安全操作。

6. 组织教学

在实施本安装课题时，除要求学生掌握机床的控制原理、操作方法、安装步骤和要求外，还要进一步培养学生的组织能力、操作技巧、思维能力和团结互助协作的精神。

# 任务三　Z3040 型摇臂钻床的电气控制系统

## 【任务描述】

钻床是孔加工机床，用来钻孔、扩孔、铰孔、攻丝及修刮端面等多种形式的加工。在钻削加工时，钻头一面进行旋转切削，一面进行纵向进给。

钻床按用途和结构可分为立式钻床、台式钻床、多轴钻床、摇臂钻床及其他专用钻床等。在各类钻床中，摇臂钻床操作方便、灵活，适用范围广，具有典型性，特别适用于单件或批量生产中带有多孔大型零件的孔加工，是一般机械加工车间常见的机床。下面以 Z3040 型摇臂钻床为例。

了解 Z3040 型摇臂钻床结构与运动形式，掌握其控制原理图要点。能进行基本的现场操作，会处理现场常见的电气故障。

## 【相关知识】

### 3.3.1　Z3040 型摇臂钻床的主要结构和运动分析

1. Z3040 型摇臂钻床的结构和运动形式

1）结构

摇臂钻床主要由底座、内立柱、外立柱、摇臂、主轴箱及工作台等部分组成，如图 3-14 所示。内立柱固定在底座的一端，外面套有外立柱，外立柱可绕内立柱旋转 360°。摇臂的一端为套筒，它套装在外立柱上并借助丝杆的正反转可绕外立柱上下移动。但由于丝杆与外立柱连成一体，同时升降螺母固定在摇臂上，所以摇臂不能绕外立柱转动，但是摇臂与外立柱一起可绕内立柱转动。主轴箱是一个复合部件，它由主传动电动机、主轴和主轴传动机构、进给和进给变速机构、机床的操作机构等组成。主轴箱安装在摇臂上，通过手轮操作可使其在水平导轨上移动。当进行加工时，可利用特殊的夹紧机构将外立柱紧固在内立柱上，摇臂紧固在外立柱上，主轴箱紧固在摇臂导轨上，然后进行钻削加工。

2）摇臂钻床的运动形式

（1）主运动：主轴带着钻头的旋转运动。

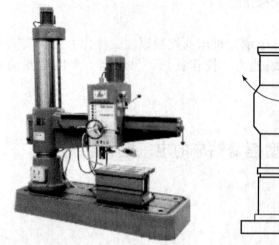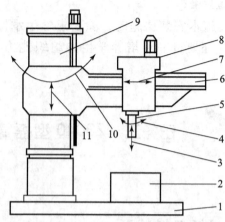

图 3 – 14    摇臂钻床结构及运动情况示意图

1—底座；2—工作台；3—主轴纵向进给；4—主轴旋转运动；5—主轴；6—摇臂；

7—主轴箱沿摇臂径向运动；8—主轴箱；9—内外立柱；10—摇臂回转运动；11—摇臂垂直运动

（2）进给运动：主轴带着钻头的纵向运动。

（3）辅助运动：摇臂连同外立柱围绕着内立柱的回转运动、摇臂在外立柱上的上下降运动、主轴箱在摇臂上的左右运动等。摇臂的回转和主轴箱的左右移动采用手动，立柱的夹紧放松由一台电动机拖动一台齿轮泵来供给夹紧装置所用的压力油来实现，同时通过电气联锁来实现主轴箱的夹紧与放松。

摇臂钻床的主轴旋转和摇臂升降不允许同时进行，以保证安全生产。

2. 电力拖动特点及控制要求

（1）摇臂钻床由 4 台电动机进行拖动。主轴电动机带动主轴旋转；摇臂升降电动机带动摇臂进行升降；液压泵电动机拖动液压泵供出压力油，使液压系统的夹紧机构实现夹紧与放松；冷却泵电动机驱动冷却泵供给机床冷却液。

（2）主轴的旋转运动和纵向进给运动及其变速机构均在主轴箱内，由一台主轴电动机拖动。主轴在进行螺纹加工时，要求主轴电动机能正反向旋转，通过改变摩擦离合器的手柄位置实现正反转控制。

（3）内外立柱、主轴箱与摇臂的夹紧与放松是由一台电动机通过正反转拖动液压泵送出不同流向的压力油，推动活塞、带动菱形块动作来实现的，因此要求液压泵电动机能正反向旋转，采用点动控制。

（4）摇臂的升降由一台交流异步电动机拖动，装于主轴顶部，通过正反转来实现摇臂的上升和下降。摇臂的移动严格按照摇臂松开→移动→摇臂夹紧的程序进行。因此，摇臂的夹紧放松与摇臂升降按自动控制进行。

3. 液压系统简介

该摇臂钻床具有两套液压控制系统，一个是操纵机构液压系统；一个是夹紧机构液压系统。前者安装在主轴箱内，用以实现主轴正反转、停车制动、空挡、预选及变速；后者安装在摇臂背后的电器盒下部，用以夹紧松开主轴箱、摇臂及立柱。

1）操纵机构液压系统

该系统压力油由主轴电动机拖动齿轮泵供给。主轴电动机转动后，由操作手柄控制，使压力油作不同的分配，获得不同的动作。操作手柄有5个位置："空挡""变速""正转""反转""停车"。

"停车"：主轴停转时，将操作手柄扳向"停车"位置，这时主轴电动机拖动齿轮泵旋转，使制动摩擦离合器作用，主轴不能转动，实现停车。所以主轴停车时主轴电动机仍在旋转，只是使动力不能传到主轴。

"空挡"：将操作手柄扳向"空挡"位置，这时压力油使主轴传动系统中滑移齿轮脱开，用手可轻便地转动主轴。

"变速"：主轴变速与进给变速时，将操作手柄扳向"变速"位置，改变两个变速旋钮，进行变速，主轴转速和进给量大小由变速装置实现。当变速完成，松开操作手柄，此时操作手柄在机械装置的作用下自动由"变速"位置回到主轴"停车"位置。

"正转"、"反转"：操作手柄扳向"正转"或"反转"位置，主轴在机械装置的作用下，实现主轴的正转或反转。

2）夹紧机构液压系统

夹紧机构液压系统压力油由液压泵电动机拖动液压泵供给，实现主轴箱、立柱和摇臂的松开与夹紧。其中，主轴箱和立柱的松开与夹紧由一个油路控制，摇臂的松开与夹紧由另一个油路控制，这两个油路均由电磁阀操纵。主轴箱和立柱的夹紧与松开由液压泵电动机点动就可实现。摇臂的夹紧与松开与摇臂的升降控制有关。

### 3.3.2　Z3040型摇臂钻床电气控制电路和故障判断

Z3040摇臂钻床的电气控制电路如图3-15所示。电路由主电路、控制电路和辅助电路三部分组成。

1. 主电路分析

从电路图3-15可知，Z3040摇臂钻床的主电路主要由4台控制电动机等组成。其中M1为主轴电动机，M2为摇臂升降电动机，M3为液压泵电动机，M4为冷却泵电动机。

（1）主电路电源电压为交流380 V，自动空气开关QF作为电源引入开关。

（2）M1是主轴电动机，单方向旋转，由接触器KM1控制，主轴的正反转则由机床液压系统操纵机构配合正反转摩擦离合器实现，并由热继电器FR1做电动机长期过载保护。短路保护电器是总电源开关中的电磁脱扣装置。

（3）M2是摇臂升降电动机，由正、反转接触器KM2、KM3控制实现正反转。控制电路保证在操纵摇臂升降时，首先使液压泵电动机启动旋转，供出压力油，经液压系统将摇臂松开，然后才使电动机M启动，拖动摇臂上升或下降。当移动到位后，保证M2先停下，再自动通过液压系统将摇臂夹紧，最后液压泵电动机才停下。M2为短时工作，不设长期过载保护。

（4）M3是液压泵电动机，可以做正反转运行。其运转和停止由接触器KM4和KM5控制。热继电器FR2是液压泵电动机的过载保护电器。该电动机的主要作用是供给夹紧装置压力油，实现摇臂和立柱的夹紧和松开。

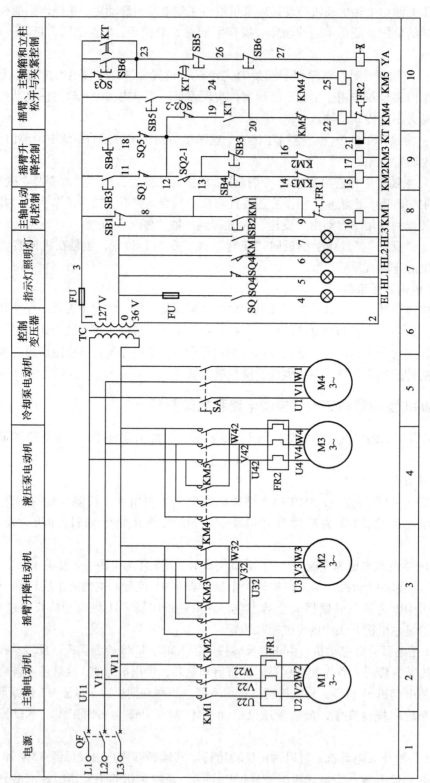

图3-15 Z3040摇臂钻床电气控制电路

（5）M4 是冷却泵电动机，功率很小，由开关 SA 控制。

2. 控制电路分析

由变压器 TC 将 380 V 交流电压降为 127 V，作为控制电源。指示灯电源为 36 V。

1）主轴电动机 M1 的控制

合上电源开关 QF，按下启动按钮 SB2，接触器 KM1 线圈得电并自锁，主轴电动机 M1 启动，同时支路中的主轴电动机运转指示灯 HL3 亮，表示主轴电动机正常运行。按下停止按钮 SB1，KM1 线圈失电，其触点断开，M1 停转，同时指示灯 HL3 熄灭。

2）摇臂升降电动机的控制

由摇臂上升按钮 SB3、下降按钮 SB4 及正反转接触器 KM2、KM3 组成具有双重互锁的电动机正反转点动控制电路。摇臂的移动必须先将摇臂松开，再移动，移动到位后摇臂自动夹紧。因此，摇臂移动过程是对液压泵电动机 M3 和摇臂升降电动机 M2 按一定程序进行自动控制的过程。摇臂升降控制必须与夹紧机构液压系统紧密配合，由正反转接触器 KM4、KM5 控制双向液压泵电动机 M3 的正反转，送出压力油，经二位六通阀送至摇臂夹紧机构实现夹紧与松开。

（1）摇臂上升控制原理。

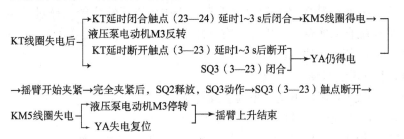

（2）摇臂下降控制原理。

摇臂下降，只需按下 SB4，KM3 得电，M2 反转，其控制过程与上升类似。

（3）时间继电器 KT 与行程开关保护。

时间继电器 KT 是为保证夹紧动作在摇臂升降电动机完全停转后进行而设的，KT 延时时间的长短依摇臂升降电动机切断电源到停止惯性运转的时间来调整。

摇臂升降的极限保护由组合开关 SQ1、SQ5 来实现。当摇臂上升或下降到极限位置时相应触点动作，切断对应上升或下降接触器 KM2 或 KM3，使 M2 停止旋转，摇臂停止移动，实现极限位置保护。SQ1 开关两对触点平时应调整在同时接通位置，一旦动作时，应使一对触点断开，而另一对触点仍保持闭合。

行程开关 SQ2 保证摇臂完全松开后才能升降。

摇臂夹紧后由行程开关 SQ3 常闭触点（3—23）的断开实现液压泵电动机 M3 的停转。如果液压系统出现故障使摇臂不能夹紧，或由于 SQ3 调整不当，都会使 SQ3 常闭触点不能断开而使液压泵电动机 M3 过载。因此，液压泵电动机虽是短时运转，但仍需要热继电器 FR2 作过载保护。

3）主轴箱和立柱的放松及夹紧控制

主轴箱与立柱的放松及夹紧是同时进行的，其控制电路是正反转点动控制电路。利用主轴箱和立柱的放松、夹紧，还可以检查电源相序正确与否，以确保摇臂升降电动机 M2 的正反转接线正确。

（1）主轴箱、立柱的松开。按下松开按钮 SB5，KM4 线圈得电，液压泵电动机 M3 正转（此时电磁阀 YA 失电），拖动液压泵，液压油进入主轴箱、立柱的松开油腔，推动活塞，使主轴箱、立柱松开。此时，SQ4 不受压，动断触点 SQ4 闭合，松开指示灯 HL1 亮。

（2）主轴箱、立柱的夹紧。到达需要位置后，按下夹紧按钮 SB6，KM5 线圈得电，液压泵电动机 M3 反转（此时电磁阀 YA 失电），拖动液压泵，液压油进入主轴箱、立柱的夹紧油腔，使主轴箱、立柱夹紧。同时，SQ4 受压，其动断触点断开，动合触点闭合，夹紧指示灯 HL2 亮，表示可以进行钻削加工。

3. 辅助电路

（1）保护环节。低压断路器 QF 对主电路进行短路保护；热继电器 FR1 对主轴电动机进行过载保护；热继电器 FR2 对液压泵电动机 M3 进行过载保护。摇臂的上升限位和下降限位分别通过行程开关 SQ1 和 SQ5 实现。

（2）照明电路。照明由开关 SQ 控制照明灯 EL 来实现。

（3）冷却泵电动机的控制。冷却泵电动机 M4 的容量很小，由开关 SA 控制。

4. Z3040 摇臂钻床常见故障分析

摇臂钻床电气控制的特殊环节是摇臂升降。Z3040 摇臂钻床的工作过程是由电气与机械、液压系统紧密配合来实现的。因此，在维修中不仅要注意电气部分能否正常工作，也要注意它与机械和液压部分的协调关系。

1）主轴电动机无法启动

（1）电源总开关 QF 接触不良，需调整或更换。

（2）控制按钮 SB1 或 SB2 接触不良，需调整或更换。

（3）接触器线圈 KM1 线圈断线或触点接触不良，需重接或更换。

2）摇臂不能升降

（1）行程开关 SQ2 的位置移动，使摇臂松开后没有压下 SQ2。由摇臂升降过程可知，摇臂升降电动机 M2 旋转，带动摇臂升降，其前提是摇臂完全松开，活塞杆压行程开关 SQ2。如果 SQ2 不动作，常见故障是 SQ2 安装位置移动。这样，摇臂虽已放松，但活塞杆压不上 SQ2，摇臂就不能升降，有时，液压系统发生故障，使摇臂放松不够，也会压不上 SQ2，使摇臂不能移动。由此可见，SQ2 的位置非常重要，应配合机械、液压调整好后紧固。

（2）液压泵电动机 M3 的电源相序接反，导致行程开关 SQ2 无法压下。液压泵电动机 M3 电源相序接反时，按上升按钮 SB3（或下降按钮 SB4），液压泵电动机 M3 反转，使摇臂夹紧，SQ2 应不动作，摇臂也就不能升降。因此，在机床大修或重新安装后，要检查电源相序。

（3）控制按钮 SB3 或 SB4 接触不良，需调整或更换。

（4）接触器 KM2、KM3 线圈断线或触点接触不良，需重接或更换。

3）摇臂升降后不能夹紧

（1）行程开关 SQ3 的安装位置不当，需进行调整。

（2）行程开关 SQ3 发生松动而过早动作，液压泵电动机 M3 在摇臂还未充分夹紧时就停止了旋转。

由摇臂夹紧的动作过程可知，夹紧动作的结束是由行程开关 SQ3 来完成的，如果 SQ3 动作过早，将导致液压泵电动机 M3 尚未充分夹紧就停转。常见的故障原因是 SQ3 安装位置不合适、固定螺丝松动造成 SQ3 移位，使 SQ3 在摇臂夹紧动作未完成时就被压上，切断了 KM5 回路，使 M3 停转。

排除故障时，首先判断是液压系统的故障（如活塞杆阀芯卡死或油路堵塞造成的夹紧力不够），还是电气系统故障。对电气方面的故障，重新调整 SQ3 的动作距离，固定好螺钉即可。

4）主轴箱不能夹紧或松开

立柱、主轴箱不能夹紧或松开的可能原因是油路堵塞、接触器 KM4 或 KM5 不能吸合。出现故障时，应检查按钮 SB5、SB6 接线情况是否良好，若接触器 KM4 或 KM5 能吸合，M3 能运转，可排除电气方面的故障，则应请液压、机械修理人员检修油路，以确定是否是油路故障。

5）液压系统的故障

有时电气控制系统工作正常，而电磁阀芯卡住或油路堵塞，造成液压控制系统失灵，也会造成摇臂无法移动。

## 【任务实施】

### 3.3.3 摇臂钻床现场操作练习与电气故障处理训练

1. 摇臂钻床普通车床现场操作练习

（1）在教师和现场岗位工作人员的示范下，了解摇臂钻床的各种工作状态和操作方法。

（2）在教师和现场岗位工作人员的指导下，对摇臂钻床进行操作。

2. 摇臂钻床现场故障处理训练

（1）参照摇臂钻床现场的电器位置图和接线图，熟悉摇臂钻床电气元件的实际位置及走线情况。

（2）教师示范检修。在现场摇臂钻床或机床智能化考核摇臂钻床实训装置上人为设置故障点。引导学生观察故障现象，并依据电气原理图用逻辑分析法确定最小故障范围，并在图上标出；采用适当的检查方法检出故障点，并正确排除故障，通电试车。

（3）故障处理。教师设置学生知道的故障点，指导学生如何从故障现象着手进行分析，逐步引导学生采用正确的检查步骤和检修方法进行检修。

（4）教师在线路中设置两处以上故障点，由学生独立检修。

3. 注意事项

（1）故障点的设置必须是摇臂钻床使用中出现的自然故障，不能通过更改线路或更换元件来设置故障，尽量设置不易造成人身或设备故障的故障点。

（2）检修前要认真阅读分析电气原理图，熟练掌握各个控制环节的原理及作用，并认真观摩教师的示范检修。

（3）工具和仪表的使用应符合使用要求。

（4）检修时，严禁扩大故障范围或产生新的故障点。

（5）停电后要验电，带电检修时，必须有教师在场，以确保用电安全。

（6）做好实训记录。

## 任务四　T68 型卧式镗床电气控制系统

**【任务描述】**

镗床是冷加工中使用比较普遍的设备。除镗孔外，在万能镗床上还可以进行钻孔、扩孔；用镗轴或平旋盘铣削平面；加上车螺纹附件后，还可以车削螺纹；装上平旋盘刀架可加工大的孔径、端面和外圆。因此，镗床工艺范围广、调速范围大、运动多。

按用途不同，镗床可分为卧式镗床、立式镗床、坐标镗床、金刚镗床和专门化镗床等，其中以卧式镗床应用最为广泛。下面以常用的 T68 型卧式镗床为例。了解 T68 型卧式镗床结构与运动形式，掌握其控制原理图要点。能对照设计并制作卧式镗床模拟电气控制系统，会处理系统基本电气故障，正确完成安装与调试。

**【相关知识】**

### 3.4.1　T68 型卧式镗床的主要结构和运动分析

1. T68 型卧式镗床的结构和运动形式

1）主要结构

T68 型卧式镗床的结构如图 3 - 16 所示，主要由床身、前立柱、镗头架、柱和尾架等部分组成。

床身是个整体的铸件。前立柱固定在床身上，镗头架装在前立柱的导轨上，并可在导轨上做上下移动。镗头架里装有主轴、变速箱、进给箱和操纵机构等。切削刀具装在镗轴前端或花盘的刀具溜板上，在切削过程中，镗轴一面旋转，一面沿轴向做进给运动。花盘也可单独旋转，装在花盘上的刀具可做径向的进给运动。后立柱在床身的另一端，后立柱上的尾架用来支持镗杆的末端，尾架与镗头架可同时升降，前后立柱可随镗杆的长短来调整它们之间的距离。工作台安装在床身中部导轨上，可借助于溜板做纵向或径向运动，并可绕中心做垂直运动。

2）运动形式

（1）主运动。镗轴和花盘的旋转运动。

（2）进给运动。镗轴的轴向运动，花盘刀具溜板的径向运动，工作台的横向、纵向运动和镗头架的垂直运动。

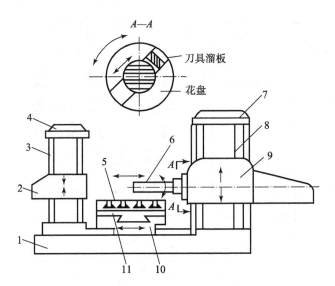

图 3 - 16　T68 型卧式镗床结构示意图

1—床身；2—尾架；3，8—导轨；4—后立柱；5—工作台；6—镗轴；

7—前立柱；9—镗头架；10—下溜板；11—上溜板

（3）辅助运动。工作台的旋转运动、后立柱的水平移动、尾架的垂直运动及各部分的快速移动。

2. 电力拖动特点及控制要求

镗床加工范围广，运动部件多，调速范围广，对电力拖动及控制提出了如下要求。

（1）为了扩大调速范围和简化机床的传动装置，采用双速笼型异步电动机作为主拖动电动机，低速时将定子绕组接成三角形，高速时将定子绕组接成双星形。

（2）进给运动和主轴及花盘旋转采用同一台电动机拖动，为适应调整的需要，要求主拖动电动机应能正反向点动，并有准确的制动。此床采用电磁铁带动的机械制动装置。

（3）主拖动电动机在低速时可以直接启动，在高速时控制电路要保证先接通低速，经延时再接通高速，以减小启动电流。

（4）为保证变速后齿轮进入良好的啮合状态，在主轴变速和进给变速时，应设有变速低速冲动环节。

（5）为缩短辅助时间，机床各运动部件应能实现快速移动，采用快速电动机拖动。

（6）工作台或镗头架的自动进给与主轴或花盘刀架的自动进给之间应有联锁，两者不能同时进行。

## 3.4.2　T68 型卧式镗床电气电路分析

T68 型卧式镗床的控制电路如图 3 - 17 所示。电路由主电路、控制电路、辅助电路和连锁保护环节四部分组成。

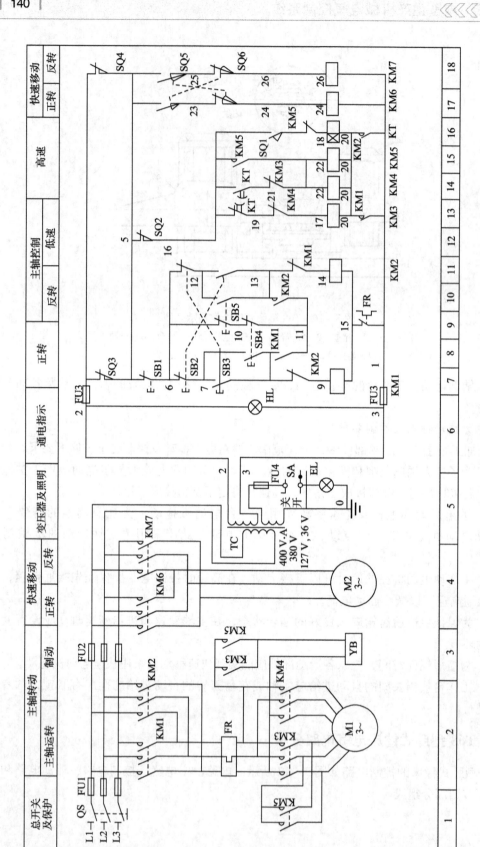

图 3-17 T68型卧式镗床电气控制原理

1. 主电路分析

主电路中有两台电动机。M1 为主轴与进给电动机，是一台 4/2 极的双速电动机，绕组接法为 △ – Y Y。M2 为快速移动电动机。

电动机 M1 由 5 只接触器控制，KM1 和 KM2 控制 M1 的正反转，KM3 控制 M1 的低速运转，KM4、KM5 控制 M1 的高速运转。FR 对 M1 进行过载保护。

YB 为主轴制动电磁铁的线圈，由 KM3 和 KM5 的触点控制。

M2 由 KM6、KM7 控制其正反转，实现快进和快退。因短时运行，不需过载保护。

2. 控制电路分析

1）主轴电动机的正、反转启动控制

合上电源开关 QS，信号灯 HL 亮，表示电源接通。调整好工作台和镗头架的位置后，便可开动主轴电动机 M1，拖动镗轴或平旋盘正反转启动运行。

由正、反转启动按钮 SB2、SB3 和接触器 KM1 ～ KM5 等构成主轴电动机正反转启动控制环节。另设有高、低速选择手柄，选择高速或低速运动。

（1）低速启动控制。当要求主轴低速运转时，将速度选择手柄置于低速挡，此时与速度选择手柄有联动关系的行程开关 SQ1 不受压，触点 SQ1（16 区）断开。按下正转启动按钮 SB3，KM1 通电自锁，其常开触点（13 区）闭合，KM3 通电，电动机 M1 在 △ 接法下全压启动并低速运行。其控制过程为：

$$SB3 + →KM1 + （自锁）→KM3 + →YB + →M1 低速启动$$

（2）高速启动控制。若将速度选择手柄置于高速挡，经联动机构将行程开关 SQ1 压下，触点 SQ1（16 区）闭合，同样按下正转启动按钮 SB3，在 KM3 通电的同时，时间继电器 KT 也通电。于是，电动机 M1 低速 △ 接法启动并经一定时间后，KT 通电延时断开触点（13 区）断开，使 KM3 断电；KT 延时闭合触点（14 区）闭合，使 KM4、KM5 通电。从而使电动机 M1 由低速 △ 接法自动换接成高速 Y Y 接法，构成了双速电动机高速运转启动时的加速控制环节，即电动机按低速挡启动再自动换接成高速挡运转的自动控制，控制过程为：

$$\nearrow KT + \quad \nearrow YB + \quad KT 延时到 \quad \nearrow KM4 + \nearrow KT -$$
$$SB3 + →KM1 + （自锁）→KM3 + →M1 低速启动→KM3 - →KM5 + →M1 高速启动$$

反转的低速、高速启动控制只需按 SB2，控制过程与正转相同。

2）主轴电动机的点动控制

主轴电动机由正反转点动按钮 SB4、SB5，接触器 KM1、KM2 和低速接触器 KM3 实现低速正反转点动调整。点动控制时，按 SB4 或 SB5，其常闭触点切断 KM1 和 KM2 的自锁回路，KM1 或 KM2 线圈通电使 KM3 线圈得电，M1 低速正转或反转，点动按钮松开后，电动机自然停车。

3）主轴电动机的停车与制动

主轴电动机 M1 在运行中可按下停止按钮 SB1 来实现主轴电动机的制动停止。主轴旋转时，按下停止按钮 SB1，便切断了 KM1 或 KM2 的线圈回路，接触器 KM1 或 KM2 断电，主触点断开电动机 M1 的电源，在此同时，电动机进行机械制动。

T68 型卧式镗床采用电磁操作的机械制动装置，主电路中的 YB 为制动电磁铁的线圈，不论 M1 正转或反转，YB 线圈均通电吸合，松开电动机轴上的制动轮，电动机即自由启动。当按下停止按钮 SB1 时，电动机 M1 和制动电磁铁 YB 线圈同时断电，在弹簧作用下，杠杆将制动带紧箍在制动轮上，进行制动，电动机迅速停转。

**4）主轴变速和进给变速控制**

主轴变速和进给变速是在电动机 M1 运转时进行的。当主轴变速手柄拉出时，限位开关 SQ2（12 区）被压下，接触器 KM3 或 KM4、KM5 都断电而使电动机 M1 停转。当主轴转速选择好以后，推回变速手柄，则 SQ2 恢复到变速前的接通状态，M1 便自动启动工作。同理，需进给变速时，拉出进给变速操纵手柄，限位开关 SQ2 受压而断开，使电动机 M1 停车，选好合适的进给量之后，将进给变速手柄推回，SQ2 便恢复原来的接通状态，电动机 M1 便自动启动工作。

当变速手柄推不上时，可来回推动几次，使手柄通过弹簧装置作用于限位开关 SQ2，SQ2 便反复断开接通几次，使电动机 M1 产生冲动，带动齿轮组冲动，以便于齿轮啮合。

**5）镗头架、工作台快速移动的控制**

为缩短辅助时间，提高生产率，由快速电动机 M2 经传动机构拖动镗头架和工作台作各种快速移动。运动部件及其运动方向的预选由装设在工作台前方的操作手柄进行，而镗头架上的快速操作手柄控制快速移动。当扳动快速操作手柄时，相应压合行程开关 SQ5 或 SQ6，接触器 KM6 或 KM7 通电，实现 M2 的正、反转，再通过相应的传动机构使操纵手柄预选的运动部件按选定方向作快速移动。当镗头架上的快速移动操作手柄复位时，行程开关 SQ5 或 SQ6 不再受压，KM6 或 KM7 断电释放，M2 停止旋转，快速移动结束。

**3. 辅助电路分析**

控制电路采用一台控制变压器 TC 供电，控制电路电压为 127 V，并有 36 V 安全电压局部照明 EL 供电，SA 为照明灯开关，HL 为电源指示灯。

**4. 联锁保护环节分析**

**1）主轴进刀与工作台互锁**

由于 T68 型镗床运动部件较多，为防止机床或刀具损坏，保证主轴进给和工作台进给能同时进行，为此设置了两个联锁保护行程开关 SQ3 与 SQ4。其中 SQ4 是与工作台和镗架自动进给手柄联动的行程开关，SQ3 是与主轴和平旋盘刀架自动进给手柄联动的行程开关。将行程开关 SQ3、SQ4 的常闭触点并联后串接在控制电路中，当以上两个操作手柄中一个扳到"进给"位置时，SQ3、SQ4 中只有一个常闭触点断开，电动机 M1、M2 都可以启动，实现自动进给。当两种进给运动同时选择时，SQ3、SQ4 都被压下，其常闭触点断开将控制电路切断，M1、M2 无法启动，于是两种进给都不能进行，实现联锁保护。

**2）其他联锁环节**

主电动机 M1 的正反转控制电路、高低速控制电路、快速电动机 M2 正反转控制电路设有互锁环节，以防止误操作而造成事故。

**3）保护环节**

熔断器 FU1 对主电路进行短路保护，FU2 对 M2 及控制变压器进行短路保护，FU3 对控制电路进行短路保护，FU4 对局部照明电路进行短路保护。

FR 对主电动机 M1 进行过载保护，并由按钮和接触器进行失压保护。

**5. T68 型卧式镗床常见电气故障分析**

T68 型卧式镗床采用双速电动机拖动，机械、电气联锁与配合较多，常见电气故障为：

1）主轴电动机只有高速挡或无低速挡

产生这种故障的因素较多，常见的有时间继电器 KT 不动作；行程开关 SQ1 因安装位置移动，造成 SQ1 始终处于通或断的状态，若 SQ1 常通，则主轴电动机只有高速，否则只有低速。

2）主轴电动机无变速冲动或变速后主轴电动机不能自行启动

主轴的变速冲动由与变速操纵手柄有联动关系的行程开关 SQ2 控制。而 SQ2 采用的是 LX1 型行程开关，往往由于安装不牢、位置偏移、触点接触不良，无法完成上述控制。另外，有时因 SQ2 开关绝缘性能差，造成绝缘击穿，致使触点 SQ2 发生短路。这时即使变速操纵手柄拉出，电路仍断不开，使主轴仍以原速旋转，根本无法进行变速。

## 【任务实施】

### 3.4.3　T68 型卧式镗床模拟电气控制系统安装与故障诊断

1. 电气施工图的设计

（1）在熟读图 3-17 T68 型卧式镗床电气控制原理图的基础上，对照设计并绘制如图 3-18 所示的 T68 型卧式镗床模拟教学电气原理图，并在电路图中标明接点号。

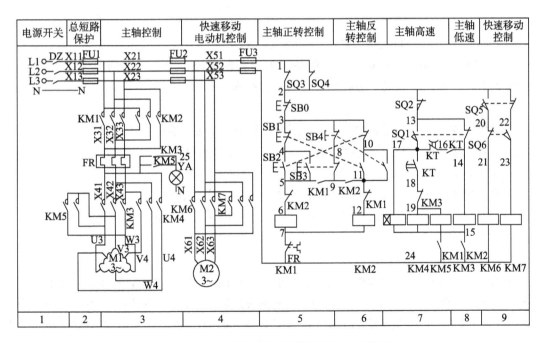

图 3-18　T68 型卧式镗床模拟教学电气原理图

T68 镗床模拟教学设备的主轴采用双速电动机驱动。对 M1 电动机的控制包括正、反的控制，正反向的点控制，高低速互相转换及制动的控制。

（2）选择并检查各电气元件，电气元件的额定容量要根据主轴电机和快速移动电动机的额定功率等来选择。

（3）据根电气原理图，绘制模拟教学电气元件布置图，对照绘制 T68 型卧式镗床教学模拟电路接线图如图 3－19 所示。配线方法采取主电路、控制电路、按钮电路各部分以标注线号代替电路连通的方法绘出实际走线电路。

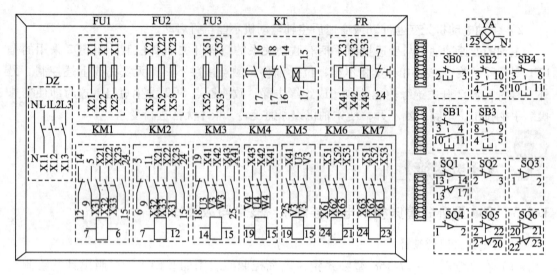

图 3－19　T68 型卧式镗教学模拟电路接线图

2. 安装与配线

（1）按照电气元件布置图，固定好各电气元件。

（2）对照接线图，进行板前槽板配线，先配控制电路，后配与电动机连接的主电路。布线做到正确、牢固、美观，接触要良好，文明操作。

3. 检查

在接线完成后，用万用表检查电路的通断。分别检查主电路，控制电路的启动控制、联锁电路，若检查无误，经指导老师检查允许后，方可通电调试。

4. 通电调试

清理安装场地并进行通电运转试验。通电时要密切注意电动机、电气元件及线路有无异常现象，若有，应立即切断电源进行检查，找出故障原因并进行排除后再通电试验。

5. 常见故障与检修

1）主轴电动机不能启动

主轴电动机 M1 只有一个转向能启动，另一转向不能启动。这类故障通常由于控制正反转的按钮 SB2、SB1 及接触器 KM1、KM2 的主触头接触不良，线圈断线或连接导线松脱等原因所致。以正转不能启动为例，按 SB2 时，接触器 KM1 不动作，检查接触器 KM1 线圈及按钮 SB1 的常闭接触情况是否完好。若 KM1 动作，而 KM3 不动作，则检查 KM3 线圈上的 KM1 常开辅助触头（15—24）是否闭合良好；若接触器 KM1 和 KM3 均能动作，则电动机不能启动的原因，一般是由于接触器 KM1 主触头接触不良所造成的。

2）正反转都不能启动

（1）主电路熔断器 FU1 或 FU2 熔断，这种故障可造成继电器、接触器都不能动作。

（2）控制电路熔断器 FU3 熔断、热继电器 FR 的常闭触头断开、停止按钮 SB0 接触不良等原因，同样可以造成所有接触器、继电器不能动作。

（3）接触器 KM1、KM2 均会动作，而接触器 KM3 不能动作。可检查接触器 KM3 的线圈和它的连接导线是否有断线和松脱，行程开关 SQ1、SQ2、SQ3 或 SQ4 的常闭触头接触是否良好。当接触器 KM3 线圈通电动作，而电动机还不能启动时，应检查它的主触头的接触是否良好。

3）主轴电动机低速挡能启动，高速挡不能启动

主要是由于时间继电器 KT 的线圈断路或变速行程开关 SQ1 的常开触头（13—17）接触不良所致。如果时间继电器 KT 的线圈断线或连接线松脱，就不能动作，它的常开触头不能闭合，当变速行程开关 SQ1 扳在高速挡时，即常开触头（13—17）闭合后，接触器 KM4、KM5 等均不能通电动作，因而高速挡不能启动，当变速行程开关 SQ1 的常开触头（13—17）接触不良时，也会发生同样情况。

4）主轴电动机在低速启动后又自动停止

在正常情况下电动机低速启动后，由于时间继电器 KT 控制自动换接，使接触器 KM3 断电释放，KM4、KM5 获电而转入高速运转，但由于接触器 KM4、KM5 线圈断线，或 KM3 常闭辅助触点、KM4 的主触点及时间继电器 KT 的延时闭合常开触头（17—18）接触不良等原因所致。电动机以低速启动后，虽然时间继电器 KT 已自动换接，但若接触器 KM4、KM5 等有关触头接触不良，电动机便会停止。

5）进给部件快速移动控制电路的故障

进给部件快速移动控制电路是正反转点动控制电路，使用电气元件较少。它的故障一般是电动机 M2 不能启动。如果 M2 正反转都不能启动，同时主轴电动机 M1 也不能启动，这大都是由于主电路熔断器 FU1、FU2 或控制电路熔断器 FU3 熔断；若主轴电动机 M1 能启动，但只能快速转动，而电动机 M2 正反转都不能启动，则应检查熔断器 FU2、接触器 KM6 与 KM7 的线圈及主触点接触是否良好；如果只是正转或反转不能启动，则分别检查 KM6、KM7 的线圈，主触点及行程开关 SQ5、SQ6 的触头接触是否良好。

# 任务五　X62W 型万能铣床的电气控制系统

## 【任务描述】

铣床是一种用途十分广泛的金属切削机床，其使用范围仅次于车床，一般可分为卧式铣床、立式铣床、龙门铣床、仿形铣床、专用铣床等。万能铣床是一种通用的多用途铣床，它可以用铣刀对各种零件进行平面、斜面、沟槽、齿轮及成形表面的加工，如果装上分度头，可以铣削直齿齿轮和螺旋面；如果装上圆工作台，还可以加工凸轮和弧形槽等。由于这种铣床可以进行多种加工，故称其为万能铣床。

常用的万能铣床有 X62W 型万能铣床。了解 X62W 型万能铣床的结构与运动形式，掌握其控制原理图要点。能对照设计并制作其模拟电气控制系统，会处理系统基本电气故障，正

确完成安装与调试。

【相关知识】

### 3.5.1 X62W 型万能铣床的主要结构和运动分析

1. X62W 型万能铣床的结构与型号含义

1）主要结构

X62W 型万能铣床具有主轴转速高、调速范围宽、操作方便、工作台能自动循环加工等特点，其结构如图 3-20 所示，主要由底座、床身、悬梁、刀杆支架、工作台、溜板和升降台等部分组成。

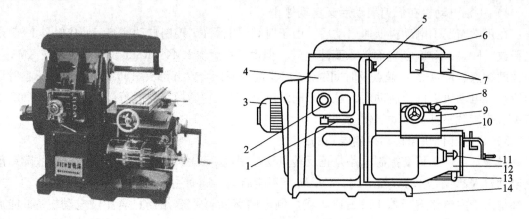

图 3-20　X62W 万能铣床外形简图

1—主轴变速手柄；2—主轴变速数字盘；3—主轴电动机；4—床身（立柱）；5—主轴；6—悬梁；

7—刀杆支架；8—工作台；9—转动台；10—溜板；11—进给变速手轮及数字盘；

12—工作台升降及横向操纵手柄；13—进给电动机；14—底盘

箱形的床身 4 固定在底盘 14 上，在床身内装有主轴的传动机构和变速操纵机构。床身的顶部安装带有刀杆支架的悬梁 6，悬梁可沿水平导轨移动，铣刀装在与主轴连在一起的刀杆上，刀杆支架 7 用来支承安装铣刀芯轴的一端，而芯轴的另一端则固定在主轴 5 上。床身的前方装有垂直导轨，一端悬持的升降台 12 可沿导轨做上、下垂直移动。

在升降台上面的水平导轨上，装有可平行于主轴轴线方向（横向或前后移动）移动的溜板 10。溜板上面是可以转动的回转台 9，工作台 8 可沿溜板上部回转台的导轨在垂直与主轴轴线的方向（纵向或左右）移动。这样，安装在工作台上的工件可以在三个方向调整位置或完成进给运动。此外，由于转动部分对溜板 10 可绕垂直轴线转动一个角度（通常为 ±45°），这样，工作台于水平面上除能平行或垂直于主轴轴线方向进给外，还能在倾斜方向进给，从而完成铣螺旋槽的加工。工作台上还可以安装圆工作台以扩大铣削能力。

2）型号含义

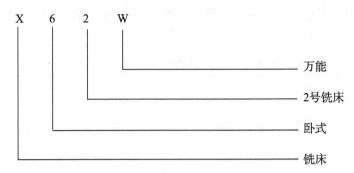

2 号铣床，代表了工作台宽度，从铭牌上可读出 2 号工作台宽为 320 mm。

2. 铣床的主要运动形式及控制要求

1）铣床的主要运动形式

（1）主运动。主轴带动铣刀的旋转运动。

（2）进给运动。在进给电动机的拖动下，工作台带动工件在纵向、横向和垂直 3 种运动形式、6 个方向上的直线运动。若安装上附件圆工作台也可完成旋转进给运动。

（3）辅助运动。工作台带动工件在纵向、横向和垂直 6 个方向上的快速移动。

2）电力拖动特点和控制要求

（1）X62W 万能铣床的主运动和进给运动之间，没有速度比例协调的要求，各自采用单独的笼型异步电动机拖动。

（2）为了能进行顺铣和逆铣加工，要求主轴能够实现正反转。

（3）为提高主轴旋转的均匀性并消除铣削加工时的振动，主轴上装有飞轮，其转动惯量较大，因此要求主轴电动机有停车制动控制。

（4）为适应加工的需要，主轴转速与进给速度应有较宽的调节范围。X62W 铣床采用机械变速的方法，为保证变速时齿轮易于啮合，减小齿轮端面的冲击，要求变速时有电动机瞬时冲动。

（5）进给运动和主轴运动应有电气联锁。为了防止主轴未转动时，工作台将工件送进可能损坏刀具或工件，进给运动要在铣刀旋转之后才能进行。为降低加工工件的表面粗糙度，加工结束必须在铣刀停转前停止进给运动。

（6）工作台在 6 个方向上运动要有联锁。在任何时刻，工作台在上、下、左、右、前、后 6 个方向上，只能有一个方向的进给运动。

（7）为了适应工作台在 6 个方向上运动的要求，进给电动机应能正反转。快速运动由进给电动机与快速电磁铁配合完成。

（8）圆工作台运动只需一个转向，且与工作台进给运动要有联锁，不能同时进行。

（9）冷却泵电动机 M3 只要求单方向转动。

（10）为操作方便，应能在两处控制各部件的启动停止。

## 3.5.2　X62W 型万能铣床电气控制电路分析

X62W 型卧式万能铣床电气控制原理如图 3 - 21 所示。电路由主电路、控制电路、辅助电路和联锁与保护环节四部分组成。这种机床控制电路的显著特点是控制由机械和电气密切配合进行。各转换开关、行程开关的作用，各指令开关的状态以及与相应控制手柄的动作关系，如表3-1~表3-4所示。

表3-1 工作台纵向行程开关工作状态

| 触点 \ 位置 | 向左 | 中间（停） | 向右 |
|---|---|---|---|
| SQ1-1 | - | - | + |
| SQ1-2 | + | + | - |
| SQ2-1 | + | - | - |
| SQ2-2 | - | + | + |

表3-2 工作台升降、横向行程开关工作状态

| 触点 \ 位置 | 向左 | 中间（停） | 向右 |
|---|---|---|---|
| SQ3-1 | + | - | - |
| SQ3-2 | - | + | + |
| SQ4-1 | - | - | + |
| SQ4-2 | + | + | - |

表3-3 圆工作台转换开关工作状态

| 触点 \ 位置 | 接通圆工作台 | 断开圆工作台 |
|---|---|---|
| SA1-1 | - | + |
| SA1-2 | + | - |
| SA1-3 | - | + |

表3-4 主轴倒顺开关工作状态

| 触点 \ 位置 | 向左 | 中间（停） | 向右 |
|---|---|---|---|
| SA5-1 | + | - | - |
| SA5-2 | - | - | + |
| SA5-3 | - | - | + |
| SA5-4 | + | - | - |

### 1. 主电路分析

由图3-21可知，主电路中共有三台电动机，其中M1为主轴拖动电动机，M2为工作台进给拖动电动机，M3为冷却泵拖动电动机。QS为电源总开关，各电动机的控制过程如下。

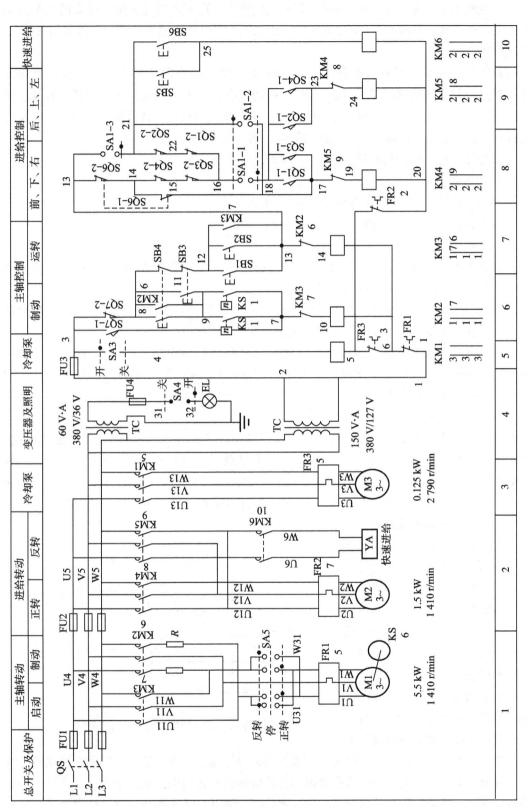

图3-21  X62W型卧式万能铣床电气控制原理

（1）主轴电动机 M1 由接触器 KM3 控制，由倒顺开关 SA5 预选转向。KM2 的主触点串联两相电阻与速度继电器 KS 配合实现停车反接制动。另外还通过机械结构和接触器 KM2 进行变速冲动控制。

（2）工作台拖动电动机 M2 由正反转接触器 KM4、KM5 的主触点控制，并由接触器 KM6 主触点控制快速电磁铁 YA，决定工作台移动速度，KM6 接通为快速，断开为慢速。机械操作手柄控制的，一个是纵向操作手柄，另一个是垂直与横向操作手柄。这两个机械操作手柄各有两套，分设在铣床工作台正面与侧面，实现两地操作。

（3）冷却泵拖动电动机由接触器 KM1 控制，单方向旋转。

2. 控制电路分析

控制电路电压为 127 V，由控制变压器 TC 供给。

1）主轴电动机的控制电路

（1）主轴电动机的启动。

在非变速状态，同主轴变速手柄相关联的主轴变速冲动行程开关 SQ7（3—7、3—8）不受压。根据所用的铣刀，由 SA5 选择转向，合上 QS。

按下 SB1（或 SB2）→KM3 线圈通电并自锁→KM3 的主触点闭合，主轴电动机 M1 启动运行。由于本机床较大，为方便操作和提高安全性，可在两处启停。

主轴启动的控制回路为：3（线号）→SQ7 - 2（3—8）→SB4 常闭触点（8—11）→SB3 常闭触点（11—12）→SB1（或 SB2）常开触点（12—13）→KM2 常闭触点（13—14）→KM3 线圈（14—6）→6（线号）。

（2）主轴电动机的制动。

需停止时，按下 SB3（8—9、11—12）或 SB4（8—9、8—11）→KM3 线圈随即断电，但此时速度继电器 KS 的正向触点（9—7）或反向触点（9—7）总有一个闭合着→制动接触器 KM2 线圈立即通电→KM2 的 3 对主触点闭合→电源接反相序→主轴电动机 M1 串入电阻 $R$ 进行反接制动→$n\downarrow$，$n$ 低于一定值时→KS 复位断开→KM2 线圈随即断电→M1 停车。

（3）主轴电动机的变速控制。

图 3 - 22 为铣床主轴变速机构简图，X62W 卧式万能铣床主轴的变速采用孔盘机构，集中操纵。从控制电路的设计结构来看，既可以在停车时变速，也可以在 M1 运转时进行变速。变速时，将主轴变速手柄扳向左边。在手柄扳向左边过程中，扇形齿轮带动齿条、拨叉，在拨叉推动下将变速孔盘向右移动，并离开齿杆。然后旋转变速数

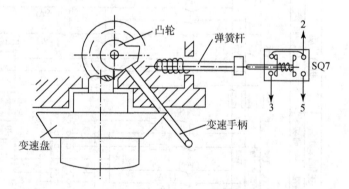

图 3 - 22　铣床主轴变速机构简图

字盘，经伞形齿轮带动孔盘旋转到对应位置，即选择好速度。再迅速将主轴变速手柄扳回原位，这时经传动机构，拨叉将变速孔盘推回。若恰好齿杆正对变速孔盘中的孔，变速手柄就能推回原位，这说明齿轮已啮合好，变速过程结束。若此杆无法插入孔盘，则发生了顶齿现

象而啮合不上。这时需要再次拉出手柄，再推上，直至齿杆能插入孔盘，手柄能推回原位为止。

变速时，先下压变速手柄，然后拉到前面，当快要落到第二道槽时，转动变速盘，选择需要的转速。此时凸轮压下弹簧杆，使冲动行程开关 SQ7 的动断触点先断开，切断 KM3 线圈的电路，电动机 M1 断电；同时 SQ7 的动合触点后接通，KM2 线圈得电动作，M1 被反接制动。当手柄拉到第二道槽时，SQ7 不受凸轮控制而复位，M1 停转。接着把手柄从第二道槽推回原始位置时，凸轮又瞬时压动行程开关 SQ7，使 M1 反向瞬时冲动一下，以利于变速后的齿轮啮合。

主轴变速可在主轴不转时进行，也可在主轴旋转时进行，无须再按停止按钮。因电路中触点 SQ7 - 2 在变速时先断开，使 KM3 先断电，触点 SQ7 - 1 后闭合，再使 KM2 通电，对 M1 先进行反接制动，电动机转速迅速下降，再进行变速操作。变速完成后尚需再次启动电动机，主轴将在新转速下旋转。

2）工作台进给控制

铣床的进给运动是工作台纵向、横向和垂直 3 种运动形式、6 个方向的直线运动，由一台进给电动机拖动。工作台进给控制电路的电源从 13 点引出，串入 KM3 的自锁触点，以保证主轴旋转与工作台进给的顺序联锁要求。

工作台移动方向由各自的操作手柄来选择，有两个操作手柄，一个为纵向（左右）操作手柄，有左、中、右三个位置，如图 3 - 23 所示；另一个为横向（前后）和垂直（上下）十字操作手柄，该手柄有 5 个位置，即上、下、前、后、中间停位，如图 3 - 23 所示。当扳动操纵手柄时，通过联动机构，将控制运动方向的机械离合器合上，同时压下相应的行程开关。

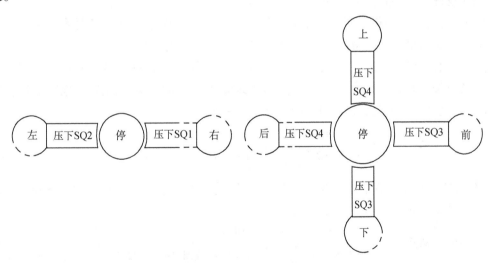

图 3 - 23 工作台的左右（纵向）手柄和横向（前后）、
垂直（上下）十字操作手柄示意图

（1）工作台的左右（纵向）运动。

工作台的左右运动由纵向手柄操纵，当手柄扳向右侧时，手柄通过联动机构接通了纵向进给离合器，同时压下了行程开关 SQ1，SQ1 的动合触点闭合，使进给电动机的正转接触器

KM4 线圈通过 13—14—15—16—18—19—20 得电，进给电动机正转，带动工作台向右运动。当纵向进给手柄扳向左侧时，行程开关 SQ2 被压下，行程开关 SQ1 复位，进给电动机反转接触器 KM5 线圈通过 13—14—15—16—18—23—24—20 得电，进给电动机反转，带动工作台向左运动，控制过程如下：

$$纵向手柄扳向右 \rightarrow \begin{cases} \rightarrow 合上纵向进给机械离合器 \\ \rightarrow 压下 SQ1 \left( \begin{matrix} SQ1-1+ \\ SQ1-2- \end{matrix} \right) \rightarrow KM4 线圈得电 \rightarrow M2 正转 \rightarrow 工作台右移 \end{cases}$$

$$纵向手柄扳向左 \rightarrow \begin{cases} \rightarrow 合上纵向进给机械离合器 \\ \rightarrow 压下 SQ2 \left( \begin{matrix} SQ2-1+ \\ SQ2-2- \end{matrix} \right) \rightarrow KM5 线圈得电 \rightarrow M 反转 \rightarrow 工作台左移 \end{cases}$$

在工作台纵向进给时，而十字手柄必须置于中间位置，不使用圆工作台。圆工作台转换开关 SA1 处于断开位置，即 SA1-1、SA1-3 接通，SA1-2 断开。

工作台左右运动的行程长短，由安装在工作台前方操作手柄两侧的挡铁来决定。当工作台左右运动到预定位置时，挡铁撞动纵向操作手柄，使它自动返回中间位置，使工作台停止，实现限位保护。

（2）工作台前后（横向）和上下（升降）进给控制。

由工作台升降与横向操纵手柄控制，该手柄共有 5 个位置：上、下、前、后和中间位置。在扳动操纵手柄的同时，将有关机械离合器挂上，同时压合行程开关 SQ3 或 SQ4。其中 SQ4 在操作手柄向上或向后扳动时压下，而 SQ3 在手柄向下或向前扳动时压下。

工作台向上运动：操作手柄扳在向上位置，接通垂直运动的离合器，同时压下 SQ4，SQ4-2 断开，SQ4-1 闭合，正转接触器 KM5 线圈通过 13—21—22—16—18—23—24—20 得电，M2 反转，工作台向上运动。

欲停止上升，将操作手柄扳回中间位置即可。工作台向下运动，只要将十字手柄扳向下，则 KM4 线圈得电，使 M2 正转即可，其控制过程与上升类似。

工作台向前运动：操作手柄如扳在向前位置，则横向运动机械离合器挂上，同时压下 SQ3，触点 SQ3-1 闭合，SQ3-2 断开，KM4 线圈通电，M2 电动机正转，拖动工作台在升降台上向前运动，路径为：13—21—22—16—18—19—20。

$$十字手柄扳向上 \rightarrow \begin{cases} \rightarrow 合上垂直进给的机械离合器 \\ \rightarrow 压下 SQ4 \left( \begin{matrix} SQ4-1+ \\ SQ4-2- \end{matrix} \right) \rightarrow KM5 线圈得电 \rightarrow M2 反转 \rightarrow 工作台向上运动 \end{cases}$$

工作台向后运动，控制过程与向前类似，只需将十字手柄扳向后，则 SQ4 被压下，KM5 线圈得电，M2 反转，工作台向后运动。

$$十字手柄扳向前 \rightarrow \begin{cases} \rightarrow 合上横向进给的机械离合器 \\ \rightarrow 压下 SQ3 \left( \begin{matrix} SQ3-1+ \\ SQ3-2- \end{matrix} \right) \rightarrow KM4 线圈得电 \rightarrow M2 正转 \rightarrow 工作台向前运动 \end{cases}$$

工作台上、下、前、后运动都有限位保护，当工作台运动到极限位置时，利用固定在床身上的挡铁，撞击十字手柄，使其回到中间位置，工作台停止运动。

（3）工作台的快速移动。

①主轴工作时的快速移动控制。

当主轴电动机和进给电动机都在工作时，需要工作台快速移动，需按下面操作步骤进

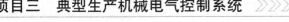

行：按下 SB5（或 SB6）→KM6 线圈得电→KM6 的主触点闭合→电磁铁 YA 通电，接上快速离合器→工作台快速向操作手柄预选的方向移动。

②主轴不工作时的快速移动控制。

工作台也可在主轴不转时进行快速移动，这时可将主电动机 M1 的换向开关 SA5 扳在停止位置，然后扳动所选方向的进给手柄，按下主轴启动按钮和快速按钮，使接触器 KM4 或 KM5 及 KM6 线圈通电，工作台可沿选定方向快速移动。

（4）工作台进给变速"冲动"控制。

与主轴变速冲动类似，为了使工作台变速时齿轮易于啮合，控制电路中也设置了工作台瞬时冲动控制环节。在进给变速冲动时要求工作台停止移动，所有手柄置中间位置。

进给变速冲动是由进给变速手柄配合进给变速冲动开关 SQ6 实现的。操作顺序是：将蘑菇形进给变速手柄向外拉出，转动蘑菇手柄，速度转盘随之转动，将所需进给速度对准箭头；然后把变速手柄继续向外拉至极限位置，随即推回原位，若能推回原位则变速完成。就在将蘑菇手柄拉到极限位置的瞬间，其联动杠杆压合行程开关 SQ6，使触点 SQ6 - 2 先断开，而触点 SQ6 - 1 后闭合，使 KM4 通电，M2 正转启动。因为在操作时只使 SQ6 瞬时压合，所以电动机只瞬动一下，拖动进给变速机构瞬动，利于变速齿轮啮合。

3）圆工作台进给控制

为加工螺旋槽、弧形槽等，X62W 型万能铣床附有圆形工作台及其传动机构。使用时将附件安装在工作台和纵向进给传动机构上，由进给电动机拖动回转。

圆工作台工作时，先将开关 SA1 扳到"接通"位置，使触点 SA1 - 2 闭合，SA1 - 1 与 SA1 - 3 断开；接着将工作台两个进给操纵手柄置于中间位置。按下主轴启动按钮 SB1 或 SB2，主轴电动机 M1 启动旋转，而进给电动机也因接触器 KM4 得电而旋转，电动机 M2 正转并带动圆工作台单向运转，其旋转速度也可通过蘑菇状变速手轮进行调节。

圆工作台要停止工作，只需按下主轴停止按钮 SB3 或 SB4，此时 KM3、KM4 相继断电，圆工作台停止回转。

4）冷却泵电动机的控制

由转换开关 SA3 控制接触器 KM1 来控制冷却泵电动机 M3 的启动与停止。

3. 辅助电路分析

机床的局部照明由变压器 TC 供给 36 V 安全电压，转换开关 SA4（31—32）控制照明灯 EL。

4. 联锁与保护

X62W 万能铣床的运动较多，电气控制电路较为复杂，为安全可靠地工作，应具有完善的联锁与保护。

1）进给运动与主运动的顺序联锁

进给电气控制电路接在主电动机接触器 KM3 触点（7 区）之后，这就保证了主轴电动机启动后（若不需 M1 旋转，则可将 SA5 开关扳至中间位置）才可启动进给电动机，而主轴停止时，进给立即停止。

2）工作台各运动方向的联锁

在同一时间内，工作台只允许向一个方向运动，这种联锁是利用机械和电气的方法来实现的。例如工作台向左、向右控制，是同一个手柄操作的，手柄本身起到左右运动的联锁作用。同理，工作台横向和升降运动四个方向的联锁，是由十字手柄本身来实现的。而工作台的纵向与横向、升降运动的联锁，则是利用电气方法来实现的。由纵向进给操作手柄控制的 SQ1-2、SQ2-2 和横向、升降进给操作手柄控制的 SQ4-2、SQ3-2 组成两个并联支路控制接触器 KM4 和 KM5 的线圈，若两个手柄都扳动，则这两个支路都断开，使 KM4 或 KM5 都不能工作，达到联锁的目的，防止两个手柄同时操作而损坏机构。

3）长工作台与圆工作台间的联锁

圆工作台控制电路是经行程开关 SQ1~SQ4 的四对常闭触点形成闭合回路的，所以操作任何一个长工作台进给手柄，都将切断圆工作台控制电路，这就实现了圆工作台和长工作台的联锁控制。

4）保护环节

M1、M2、M3 为连续工作制，由 FR1、FR2、FR3 实现过载保护。当 M1 过载时，FR1 动作切除整个控制电路的电源；冷却泵电动机 M3 过载时，FR3 动作切除 M2、M3 的控制电源；进给电动机 M2 过载时，FR2 动作切除自身控制电源。

FU1、FU2、FU3、FU4 分别实现主电路、控制电路和照明电路的短路保护。

5. X62W 型万能铣床电气控制常见故障分析

X62W 型万能铣床主轴电动机采用反接制动，进给电动机采用电气与机械联合控制，主轴及进给变速均有"冲动"，控制电路联锁较多，常见故障如下。

1）主轴电动机 M1 不能启动。

（1）如果接触器 KM3 吸合但电动机不转，则故障原因在主电路中。

①主电路电源缺相。

②主电路中 FU1、KM3 主触点、SA5 触点、FR1 热元件有任一个接触不良或回路断路。排除方法：可采用电压测量法，用万用表依次测量主电路故障点电压。

（2）如果接触器 KM3 不吸合，则故障原因在控制电路中。

①控制电路电源没电、电压不够或 FU3 熔断。

②SQ7-2、SB1、SB2、SB3、SB4、KM2 常闭触点任一个接触不良或者回路断路。

③热继电器 FR1 动作后没有复位导致其常闭触点不能导通。

④接触器 KM3 线圈断路。

排除方法：可采用电阻测量法，用万用表测量控制电路，找出故障点。

2）工作台各个方向都不能进给

（1）进给电动机控制的公共电路上有断路，如 13 号线或者 20 号线上有断路。

（2）接触器 KM3 的辅助动合触点 KM3（12—13）接触不良。

（3）热继电器 FR2 动作后没有复位。

3）工作台能够左右和前下运动而不能后上运动

由于工作台能左右运动，所以 SQ1、SQ2 没有故障；由于工作台能够向前、向下运动，所以 SQ3 没有故障，所以故障的可能原因是 SQ4 行程开关的动合触点 SQ4-1 接触不良。

4）圆工作台不动作，其他进给都正常

由于其他进给都正常，则说明 SQ6-2、SQ4-2、SQ3-2、SQ1-2、SQ2-2 触点及连线正常，KM4 线圈线路正常，综合分析故障现象，故障范围在 SA1-2 触点及连线上。

　　5）工作台不能快速移动

　　如果工作台能够正常进给，那么故障可能的原因是 SB5 或 SB6、KM6 主触点接触不良或线路上有断路，或者是 YA 线圈损坏。

【任务实施】

### 3.5.3　X62W 型万能铣床模拟电气控制系统安装与故障处理

#### 1. 电气施工图的设计

　　（1）在熟读图 3-21 X62W 型万能铣床电气控制原理图的基础上，对照设计并绘制如图 3-24 所示的 X62W 型万能铣床模拟教学电气原理图，并在电路图中标明接点号。

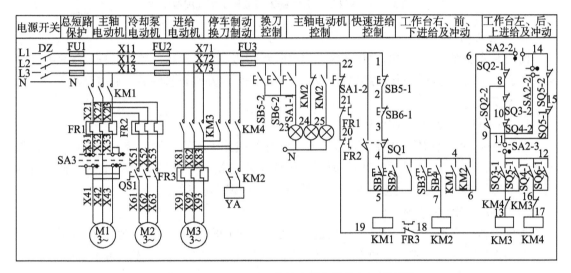

图 3-24　X62W 型万能铣床模拟教学电气原理图

　　（2）选择并检查各电气元件，电气元件的额定容量要根据主轴电动机、进给电动机和冷却泵电动机的额定功率等来选择。

　　（3）据根电气原理图，绘制模拟教学电气元件布置图，对照绘制 X62W 型万能铣床模拟教学电路接线图如图 3-25 所示。配线方法采取主电路、控制电路、按钮电路各部分以标注线号代替电路连通的方法绘出实际走线电路。

#### 2. 安装与配线

　　（1）按照电气元件布置图，固定好各电气元件。

　　（2）对照接线图，进行板前槽板配线，先配控制电路，后配与电动机连接的主电路。布线做到正确、牢固、美观，接触要良好，文明操作。

#### 3. 检查

　　在接线完成后，用万用表检查电路的通断。分别检查主电路，控制电路的启动控制、联锁电路，若检查无误，经指导老师检查允许后，方可通电调试。

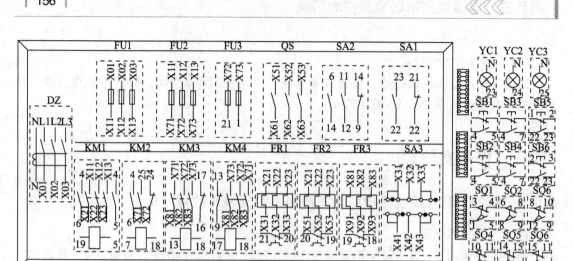

图 3 – 25　X62W 型万能铣床模拟教学电气配线图

**4. 通电调试**

清理安装场地并进行通电运转试验。通电时要密切注意电动机、电气元件及线路有无异常现象，若有，应立即切断电源进行检查，找出故障原因并进行排除后再通电试验。

**5. 常见故障与检修**

1）主轴停车时没有制动作用

主要原因是两地的停止按钮 SB5、SB6 的常开按钮接触不良，脱线及制动电磁铁 YA 线圈接头脱线、开路等。另外停车操作时，一定要将停止按钮 SB5 或 SB6 按到底，使常开触点（22 – 23）接通，才可使停车制动电磁铁得电，实现制动停车。

2）按停止按钮后主轴不停

主轴电动机启动、制动频繁，往往造成接触器 KM1 的主触头产生熔焊，以致无法分断主轴电动机的电源而造成。处理方法：拉下电源总开关后，将 KM1 主触头拆下更换。

3）工作台控制电路的故障

（1）工作台不能向上进给运动。

经检查发现 KM3 不动作，但控制电源正常，行程开关 SQ3 已压合使常开触头（12—9）接通，KM4 常闭联锁触头（9—13）接触不良，热继电器也没有动作，最后查到是工作台的操作手柄已扳到右边，使 SQ5 – 2 受压分断，所以工作台进给电动机不能启动。将操作手柄扳到零位后，进给电动机即能启动使工作台向上运动。如果操纵手柄位置无误，则是由于机械磨损、操纵不灵等因素，使相应的电气元件动作不正常所造成的。

（2）工作台向左、向右不能进给，向前、向后进给正常。

由于工作台向前、向后进给正常，则证明进给电动机 M3 主回路和接触器 KM3 ~ KM4 及行程开关 SQ5 – 1 或 SQ4 – 1 的工作都正常，而 SQ5 – 1 和 SQ4 – 1 同时发生故障的可能性也较小。这样故障的范围就缩小到三个行程开关的三对触头 SQ2 – 1、SQ3 – 2、SQ4 – 2。这三对触头只要有一对接触不良或损坏，就会使工作台向左或向右不能进给。可用万用表分别测量这三个触头之间的电压，来判断哪对触头损坏。这三对触头中，SQ2 是变速瞬动时冲动开关，常因变速时手柄扳动过猛而损坏。

（3）工作台各个方向都不能进给。

用万用表先检查控制回路电压是否正常，若控制回路电压正常，可扳动操作手柄至任一运动方向，观察其相关接触器是否吸合，若吸合，则断定控制回路正常。这时着重检查电动机主回路，常见故障有接触器主触头接触不良、电动机接线脱落和绕组断路等。

（4）工作台不能快速进给。

在主轴电动机启动后，工作台按预定方向进给。当按下 SB3 或 SB4 时，接触器 KM2 获电吸合，牵引电磁铁 YA 接通，工作台按预定方向快速移动。若不能快速移动，常见的原因是牵引电磁铁电路不通、线圈损坏或机械卡死。若按下 SB3 或 SB4 后，牵引电磁铁吸合正常，有时会释放过头，使动铁芯卡死。这时不仅不能快速进给，还将使牵引电磁铁线圈流过很大的电流，若按下按钮 SB3 或 SB4 不放，则使线圈烧毁。

**【知识拓展】**

### 3.5.4　机床电气控制系统故障分析

1. 检修方法

熟悉电气控制电路的工作原理，配合电气元件的电气接线图，按照电气控制原理的线号，先上后下，先左后右，进行故障分析，逐步缩小故障区域，在掌握低压电器的结构、工作原理及特性的基础上，确定电器、电路故障位置，采取正确的操作方法，排除故障。

2. 检修工具、仪表、器材

检修工具：一般有验电笔、螺钉旋具、镊子、电工刀、尖嘴钳、剥线钳等。

检修仪表：一般有万用表、钳形电流表、兆欧表。

检修器材：一般有塑料软铜线、别径压端子（又称冷压端子）、黑色绝缘胶布、透明胶布以及故障排除所用的其他材料。

3. 检修步骤

机床电气设备在运行中可能会发生各种大小故障，严重的还会引起事故。这些故障主要可分为两大类：一类是有明显的外表特征并容易被发现的，例如电器的绕组过热，冒烟甚至发出焦臭味或火花等，这些故障现象在鉴定考试过程中不准设置进行；另一类故障是没有外表特征的，例如在控制电路中由于元件调整不当，动作失灵或小零件损坏，导线接头接触不好等原因引起的，这类故障在机床电路中经常碰到，由于没有外表特征，常需要用较多的时间去查找故障的原因，有时需运用各类测量仪表和工具才能找出故障点，方能进行调整和修复，使电气设备恢复正常运行。步骤如下：

1）熟悉电气控制电路工作原理

从主电路入手，了解各运动部件用了几台电动机传动，每台电动机使用接触器的主触头的连接方式是否有正反转控制、制动控制等；再从接触器主触头的文字符号在控制电路中找到相对应的控制环节和环节间的关系，了解各个环节电路组成、互相间连接等。对照电气控制箱内的电器，进一步熟悉每台电动机各自所用的控制电器和保护电器。

2）确定故障发生的范围

了解故障前的工作情况及故障后的症状，对照电气原理图进行分析。如果电路比较复杂，则根据故障的现象分析故障的范围可能发生在原理图中的哪个单元，以便进一步进行分析诊断，找出故障发生的确切部位。

3）进行外表检查

判断到故障的范围后，应对该范围内的电器进行外观检查。为了安全起见，外表检查一般要在切断电源的情况下进行。检查熔断器、继电器、接触器和行程开关等的固定螺钉和接线螺钉是否松动，有无断线的地方，有没有线圈烧坏或触点熔焊等现象，电器的活动机构是否灵活等。在外观无法检查出故障时，可用仪器、仪表及检查装置进行检查。检查时，可以在断电情况下进行，也可以在通电情况下进行。

4）断电检查

断开电源开关，一般用万用表的电阻挡检查故障区域的元件及电路是否有开路、短路或接地现象。还可借助其他装置进行检查。如断电检查找不到故障原因，可进行通电检查。

5）通电检查

通电检查是带电作业，一定要注意人身安全和设备安全。通电检查应在不带负载下进行，以免发生事故。有下列情况时不能通电检查：

（1）发生飞车和传动机构损坏。

（2）因短路烧坏熔断器熔丝，原因未查明。

（3）通电会烧坏电动机和电器等。

（4）尚未确定相序是否正确等。

通电检查应根据动作顺序检查有故障的电路。操作某个开关或按钮时，观察有关继电器和接触器是否按要求顺序工作。如果发现某个电器不能工作，则说明该电器或有关的电路有故障，再通电检查故障的原因。一般用万用表的电压挡检查电路有无开路的地方。有时怀疑某触点接触不良，也可用导线短接该触点进行试验，此法称为短接法。也可用验电笔进行检查，但若有串电回路时，易造成假象。用验电笔进行检查时，一定要事先对验电笔的氖管进行检查。还可用灯泡检查故障所在，此方法较简单，材料易取，检查指示明显。

4. 注意事项

（1）运用电笔测试、检查故障时，应注意电源的回路现象。

（2）运用万用表测试、检查故障时，应注意转换开关的挡位及量程。

（3）使用电笔、万用表测试时，表笔与带电触点的角度应大于60°以上，防止发生相间短路现象。

（4）总电源开关要配置漏电保护器，漏电保护器的动作电流≤30 mA、动作时间≤0.1 s，以确保出现误操作时的人身和财产的安全。

## 任务六　桥式起重机电气控制系统

### 【任务描述】

　　起重机是具有起重吊钩或其他取物装置（如抓斗、电磁吸铁、集装箱吊具等）在空间实现垂直升降和水平运移重物的起重机械，广泛应用于工矿企业、车站、港口、仓库、建筑工地等部门。它对减轻工人劳动强度、提高劳动生产率、促进生产过程机械化起着重要作用，是现代化生产中不可缺少的工具。按结构的不同，起重机可分为桥式起重机、门式起重机、塔式起重机、旋转起重机及缆索起重机等。

　　其中，桥式起重机是机械制造工业和冶金工业中使用最广泛的起重机构，又称"天车"或"行车"，是一种横架在固定跨间上空用来吊运各种物件的设备。了解桥式起重机组成与拖动形式，熟悉凸轮控制器和主令控制器的操作方法。看懂桥式起重机控制原理图要点。能完成简单的现场操作，通过智能化起重设备实训装置上的训练，会处理现场常见的电气故障。

### 【相关知识】

#### 3.6.1　桥式起重机的主要结构和运动分析

　　1. 桥式起重机的主要结构

　　桥式起重机一般由桥架（又称大车），装有提升机构的小车、大车移行机构，操纵室，小车导电装置（辅助滑线），起重机总电源导电装置（主滑线）等部分组成。图 3 - 26 为桥式起重机示意图。

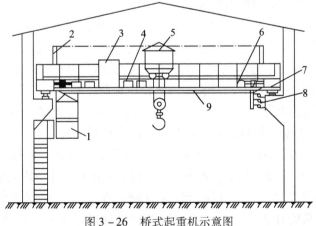

图 3 - 26　桥式起重机示意图

1—驾驶室；2—辅助滑线架；3—交流磁力控制盘；4—电阻箱；5—起重小车；
6—大车拖动电动机；7—端梁；8—主滑线；9—主梁

1）桥架

桥架由主梁、端梁、走台等几部分组成。主梁跨架在车间上空，两端连有端梁，主梁外侧装有走台并设有安全栏杆。驾驶室一侧的走台上装有大车移行机构，另一侧走台上装有向小车电气设备供电的装置，即辅助滑线。主梁上方铺有导轨，供小车移动。

2）大车移行机构

大车移行机构由大车拖动电动机、传动轴、联轴节、减速器、车轮及制动器等部件构成。整个起重机在大车移动机构驱动下，沿车间长度方向前后移动。

3）小车

小车由小车架、小车移行机构和提升机构组成。小车架由钢板焊成，其上装有小车移行机构、提升机构、栏杆及提升限位开关。小车可沿桥架主梁上的轨道左右移行。在小车运动方向的两端装有缓冲器和限位开关。小车移行机构由电动机、减速器、卷筒、制动器等组成。

4）提升机构

提升机构由提升电动机、减速器、卷筒、制动器等组成。提升电动机经联轴节、制动轮与减速器连接，减速器的输出轴与缠绕钢丝绳的卷筒相连接，钢丝绳的另一端装有吊钩，当卷筒转动时，吊钩就随钢丝绳在卷筒上缠绕或放开而上升或下降。对于起重量在 15 t 及以上的起重机，备有两套提升机构，即主卷扬与副卷扬。

5）操纵室

操纵室是操纵起重机的吊舱，又称驾驶室，操纵室内有大、小车移行机构控制装置，提升机构控制装置以及起重机的保护装置等。

桥式起重机的运动形式有三种，即大车拖动电动机驱动的前后运动、小车拖动电动机驱动的左右运动以及提升电动机驱动的重物升降运动，可实现重物在垂直、横向、纵向三个方向运动，每种运动都要求有极限位置保护。

2. 桥式起重机对电力拖动和电气控制的要求

起重机处于断续工作状态，因此拖动电动机经常处于启动、制动、正反转之中；负载很不规律，时重时轻并经常承受过载和机械冲击。起重机工作环境恶劣，所以对起重机用电动机、提升机构及移行机构电力拖动提出了如下要求。

（1）大车在桥架导轨上沿车间长度方向的左右运动，由大车拖动电动机经大车移行机构（减速器、制动器、车轮等）驱动，一般采用两台电动机分别驱动，用凸轮控制器控制。

（2）小车在桥架导轨上沿车间宽度方向的前后运动，由小车拖动电动机经小车移行机构（减速器、制动器、车轮等）驱动，也用凸轮控制器控制。

（3）主钩、副钩的提升与下放运动，分别由两台电动机经减速器、卷筒、制动器等环节拖动。主钩用主令控制器控制，副钩用凸轮控制器控制。

（4）为获得较大的启动转矩和过载能力、较宽的调速范围，并适应频繁启动和重载下的工作，拖动电动机均选用三相绕线式异步电动机，采用转子串电阻调速方式。

（5）为减少辅助工时，空钩时应能快速升降；在提升之初或重物接近预定位置时，需要低速运动；轻载提升速度应大于重载时的提升速度。为此，升降控制需要将速度分为 5 挡或 6 挡，以便灵活操作。负载下放重物时，根据负载大小，提升电动机既可工作在电动状态，也可工作在倒拉反接制动状态或再生发电电动状态，以满足对不同下降速度的要求。

（6）为保证安全、可靠，提升机构不仅需要机械抱闸制动，还应具有电气制动。控制系统应有完备的过电流保护、零位保护和限位保护等。

根据拖动电动机容量的大小，常用的控制方式有两种：一种采用凸轮控制器直接控制电动机的启停、正反转、调速和制动，这种控制方式受到控制器触点容量的限制，只适于小容量起重电动机的控制。另一种采用主令控制器与磁力控制盘配合的控制方式，适用于容量较大，调速要求较高的起重电动机和工作十分繁重的起重机。对于15 t以上的桥式起重机，一般同时采用两种控制方式，主提升机构采用主令控制器配合控制盘控制的方式，而大车小车移动机构和副提升机构则采用凸轮控制器控制方式。

3．凸轮控制器

凸轮控制器是一种大型手动控制电器，是起重机上重要的电气操作设备，用于直接操作与控制电动机的正反转、变速、启动与停止。

1）凸轮控制器的结构

如图3-27所示，凸轮控制器主要由操作手轮或手柄、转轴、凸轮、杠杆、弹簧、定位棘轮、触点和灭弧罩等部分组成。

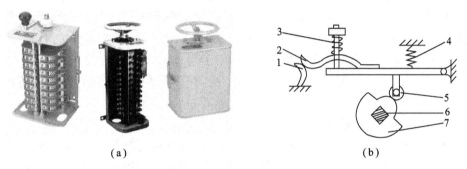

图3-27　凸轮控制器结构原理

（a）KT系列外形图；（b）结构原理示意图

1—静触点；2—动触点；3—触点弹簧；4—复位弹簧；5—滚子；6—方轴；7—凸轮

2）凸轮控制器的工作原理

操作手轮或手柄使转轴转动时，凸轮便随方轴转动，当凸轮凸起部位顶住滚子时，通过杠杆使动、静触点分断；当凸轮凹部对着滚子时，在复位弹簧的作用下，使动、静触点闭合。若在方轴上叠装不同形状的凸轮块，可使一系列的触点按预先安排的顺序接通与分断，从而实现对电动机的控制。

起重机常用的凸轮控制器有KT10、KT14等系列。在电路中，凸轮控制器触点的通、断情况用触点图表示，图中"."点表示该触点在此工作位置是接通的。

4．主令控制器

主令控制器是一种可频繁操作，能按一定顺序同时控制多回路的主令电器，但其操作容量小，一般与磁力控制盘（主要由接触器等控制电器组成）配合，构成磁力控制器，实现对起重机、轧钢机等设备的控制。磁力控制器的控制原理是利用主令控制器的触点来控制接触器，再通过接触器的主触点去控制电动机的主电路。

常用的主令控制器有LK1、LK14、LK16、LK17等系列，如图3-28所示为其外形图。

在电路中，主令控制器触点的通断情况可用触点通断表表示，表中"×"表示该触点在此工作位置是接通的；也可用触点图表示，图中"."点表示该触点在此工作位置是接通的。

LK1型　　　　　　　　　LK16型　　　　　　　　　LK17型

图 3 - 28　常用的几种主令控制器外形图

### 3.6.2　20/5 t 桥式起重机电气控制电路分析

20/5 t 桥式起重机由多台电动机拖动，分为副钩提升电动机 M1、小车拖动电动机 M2、大车拖动电动机 M3 与 M4 和主钩提升电动机 M5，其电气原理图如图 3 - 29 所示。图中过电流继电器 KA1 ~ KA5 分别作为 M1 ~ M5 的过电流保护，KA6 为总过电流保护继电器，Q1 ~ Q3 为凸轮控制器，SA 为主令控制器，YA1 ~ YA6 分别是 M1 ~ M5 对应的电磁制动器。根据控制电路的特点，可分为凸轮控制器控制电路、主令控制器控制电路和保护电路几个主要部分。

1. 凸轮控制器控制电路分析

20/5 t 桥式起重机大车拖动电动机、小车拖动电动机和副钩提升电动机的控制都是用凸轮控制器及控制盘来完成的，其控制原理及控制线路类同。现以小车拖动电动机 M2 的控制为例，说明其控制过程。

1）电路组成

小车拖动电动机 M2 的控制电路如图 3 - 30 所示。从图 3 - 30 可知，凸轮控制器 Q2 在零位时有 9 对常开触点和 3 对常闭触点。其中 4 对常开主触点用于电动机正反转控制，另 5 对常开主触点用于接入或切除电动机转子回路不对称电阻；3 对常闭触点用来实现零位保护，并配合两个行程开关 $SQ_{FW}$（前限位）、$SQ_{BW}$（后限位）来实现限位保护。KM 为控制接触器，SB 为启动按钮，YA2 为电磁抱闸。FU 作短路保护，KA2 作过电流保护，SA1 为紧急事故开关，SQ1 为门安全开关，在桥架上无人且舱门关好的前提下才可开车。

凸轮控制器 Q2 左右各有 5 个挡位，采用对称接法，即控制器操作手柄处在正转和反转的相应位置时，电动机工作情况完全相同。为减少转子电阻段数及控制电阻切换的触点数，电动机转子回路电阻采用不对称接法。

2）工作原理

启动时，必须将 Q2 置于零位，合上电源开关 QS，按下 SB，KM 通电并自锁，再将 Q2 手柄扳到所需挡位，可获得不同的运行速度，向前或向后运行。

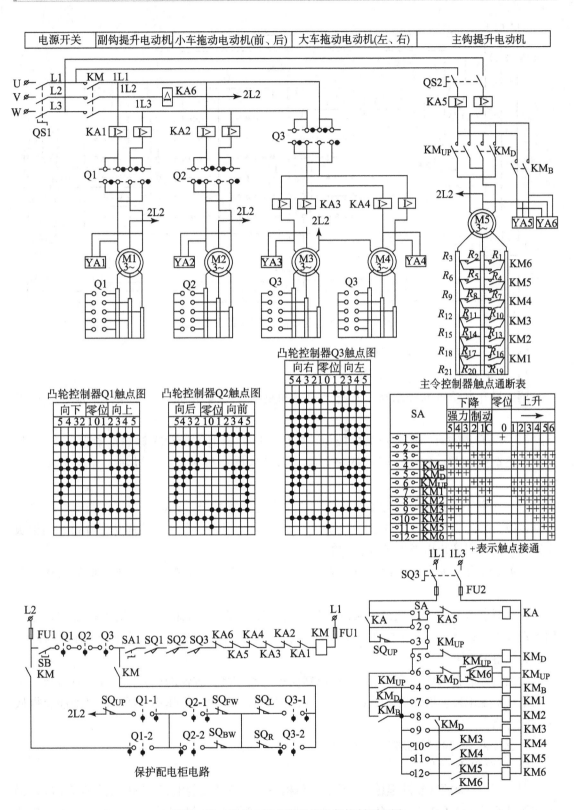

图 3 - 29　20/5 t 桥式起重机电气控制原理图

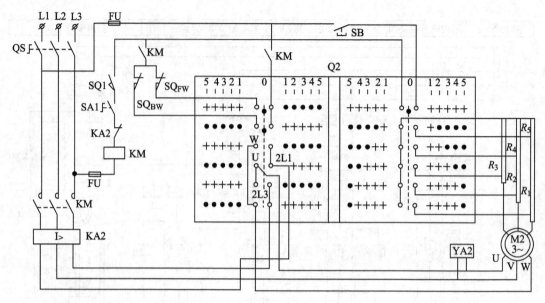

图 3-30　小车拖动电动机 M2 的控制电路

停止时，断开开关 SA1 即可。

3）注意事项

副钩提升电动机的控制与小车拖动电动机的控制基本相同，但在操作上应注意以下几点。

（1）提升重物时，控制器第 1 挡为预备级，以低速消除传动间隙并拉紧起吊钢丝绳。从第 2 挡至第 5 挡，转子电阻被逐级切除，提升速度逐级提高，电动机工作在电动工作状态。

（2）重载下放重物时，电动机工作在再生发电制动状态。此时，应将控制器手柄由零位直接扳至下降第 5 挡，而且途经中间挡位不许停留。往回操作时，也应从下降第 5 挡位快速扳回零位，以防止出现重载高速下降。

（3）轻载下放重物时，由于重物太轻，甚至重力矩小于摩擦转矩，电动机应工作在强力下降状态。

（4）该控制电路不能获得重载或轻载时的低速下降。为了获得下降时准确定位，应采用点动操作，即将控制器手柄在下降第 1 挡与零位之间来回操作，并配合电磁抱闸来实现。

4）电路特点

由凸轮控制器构成的控制电路具有电路简单、操作维护方便的优点，但其触点直接用于控制电动机主电路，所以要求触点容量大，使控制器体积大，操作不灵活，而且不能获得低速下放重物。

2. 主令控制器控制电路的分析

1）电路组成

图 3-31 为 20/5 t 桥式起重机主钩提升机构主令控制器控制电路。图中主令控制器 SA 提升与下降各有 6 个工作位置，有 12 对触点。通过这 12 对触点的闭合与断开，来控制电动机定子与转子电路的接触器，实现电动机工作状态的改变，拖动主钩按不同速度提升与下降。

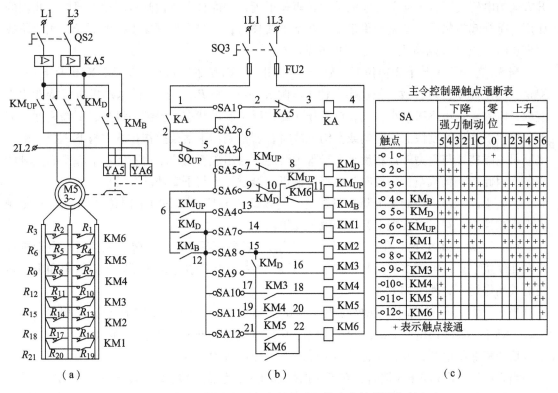

图 3 - 31 20/5 t 桥式起重机主钩提升机构主令控制器控制电路

（a）主电路；（b）控制电路；（c）主令控制器触点通断表

$KM_{UP}$、$KM_D$ 为电动机提升与下放接触器；$KM_B$ 为制动接触器，控制电磁抱闸 YA5 和 YA6；KM1、KM2 为反接制动接触器；KM3 ～ KM6 为启动加速接触器。转子回路电阻采用对称接法，可以获得较好的调速性能。KA5 为过电流保护继电器，KA 为零电压保护继电器，$SQ_{UP}$ 为上限位保护行程开关。

2）提升重物控制原理

提升重物分 6 个挡位，其控制情况如下。

（1）当 SA 置于上升 1 挡时，主令控制器触点 SA3、SA4、SA6 与 SA7 闭合，接触器 $KM_{UP}$、$KM_B$ 和 KM1 通电吸合，电动机按正转相序接通电源，电磁抱闸 YA5、YA6 通电松闸，转子电阻 $R_{19}$ ～ $R_{21}$ 被短接，其余电阻全部接入，此时启动转矩小，一般吊不起重物，只作为拉紧钢丝绳和消除传动间隙的预备启动级来用。

（2）当 SA 置于上升 2 ～ 6 挡时，控制器触点 SA8 ～ SA12 依次闭合，接触器 KM2 ～ KM6 相继通电吸合，逐级短接转子各段电阻，使电动机转速逐级提升，可得到 5 级提升速度。$SQ_{UP}$ 用于上升时的限位保护。

3）下放重物控制原理

下放重物也分 6 个挡位，需要根据起重量，使电动机合理地工作在不同的状态。

（1）制动下降（C 挡、下 1 挡、下 2 挡）。当 SA 置于 C 挡时，SA4 触点断开，$KM_B$ 释放，YA5、YA6 断电抱闸制动；同时控制器触点 SA3、SA6、SA7、SA8 闭合，使接触器 $KM_{UP}$、KM1、KM2 通电，电动机按正转提升相序接通电源（$R_{16}$ ～ $R_{21}$ 被短接），产生一个提升方向的电磁转矩，与向下方向的重力转矩相平衡，并配合电磁抱闸将电动机闸住。此挡的作用一是提起重物后，使重物稳定地停在空中或移行；二是在控制器手柄由下降其他挡位扳回零位时，通过 C 挡防止溜钩，实现可靠停车。

当 SA 置于下 1 与下 2 挡位时，触点 SA4 闭合，$KM_B$ 通电吸合，YA5、YA6 通电松闸，KM2、KM1 相继断电释放，依次串入转子电阻 $R_{16} \sim R_{18}$ 与 $R_{19} \sim R_{21}$，使电动机机械特性逐级变软，电磁转矩也逐级减小，电动机工作在倒拉反接制动状态，得到两级重载下降速度，但下 2 挡比下 1 挡速度快。在轻钩或空钩下放时，若控制器手柄误操作在下 1 与下 2 挡，由于电动机电磁转矩与重力转矩相反且大于重力转矩，会出现轻钩或空钩不但不下降反而上升的现象。因此，轻钩或空钩下放时，应将手柄迅速推过下 1 与下 2 挡。

为防止误操作，在制动下降这三挡时，使 SA3 一直闭合，并将上限位开关 $SQ_{UP}$ 常闭触点串接在控制电路，以实现上升时的限位保护。

(2) 强力下降（下 3 挡、下 4 挡、下 5 挡）。控制器手柄置于下降后三挡时，电动机按反转相序接电源，电磁抱闸松开，转子电阻逐级短接，主钩在电动机下降电磁转矩和重力转矩的共同作用下，使重物下降。

当 SA 置于下 3 挡时，控制器触点 SA2、SA4、SA5、SA7、SA8 闭合，接触器 $KM_D$、$KM_B$、KM1、KM2 通电，YA5、YA6 通电松闸，电动机转子短接两段电阻（$R_{16} \sim R_{21}$），定子按反转相序接电源，并工作在反转电动状态，强迫重物下放。

当 SA 置于下 4 与下 5 挡时，在下 3 挡的基础上，触点 SA9、SA10、SA11、SA12 相继闭合，接触器 KM3、KM4、KM5、KM6 相继通电，转子电阻逐级短接（$R_4 \sim R_{15}$），使下放重物的速度从下 3 挡开始，依次提高。

4）电路的联锁控制原理

(1) 限制高速下降的环节。为防止司机对重物估计失误，在下放较重重物时，将手柄扳到了下 5 挡，此时，重物下降速度将超过电动机同步转速进入再生发电制动状态。这时要获得较低的下降速度，手柄应从下 5 挡扳回下 2 挡或下 1 挡。在经过下 4 挡及下 3 挡时，下降速度会更快。

为避免高速下降，在电路中将接触器 $KM_D$ 与 KM6 辅助触点串联后接于 SA8 与 KM6 线圈之间，这时，当手柄置于下 5 挡，KM6 通电并自锁，再由下 5 挡扳回下 4 挡及下 3 挡时，虽然触点 SA12 断开，但 SA8、$KM_D$、KM6 触点仍使 KM6 线圈通电，转子所串电阻不变，使电动机仍工作在下 5 挡的特性上，从而避免了由强力下降到制动下降过程中的高速现象。

(2) 确保反接制动电阻串入再进行制动下放的环节。当控制器手柄由下 3 挡扳回下 2 挡时，其触点 SA5 断开、SA6 闭合，$KM_D$ 断电释放，$KM_{UP}$ 通电吸合，电动机由强力下降转为反接制动状态。为避免反接时过大的冲击电流，需要在转子上串接反接制动电阻，即在控制顺序上要求 SA8 断开，使 KM6 断电释放，保证反接电阻接入，再通过 SA6 使 $KM_{UP}$ 通电吸合。为此，在控制环节中，增设了 $KM_D$ 和 KM6 常闭触点，并与 $KM_{UP}$ 常闭触点构成互锁环节，从而保证了只有在 $KM_D$ 和 KM6 线圈失电时其触点释放，将反接制动电阻接入转子回路后，$KM_{UP}$ 才能通电并自锁。

(3) 制动下放挡与强力下放挡相互转换时断开机械制动的环节。控制器在下 2 与下 3 挡相互转换时，接触器 $KM_{UP}$ 与 $KM_D$ 之间设有电气互锁，在换接过程中，必有一瞬间这两个接触器均处于断电状态，将使 $KM_B$ 断电释放，造成电动机在高速下进行机械制动。为此，在 $KM_B$ 线圈回路中设有 $KM_{UP}$、$KM_D$ 与 $KM_B$ 三对常开触点构成的并联电路，并由 $KM_B$ 实现自锁。这就保证了在 $KM_{UP}$ 与 $KM_D$ 换接过程中，$KM_B$ 始终通电吸合，从而避免了上述情况的发生。

（4）顺序联锁控制环节。为保证电动机转速平稳过渡，在接触器 KM4、KM5、KM6 线圈回路中串接了前一级接触器的常开触点，使转子电阻按顺序依次切除，以实现特性的平滑过渡，保证电动机转速逐级提高。

3. 控制与保护电路

图 3-32 为 20/5 t 桥式起重机保护配电柜控制电路。图中 SA1 为紧急事故开关，用于在紧急情况下切断电源。SQ1～SQ3 为驾驶室门、舱盖出入口、模梁门安全开关，任何一个开关打开时起重机都不能工作。KA1～KA6 为过电流继电器，用于各电动机的过载与短路保护。Q1～Q3 分别为副钩、小车和大车凸轮控制器零位保护触点，其与启动按钮串联，构成起重机的零位保护。Q1-1、Q1-2 为副钩凸轮控制器的零位触点，用于上升、下降的零位启动和自锁；Q2-1、Q2-2 为小车凸轮控制器的零位触点，用于向前、向后的零位启动和自锁；Q3-1、Q3-2 为大车凸轮控制器的零位触点，用于向左、向右的零位启动和自锁。$SQ_L$、$SQ_R$ 为大车移行机构的左/右限位开关；$SQ_{FW}$、$SQ_{BW}$ 为小车移行机构的前/后限位开关；$SQ_{UP}$ 为吊钩提升限位开关。这些行程开关实现对应的终端保护。KM 为控制接触器，用于主钩、副钩、小车和大车的总体控制。

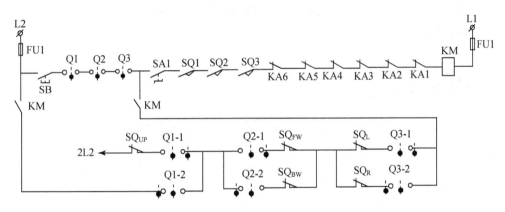

图 3-32 20/5 t 桥式起重机保护配电柜控制电路

**【任务实施】**

### 3.6.3 起重设备现场观摩与操作体验及故障处理训练

1. 起重设备现场观摩与操作体验

（1）观摩教学。在教师的带领下，到机电实习车间或其他拥有桥式起重机等起重设备的工作现场，观摩桥式起重机的结构、现场岗位工作人员的操作过程、电气设备的拖动情形。

在有条件的情况下，可在老师的带领下，每组 4～6 人分组进入客（货）电梯的提升机机房，观察提升机的牵曳过程、电气控制柜中的电器安装与连接状态。

（2）操作体验。在实习车间配有电动葫芦的条件下，在老师的指导和监督下分组操控电动葫芦，实习电动葫芦的操作程序。

2. 智能化起重设备模拟实训装置上故障处理训练

（1）认真识读智能化起重设备或电动葫芦实训考核装置的原理图和接线图，熟悉其操作方法和控制要领。

（2）教师示范检修。在智能化起重设备或电动葫芦考核实训装置上人为设置故障点。引导学生观察故障现象，并依据电气原理图用逻辑分析法确定最小故障范围，并记录；采用适当的检查方法检出故障点，并正确排除故障，通电试车。

（3）教师设置学生知道的故障点，指导学生如何从故障现象着手进行分析，逐步引导学生采用正确的检查步骤和检修方法进行检修。

（4）教师在线路中设置两处以上故障点，由学生独立检修。

3. 注意事项

（1）故障点的设置必须是起重设备使用中出现的自然故障，不能通过更改线路或更换元件来设置故障，尽量设置不易造成人身或设备故障的故障点。

（2）操作或检修前要认真阅读分析电气原理图，熟练掌握各个控制环节的原理及作用，并认真观摩教师的示范检修。

（3）工具和仪表的使用应符合使用要求。

（4）检修时，严禁扩大故障范围或产生新的故障点。

（5）停电后要验电，带电检修时，必须有教师在场，以确保用电安全。

（6）做好实训记录。

 【项目考核】

表 3－5　"典型生产机械电气控制系统"项目考核表

姓名＿＿＿＿＿＿　　班级＿＿＿＿＿＿　　学号＿＿＿＿＿＿　　总得分＿＿＿＿＿＿

| 项目编号 | 3 | 项目选题 | | 考核时间 | |
|---|---|---|---|---|---|
| 技能训练考核内容（60分） | | | 考核标准 | | 得分 |
| 电气安装简图的绘制（10分） | | | 能根据原理图，自行或对照绘制出简单生产机械的电气安装位置图、接线图。<br>若思路不对或绘制不合理，一处扣3～5分 | | |
| 安装与接线（10） | | | 器件安装、电路连接不当，一次扣5分；<br>接线不牢固、不美观一处扣2～3分 | | |
| 通电调试（10分） | | | 操作、调试顺序正确，运转一次正常。<br>若一次不成功扣5分，二次不成功扣10分 | | |
| 故障处理（20） | | | 能处理模拟装置或现场设备上设定的简单故障。<br>若故障处理不正确一次扣10分 | | |
| 安全文明操作（10分） | | | 违反安全文明操作规程一次扣5～10分 | | |
| 知识巩固测试内容（40分） | | | 见知识训练三 | | |
| 完成日期 | | 年　　月　　日 | | 指导教师签字 | |

**知识训练三**

1. 简述电气控制原理图的分析步骤。

2. 简述电气控制电路故障的诊断方法及机床电气控制系统的故障检修步骤。

3. 对照 CA6140 车床的原理图说明其工作过程。

4. M7120 平面磨床中为什么采用电磁吸盘来夹持工件？电磁吸盘线圈为何要用直流供电而不能用交流供电？

5. M7120 型平面磨床电气控制原理图中电磁吸盘为何要设欠电压继电器 KV？它在电路中怎样起保护作用？与电磁吸盘并联的 RC 电路起什么作用？

6. 在 Z3040 摇臂钻床电路中，时间继电器 KT 与电磁阀 YA 在什么时候动作，YA 动作时间比 KT 长还是短？

7. Z3040 摇臂钻床在摇臂上升过程中，液压泵电动机和摇臂升降电动机是如何配合工作的？

8. T68 型卧式镗床的启动与制动有何特点？

9. T68 型卧式镗床主轴变速拉出后，主轴电动机不能冲动，试分析故障原因？

10. 分析 T68 型镗床主轴变速和进给变速控制过程。

11. 说明 X62W 型万能铣床工作台各方向运动，包括慢速进给和快速移动的控制过程。说明主轴变速及制动控制过程，主轴运动与工作台运动联锁关系是什么？

12. 说明 X62W 万能铣床控制电路中工作台 6 个方向进给联锁保护的工作原理。

13. X62W 万能铣床控制电路中，若发生下列故障，请分别分析其故障原因。

（1）主轴停车时，正、反方向都没有制动作用。

（2）进给运动中，不能向前、右，能向后、左，也不能实现圆工作台运动。

（3）进给运动中，能上、下、左、右、前，不能后。

14. 桥式起重机的电气控制有哪些特点？

15. 起重机上采用了各种电气制动，为何还必须设有机械制动？

16. 起重机上为何不采用熔断器和热继电器作保护？

17. 起重机电动机的控制方式有几种？其主要区别是什么？各用在哪些场合？

18. 简述凸轮控制器与主令控制器控制的起重机提升机构的控制过程。该控制电路中，设置了哪些保护环节？保护作用是如何实现的？

19. 简述主令控制器控制的起重机提升和下降机构的控制过程。

# 第二部分

## PLC应用

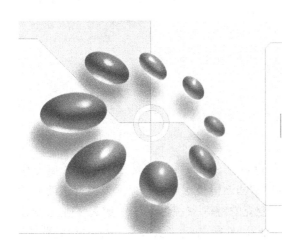

## ‖项目四　PLC应用入门‖

### 【项目描述】

可编程控制器（PLC）作为一种新型的自动化控制装置，要使它能在控制系统中发挥作用，就必须了解它的结构和工作原理，熟悉 PLC 的硬件配置及编程元件的使用方法，这也是进一步学习 PLC 控制系统软硬件设计的基础。

本项目作为 PLC 技术应用的入门项目，分为 3 个学习任务，分别介绍 PLC 工作原理、系统配置及编程工具的使用方法。通过本项目的学习，学生应达到以下目标。

### 【项目目标】

（1）掌握 PLC 的基本结构和工作原理。

（2）会进行 FX2N 系列 PLC 系统基本配置及其外部连接。

（3）熟悉 FX2N 系列 PLC 的内部编程元件种类、功能和应用注意事项。

（4）学会操作 FX‐20P‐E 编程器及 SWOPC‐FXGP/WIN‐C 编程软件。

## 任务一　PLC 及其工作原理初识

### 【任务描述】

什么是 PLC？它的工作原理和工作流程是怎样的？它和继电器‐接触器控制系统有哪些

区别和联系？在众多的 PLC 厂家及其各种类型 PLC 产品中，我们要学习的是哪一种？它的内部配置如何？这些都是对于一个 PLC 初学者来说，首先想弄清楚的问题。本任务通过一个电动机点动控制实例来初步认识 PLC 及其工作原理。

## 4.1.1 认识 PLC

1. 什么是 PLC？

PLC 是可编程控制器（Programmable Logic Controller）的简称，它是在继电器控制基础上以微处理器为核心，将自动控制技术、计算机技术和通信技术融为一体而发展起来的一种新型工业自动控制装置。目前 PLC 已基本取代了传统的继电器控制系统，成为工业自动控制领域中最重要、应用最多的控制装置，居工业生产自动化三大支柱（PLC、机器人、CAD/CAM）的首位。图 4-1 是三菱 FX2N 系列小型 PLC 的主机外形图。

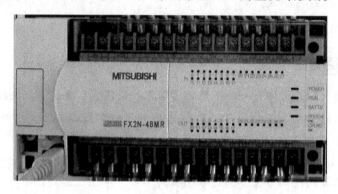

图 4-1　FX2N 系列 PLC 主机外形图

1）PLC 的产生

在 PLC 出现前，继电器控制在工业控制领域中占据主导地位，但是继电器控制系统具有明显的缺点：设备体积大、可靠性低、故障检修困难且不太方便。由于接线复杂，当生产工艺和流程改变时必须改变接线，造成系统改造和设计的周期较长，系统通用性和灵活性较差。现代社会制造工业竞争激烈，产品更新换代频繁，迫切需要一种新的更先进的"柔性"的控制系统来取代传统的继电器控制系统。

1968 年，美国通用汽车公司（GM）为了增加产品在市场的竞争力，满足不断更新的汽车型号的需要，率先提出用于汽车生产线控制的 10 条要求，公司向制造商招标，这就是著名的"GM 10 条"。GM 提出的 10 条要求是：

（1）编程方便，可在现场修改程序。

（2）维护方便，最好是插件式结构。

（3）可靠性高于继电器控制柜。

（4）体积小于继电器控制柜。

（5）成本可与继电器控制柜竞争。

（6）数据可以直接输入管理计算机。

（7）可以直接用交流 115 V 输入。

（8）通用性强，系统扩展方便，更动最少。

（9）用户存储器容量大于 4 KB。

（10）输出为交流 115 V，负载电流要求在 2 A 以上，可直接驱动电磁阀和交流接触器等。

美国数字设备公司（DEC）根据以上要求，于 1969 年研制出了第一台可编程控制器 PDP—14，并在美国通用汽车公司的生产线上试用成功，可编程控制器自此诞生，同时也引起了世界的关注。继日本、德国之后，我国于 1974 年开始研制可编程控制器，1977 年研制成功了以一位微处理器 MC14500 为核心的可编程控制器，并开始应用于工业生产控制。如今，可编程控制器已经大量应用在引进设备和国产设备中，当然，目前国内使用的 PLC 主要还是靠进口，但逐步实现国产化是国内发展的必然趋势。

2）PLC 的定义

PLC 自问世以来不断发展，因此很难对它下一个确切的定义。1987 年 2 月，国际电工委员会（IEC）在颁布的草案中将 PLC 定义为：PLC 是一种数字运算操作的电子系统，专为工业环境下应用而设计，它采用可编程序的存储器，用来在其内部存储并执行逻辑运算、顺序控制、定时、计数和算术运算等操作的指令，并通过数字式或模拟式的输入和输出，控制各类机械或生产过程。PLC 及其相关设备，都应按易于与工业控制系统联成一个整体、易于扩充功能的原则设计。由此可见，PLC 实质上是一种面向用户的工业控制专用计算机，它的主要特点是：

（1）可靠性高，抗干扰能力强。

（2）适应性好，具有柔性。

（3）功能完善，接口多样。

（4）易于操作，维护方便。

（5）编程简单易学。

（6）体积小、重量轻、功耗低。

2. PLC 工作原理初识

PLC 最初是作为继电器－接触器控制线路的替代装置而产生的，它是如何取代继电器－接触器控制线路来实现自己的控制功能呢？我们通过一个简单的控制实例来加以说明。

控制实例：三相异步电动机单向点动控制。

1）继电器－接触器电路控制方案

继电器－接触器电路控制方案，如图 4－2 所示。特点：按钮 SB 与它所控制的接触器 KM 线圈在电路上直接相连。

2）采用 PLC 控制方案

主电路：与图 4－2（a）相同。

控制电路：采用图 4－3。特点：按钮 SB 与 PLC 的输入端子 X0 相连接，接触器 KM 线圈与 PLC 的输出端子 Y0 相连接，同时，在 PLC 内部编写了相应的控制程序。

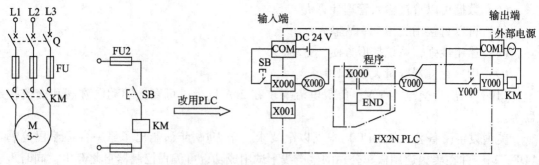

图 4 – 2　继电器 – 接触器点动控制方案图　　　　　　图 4 – 3　PLC 点动控制方案
（a）主电路（不变）；（b）控制电路

3）两种方案的比较

两者对电动机的点动控制效果相同。但是后者控制按钮 SB 与被控的接触器线圈之间在线路上没有直接的联系，硬件接线减少，只有 PLC 输入输出端较少的接线，靠 PLC 的信息转换和其内部存储的程序相配合来实现点动控制功能。

4）采用 PLC 实现控制功能的原理

控制原理分析：

（1）在 PLC 内部提供了几百甚至上千个虚拟继电器供用户编程使用。

（2）实际的电磁继电器与 PLC 内部虚拟继电器的比较，见表 4 – 1。

表 4 – 1　电磁继电器与 PLC 中虚拟继电器的比较

| | 电磁继电器 | PLC 中虚拟继电器 |
|---|---|---|
| 组成 | KA　　　　KA | Y0　状态位 Y0 Y0<br>　　［1或0］ |
| 动作因果关系 | 线圈得电，触点动作；<br>线圈断电，触点复位 | 线圈"得电"→状态位被写"1"→触点"动作"<br>线圈"失电"→状态位被写"0"→触点"复位" |

（3）PLC 的每个输入端子 $Xi$，都等效地对应一个同名的输入继电器 $Xi$，它的线圈由输入回路所驱动。

（4）PLC 的每个输出端子 $Yj$，都等效地对应一个同名的输出继电器 $Yj$，它的线圈由程序驱动，它的一个常开触点接在 PLC 内部输出回路中。

（5）点动控制过程：

按下 SB→X0 线圈得电→X0 状态位被写"1"→程序中 X0 常开触点闭合→Y0 的状态位被写"1"（Y0 线圈"得电"）→Y0 的内部常开触点闭合→KM 线圈得电→KM 主触点闭合→电动机运行；

松开 SB→X0 线圈断电→X0 状态位恢复为"0"→程序中 X0 常开触点断开→Y0 的状态位为"0"（Y0 线圈"断电"）→Y0 的内部常开触点断开→KM 线圈失电→KM 主触点断

开→电动机停车。

## 4.1.2　PLC 基本组成

可编程控制器实质上是一种工业专用的计算机，它的结构与计算机基本相同，也是由硬件系统和软件系统两大部分组成。PLC 的结构示意如图 4-4 所示。

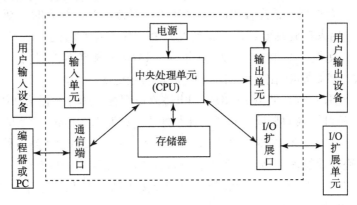

图 4-4　PLC 的结构示意图

PLC 的硬件系统由中央处理器单元（CPU）、存储器、输入/输出单元、电源、扩展设备及外部设备组成。其中，CPU、存储器、输入/输出单元和电源构成 PLC 的基本单元（也称主机），是 PLC 的最小配置。扩展设备包括基本扩展设备和特殊扩展设备，基本扩展设备用来较经济地增加一定数量的 I/O 点，特殊扩展设备用来有目的地扩展一些功能，如模拟量功能等。外部设备包括编程器、人机接口（如 PT 触摸屏）、外存储器、打印机、EPROM 写入器等。

软件分为系统程序和用户程序。系统程序是管理 PLC 的各种资源，控制各硬件的正常动作，协调硬件间的关系的一组程序。用户程序则是使用者根据生产工艺要求编写的控制程序。

1. 中央处理器单元 CPU

CPU 是 PLC 的核心部件，它是 PLC 的运算和控制中心，由它实现算术和逻辑运算，并控制所有其他部件的操作。它的运行是按照系统程序所赋予的任务进行的，主要完成下列几项任务：

（1）在编程方式下，接收从编程器传送的用户程序和数据，并将它们存入预定的存储器。

（2）按扫描方式接收输入单元的状态或数据，并存入相应的数据存储区。

（3）执行监控程序和用户程序，完成数据和信息的逻辑处理，产生相应的内部控制信号，完成用户指令规定的各种操作。

（4）响应外部设备的请求。

（5）诊断 PLC 内部的工作状态及编程过程中的语法错误。

三菱公司生产的 FX2N 系列 PLC 使用的微处理器是 16 位的 8096 单片机。

2. 存储器

存储器是 PLC 存放系统程序、用户程序和运行数据的单元。按工作方式不同，可以分为以下几种类型：

1) 只读存储器 ROM

ROM 的内容由 PLC 制造厂家写入，并永久驻留。用户只能读取，不能改写。PLC 掉电后，它的内容也不会丢失。因此，ROM 用于存放系统程序。

2) 随机存储器 RAM

RAM 又称读写存储器。信息读出时，RAM 内容保持不变；写入时，新写入的信息则覆盖原来的内容。它用来存放既要读出、又要经常修改的内容。因此，RAM 常用于存放用户程序、逻辑变量和其他一些信息。PLC 掉电后，RAM 的内容不再保留，为了防止掉电后 RAM 的内容丢失，PLC 常使用锂电池作为 RAM 的备用电源。

3) 可擦除可编程只读存储器 EPROM 和电擦除可编程只读存储器 EEPROM

EPROM 是一种可擦除的只读存储器，在紫外线连续照射 20 min 后，即可将存储器内容清除；而加高电平（12.5 V 或 24 V 等）则可以写入程序。EEPROM 是一种电可擦除的只读存储器，使用编程器就能很容易地对其内容进行在线修改。在断电情况下，EPROM 和 EEP-ROM 的内容都不丢失。因此，它们都用于存放系统程序及需要长期保存的用户程序。

3. 输入/输出单元（I/O 单元）

I/O 单元是 CPU 与现场 I/O 装置或其他外部设备之间的连接部件。它将外部输入信号变换为 CPU 能接收的信号，或将 CPU 的输出信号变换为需要的控制信号去驱动控制对象（包括开关量和模拟量），以确保整个系统正常工作。另外，为了提高 PLC 的抗干扰能力，一般的 I/O 单元都配有光电隔离装置。

1) 开关量输入单元

开关量输入单元的作用是把现场各种开关信号变成 PLC 内部处理的标准信号。开关量输入单元又可分为直流开关量输入单元和交流开关量输入单元。

直流开关量输入单元，如图 4-5 所示，电阻 $R_1$ 与 $R_2$ 构成分压器，电阻 $R_2$ 与电容 $C$ 组成阻容滤波电路。二极管 VD 用于防止反极性电压输入，发光二极管（LED）用来指示 PLC 的输入状态。光耦合器隔离输入电路与 PLC 内部电路的电气连接，并使外部信号通过光耦合器变成内部电路能够接收的标准信号。当外部开关闭合时，外部直流电压经过电阻分压和阻容滤波后加到光耦合器的发光二极管上，经光耦合，光敏晶体管接收光信号，并输出一个对内部电路来说接通的信号，输出端的发光二极管（LED）点亮，指示现场开关闭合。

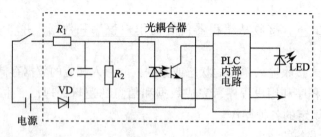

图 4-5　直流开关量输入单元

在图 4-6 所示的交流开关量输入单元中，电阻 $R_2$ 与 $R_3$ 构成分压器，电阻 $R_1$ 为限流电阻，电容 $C$ 为滤波电容。双向光耦合器起整流和隔离双重作用，发光二极管用作状态指示。其工作原理和直流开关量输入单元基本相同。

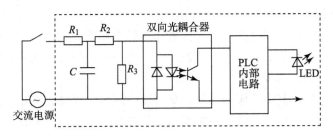

图 4 - 6　交流开关量输入单元

2）开关量输出单元

开关量输出单元的作用是把 PLC 的内部信号转换成现场执行机构的各种开关信号，通常由隔离电路和功率放大电路组成。开关量输出单元有继电器、晶体管和晶闸管三种输出方式。

（1）继电器输出方式。

继电器输出方式的电气原理图如图 4 - 7 所示，继电器既作为开关器件，同时又是隔离器件。当 PLC 输出一个接通信号时，内部电路使继电器 K 通电，继电器触点 S 闭合使负载回路中的负载 L 接通得电，同时状态指示发光二极管（LED）导通点亮，VD 则作为续流二极管用以消除线圈的反电动势。这种输出方式最为常用，它既可用于控制交流负载，也可以控制直流负载。它耐受电压范围宽，导通压降小，价格便宜。但机械触点寿命短，转换频率低，响应时间长，触点断开时还有电弧产生，容易产生干扰。

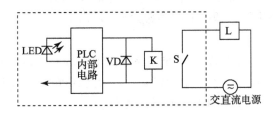

图 4 - 7　继电器输出方式电气原理图

（2）晶体管输出方式。

晶体管输出方式的电气原理图如图 4 - 8 所示，它采用光敏晶体管作为开关器件。当 PLC 输出一个接通信号时，内部电路使光耦合器的发光二极管得电发光，光敏晶体管受光导通后，使晶体管导通，相应负载 L 得电。晶体管输出是无触点输出，用于控制直流负载。它寿命长，不仅没有噪声，而且可靠性高，可以高速通断，频率响应快，能满足一些直流负载的特殊要求。但缺点是价格高，过载能力差。

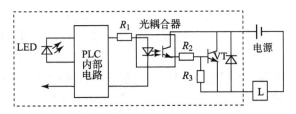

图 4 - 8　晶体管输出方式电气原理图

（3）晶闸管输出方式。

晶闸管输出方式采用光耦合式双向晶闸管作为开关器件和隔离器件。晶闸管输出也是无触点输出，可用于控制交流负载。它响应速度快、寿命长，但带负载能力较差。

3）模拟量输入/输出单元

模拟量信号在过程控制中的应用很广，如温度、压力、速度、流量、酸碱度、位移的各种工业检测都是对应于电压、电流的模拟量值，再通过一定运算（PID）后，达到控制生产过程的目的。模拟量输入单元一般由滤波器、A/D 转换器和光耦合器组成。

模拟量输出单元的作用是把 PLC 运算处理后的若干位数字量信号转换成相应的模拟量信号输出，以满足生产现场连续信号的控制要求。它一般由光耦合器、D/A 转换器和信号转换电路组成。

4. 电源

PLC 的电源分为三类：外部电源、内部电源和后备电源。在现场控制中，干扰侵入 PLC 的主要途径之一就是通过电源，因此，设计合理的电源是 PLC 可靠运行的必要条件。

外部电源：用于驱动 PLC 的负载或传递现场信号，又称用户电源。同一台 PLC 的外部电源可以是一个规格，也可以是多个规格。外部电源的容量与性能，由输出负载和输入电路决定。常见的外部电源有：交流 220 V、110 V，直流 100 V、48 V、24 V、12 V、5 V 等。

内部电源：是指 PLC 的工作电源，其性能的好坏直接影响到 PLC 的可靠性。为了保证 PLC 工作可靠，通常采用开关式稳压电源和输入端带低通滤波器的稳压电源。

RAM 后备电源：在停机或突然失电时，它能保证 RAM 中的信息不丢失。一般 PLC 采用锂电池作为 RAM 的后备电源，锂电池的寿命为 3 ~ 5 年。

5. 编程器

PLC 的特点是它的程序是可以改变的，要方便地加载和修改程序，编程器就成为 PLC 工作中不可缺少的设备。编程器除了编程以外，一般还具有检查、调试及监视功能，也可以通过它调用和显示 PLC 的一些内部状态和系统参数。

编程器一般有两类，一类是专用的编程器，有手持的、台式的，也有的 PLC 机身自带编程器，其中，手持式编程器携带方便，适合工业控制现场使用。另一类是个人计算机，在 PC 机上运行与 PLC 配套的编程软件即可完成编程任务。

## 4.1.3 PLC 工作流程

PLC 采用周期循环扫描、集中输入/输出的工作方式，与传统的继电器 - 接触器控制系统有明显的不同。传统的继电器 - 接触器控制系统采用硬逻辑并行运行的工作方式，即如果一个继电器线圈得电或失电，该继电器的所有触点都会立即动作；而 PLC 采用顺序逐条扫描用户程序的运行方式，即如果一个输出线圈或逻辑线圈接通或断开，该线圈的所有触点不会立即动作，必须等 CPU 扫描到该触点时才会动作。

PLC 的一个扫描过程分 5 个阶段进行，即内部处理、通信服务、输入采样、程序执行、输出刷新 5 个阶段，如图 4 - 9 所示。每完成上述 5 个阶段所用的时间称为一个扫描周期。在 PLC 整个运行期间，PLC 的 CPU 以一定的扫描速度重复执行上述的扫描过程。

图 4 - 9　PLC
扫描过程

1. 内部处理阶段

PLC 接通电源后，首先确定自身的完好性，若发现故障，将报警并根据
故障性质进行相应处理。确定内部硬件正常后，还要进行清零或复位处理，清除各元件的随
机性；检查 I/O 连接是否正确；启动监控定时器 WDT（用于监视扫描周期是否超时）等。

2. 通信服务阶段

在这个阶段，PLC 检查是否有编程器和计算机的通信请求，若有则进行相应处理。如接
收编程器送来的程序、数据等。

PLC 有两种基本工作状态，即运行（RUN）状态与停止（STOP）状态，其中，在运行
状态执行应用程序，而停止状态一般用于程序的编制和修改。PLC 处于停止状态时，只执行
公共处理和通信服务两个阶段的操作；而处于运行状态时，除了执行上述两个阶段的操作
外，还要完成以下三个阶段的操作，如图 4 - 9 所示。

3. 输入采样阶段

在输入采样阶段，PLC 以扫描方式依次读入所有输入端子状态（"0" 或 "1"），并将其
存入输入映象寄存器。此时，输入映象寄存器被刷新。在输入采样结束后，即使输入端状态
发生变化，输入映象寄存器中的相应单元的状态也不会改变，直到下一个扫描周期的输入采
样阶段，才能重新写入输入端的当前状态。

4. 程序执行阶段

在程序执行阶段，PLC 的 CPU 总是按先上后下、先左后右的顺序依次扫描用户程序
（梯形图）。从输入映象寄存器和元件映象寄存器中读出各继电器的状态，根据用户程序给
出的逻辑关系进行逻辑运算，并将运算结果写入元件映象寄存器中。对于每个元件（包括
输出继电器），在元件映象寄存器中相应单元的内容，会随着程序的执行进程而变化。值得
注意的是，由于扫描是从上到下进行的，前面运行的结果会影响后面相关程序的运行结果，
而后面程序的运行结果却不能改变前面相关程序的运行结果，只有在下一个扫描周期再次扫
描前面的程序时才能起作用。

5. 输出刷新阶段

在所有指令执行完毕后，进入输出刷新阶段。此时，元件映象寄存器中所有输出继电器
的状态转存到输出锁存器中，通过一定方式输出，驱动外部负载。

PLC I/O 信号传递过程如图 4 - 10 所示。在一个扫描周期中，只有在输入采样阶段，输
入端子的状态才会被扫描记录，只有在输出刷新阶段，输出继电器的状态才会转存到输出锁
存器，输出驱动负载。这种集中输入/输出的工作方式，使 PLC 在运行中的绝大部分时间实
质上和外部设备是隔离的，这就从根本上提高了 PLC 的抗干扰能力。

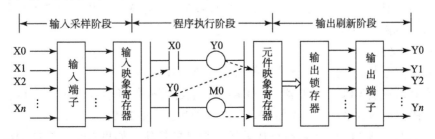

图 4 - 10　PLC 信号传递过程

#### 4.1.4 PLC 的应用与分类

1. PLC 的应用

目前，PLC 在国内外已广泛应用于冶金、石油、化工、电力、机械制造、汽车、轻工、环保、娱乐等各行各业。PLC 的应用大致可归纳为以下几个方面：

1）逻辑控制和顺序控制

这是 PLC 最基本的应用，即用 PLC 取代传统的继电器控制系统，实现逻辑控制和顺序控制。如机床电气控制、电动机控制、注塑机控制、装配生产线、包装生产线、电镀流水线及电梯控制等。总之，PLC 既可用于单机控制，也可用于多机群和生产线的控制。

2）机械件位置控制

用于该类控制的 PLC，具有拖动步进电动机的单轴或多轴位置控制模块。PLC 将描述目标位置和运动参数的数据传送给位置控制模块，然后由位置控制模块以适当的速度和加速度，确保单轴或多轴平滑运行，移动到目标位置。相对来说，位置控制模块比 CNC 装置（计算机数控装置）体积更小，价格更低，速度更快，操作更方便。

3）模拟量过程控制

用于该类控制的 PLC，具有多路模拟量输入、输出模块，有的还具有 PID 模块，PLC 可通过对模拟量的控制实现过程控制，具有 PID 模块的 PLC 还可构成闭环控制系统，从而实现单回路、多回路的调节控制。

4）数据处理

利用它的算术运算、数据比较、数据传送、数制转换等功能，PLC 可进行数据处理。在机械加工中，出现了把支持顺序控制的 PLC 和 CNC 装置紧密结合的趋向。

5）通信和联网

PLC 与 PLC 之间、PLC 和上位计算机之间可以联网，通过电缆或光缆传送信息，构成多级分布式控制系统，以实现集散控制。

2. PLC 的分类

1）按 I/O 总点数分类

目前国际上对于 PLC 按 I/O 总点数分类，并无统一标准。PLC 通常可分为小型、中型、大型三种：

（1）I/O 总点数不超过 256 点的 PLC 为小型机；

（2）I/O 总点数超过 256 点且在 2 048 点以下的 PLC 为中型机；

（3）I/O 总点数等于或高于 2 048 点的 PLC 为大型机。

当然，还有把 I/O 总点数少于 32 点的 PLC 称为微型或超小型机，而把 I/O 总点数超过万点的 PLC 称为超大型机。

2）按组成结构分类

按组成结构分类，可分为整体式、模块式和叠装式三类。

整体式 PLC 是将 CPU、存储器、I/O 接口、电源等硬件都装在一个机壳内。这种 PLC 结构紧凑、体积小、价格低，但不便维修。多用于微、小型 PLC。

模块式 PLC 是将 PLC 的各部分分成若干个单独的模块，如将 CPU、存储器组成主控模块，将电源组成电源模块，将若干输入点组成 I 模块，将若干输出点组成 O 模块，将某项特定功能专门制成一定功能模块。这种 PLC 具有配置灵活、装配方便、便于扩展及维修等优点，多用于中、大型 PLC。

近期也出现了把整体式和模块式两者长处结合一体的一种 PLC 结构，即所谓的叠装式结构，它的 CPU、存储器、I/O 单元、电源等单元依然是各自独立的模块，但它们之间通过电缆进行连接，且可一层层叠装，既保留了模块式可灵活配置之所长，也体现了整体式体积小巧的优点。

3）按地域分类

PLC 生产厂家众多，品种繁多且不兼容。由于技术上相互借鉴、相互影响，使得同一地域的 PLC 产品呈现较多的相似性，而不同地域的 PLC 产品则差异明显。PLC 按照地域大致可以分成三种流派：

一是美国的 PLC 产品，以 A－B 公司、GE 公司等产品为代表，A－B 公司的 PLC－5 系列可编程控制器只使用梯形图编制程序，而不采用其他流派的指令表，同时，其梯形图在形式、含义、功能及用法上也与其他流派相距甚远。

二是欧洲的 PLC 产品，以德国西门子 S 系列机、施耐德公司等产品为代表。欧洲的 PLC 与美国产品存在明显的差异。如德国西门子 S5 系列机，采用结构化编程方法，尽管也设有梯形图、逻辑图等多种编程语言，但主要通过 STEP5 语言，调用功能块来实现。

三是日本的 PLC 产品，日本的 PLC 技术是从美国引进的，但日本主要将自己的 PLC 主推产品定位在小型机上。目前，在全世界的小型 PLC 市场上，日本产品占有 70%。日本的小型机相当有特色，其采用梯形图、指令表并重的编程手段，而且配置了包括功能指令在内的功能强大的指令系统。用户经常会发现，选用日本的 PLC 产品，只需小型机就能解决的一个应用问题，选用欧美的 PLC，常需中型乃至大型机，其根本原因就是欧美小型机的指令系统太弱。日本三菱公司、OMRON 公司等 PLC 产品在我国颇具影响力。

【任务实施】

### 4.1.5　三菱 FX2N 系列 PLC 点动控制实现

1. PLC 外部特征及端子认识

对照 FX2N－64MR 基本单元外形图 4－11，认识三菱 FX2N 系列 PLC 实物及面板，熟悉面板各部分功能。

FX2N 系列 PLC 面板主要由外部接线端子、指示灯、接口三部分组成。

1）外部接线端子 4、7

外部接线端子包括 PLC 电源（L、N）、输入用直流电源（24＋、COM）、输入端子（X）、输出端子（Y）和机器接地等。其中 L、N 是 PLC 的电源输入端子，额定电压为 AC 100～240 V（电压允许范围为 AC 85～264 V），50/60 Hz；24＋、COM 是机器为输入回路提供的直流 24 V 电源，为减少接线，其正极在机器内已与输入回路连接。当某输入点需给定输入信号时，只需将 COM 通过输入设备接至对应的输入点，一旦 COM 与对应点接通，该点就为 ON，此时对应输入指示灯就点亮。接地端子用于 PLC 的接地保护。输入、输出每个端子均有对应的编号，主要用于输入信号和输出信号的连接。

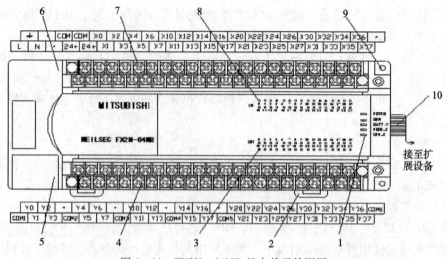

图 4 – 11 FX2N – 64MR 基本单元外形图

1—动作指示灯；2—DIN 导轨装卸卡子；3—输出动作指示灯；4—输出用装卸式端子；

5—外围设备接线插座盖板；6—面板盖；7—电源、辅助电源、输入信号用装卸式端子；

8—输入指示灯；9—安装孔（4 – f4.5）；10—扩展设备接线插座板

2）指示灯部分 1、3、8

3 是各输出点状态指示灯；8 是各输入点状态指示灯；1 是 PLC 相关工作状态指示灯，包括：机器电源指示（POWER）、机器运行状态指示（RUN）、用户程序存储器后备电池电压下降指示灯（BATT. V）和程序错误或 CPU 错误指示（PROG – E、CPU – E），用于反映 I/O 点和机器的状态。

3）接口部分 5、10

接口部分主要包括编程器接口、存储器接口、扩展接口和特殊功能模块接口等。在机器面板上，还设置了一个 PLC 运行模式转换开关 SW（RUN/STOP），RUN 使机器处于运行状态（RUN 指示灯亮）；STOP 使机器处于停止运行状态（RUN 指示灯灭）。当机器处于 STOP 状态时，可进行用户程序的录入、编辑和修改。

2. PLC 点动亮灯控制实现

1）接线

按图 4 – 12（a）进行 PLC 外部接线。

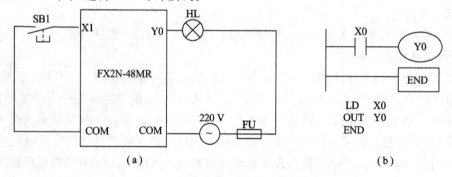

图 4 – 12 PLC 外部硬件接线和点动控制程序

（a）PLC 外部硬件接线；（b）点动控制程序

2）开机

将编程器与 PLC 通过专用电缆连接好，打开实验台电源，打开主机电源，将 PLC 设置为"STOP"工作方式，以便开始 PLC 外部接线和编程。

编程器显示屏上自动显示：

■ PROGRAM MODE

■ ONLINE MODE（表示当前为连线编程方式，所编程序自动写入 PLC 内的存储器中）

■ OFFLINE MODE（离线方式，所编程序暂存在编程器内）

在编程器上依次按下 GO→RD/WR 键，使编程器处于 W（写）工作方式。

3）清除内存

在写入程序之前，一般需要将存储器中原有的内容全部清除。

按 RD/WR 键，使编程器处于 W（写）工作方式，依次按下 NOP→A→GO→GO 键。按 ↑、↓ 键检查是否完全清除，否则重复操作。

4）输入程序

依次按下 LD→X→0→GO→END→GO 键。

5）运行程序

先将编程器的 RD/WR 方式设置为"R"（读）；再将 PLC 的工作状态置于"RUN"状态，根据程序的要求，按下实验台的输入按钮 X0，观察 Y0 输出端所接指示灯是否按点动工作方式亮灭，体会这种控制方式与继电器 – 接触器控制线路的异同。

# 任务二 PLC 外部连接及编程元件认识

## 【任务描述】

结合利用 PLC 实现简单亮灯控制实例，通过 PLC 硬件接线和程序设计，初步掌握三菱 FX2N 系列 PLC 的外部电路连接方法和内部编程元件 X、Y、M 的使用方法。用两个按钮实现四盏灯的亮灭控制，要求如下：按下按钮 SB1，HL1 ~ HL4 全亮；按下按钮 SB2，HL1 ~ HL4 全灭。

## 【相关知识】

### 4.2.1 FX2N 系列 PLC 外部连接

FX2N 系列是三菱 FX 系列 PLC 中最高级的模块，它拥有极高的速度、高级的功能、逻辑选件以及定位控制等特点，能满足从 16 到 256 路输入/输出多种应用的要求，属于一种小型整体式 PLC。

1. FX 系列 PLC 型号含义

FX 系列 PLC 是日本三菱公司推出的小型 PLC 产品。其型号定义如图 4-13 所示。

图 4-13　FX 系列 PLC 型号含义

其中，各部分的具体含义如下：

（1）产品系列号：0、2、2C、0N、1N、2N 等。

（2）I/O 总点数：16～256。

（3）单元类型：M—基本单元；E—扩展单元（与基本单元结合使用）；EX—输入专用扩展模块；EY—输出专用扩展模块。

（4）输出形式：R—继电器输出；S—晶闸管输出；T—晶体管输出。

（5）特殊品种区别：D—直流电源；A—交流电源；S—独立端子扩展模块；H—大电流输出扩展模块；L—TTL 输入扩展型模块；C—接插口输入/输出方式；V—立式端子排扩展模块；F—输入滤波器 1 ms 的扩展模块。

例如，型号为 FX2N-48MR 的 PLC，其 I/O 总点数为 48，M 表示单元类型为基本单元，R 表示采用继电器输出方式。

2. PLC 输入输出回路的连接

I/O 端子是 PLC 与外部输入、输出设备连接的通道。输入端子（X）位于机器的一侧，而输出端子（Y）位于机器的另一侧。I/O 点的数量、类别随机器的型号不同而不同，但 I/O 点数量相等及编号规则完全相同。FX2N 系列 PLC 的 I/O 点编号采用 8 进制，即 000～0007、010～017、020～027、…，输入点前面加 "X"，输出点前面加 "Y"。扩展单元和 I/O 扩展模块，其 I/O 点编号应紧接基本单元的 I/O 编号之后，依次分配编号。

输入回路的连接如图 4-14 所示。输入回路的实现是将 COM 通过输入元件（如按钮、转换开关、行程开关、继电器的触点、传感器等）连接到对应的输入点上，再通过输入点 X 将信息送到 PLC 内部。一旦某个输入元件状态发生变化，对应输入继电器 X 的状态也就随之变化，PLC 在输入采样阶段即可获取这些信息。

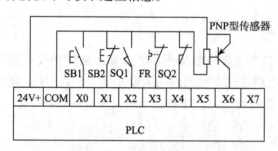

图 4-14　输入回路的连接

输出回路就是 PLC 的负载驱动回路，输出回路的连接如图 4-15 所示。通过输出点，将负载和负载电源连接成一个回路，这样负载就由 PLC 输出点的 ON/OFF 进行控制，输出点动作负载得到驱动。负载电源的规格应根据负载的需要和输出点的技术规格进行选择。

在实现输入/输出回路时，应注意的事项如下。

（1）I/O 点的共 COM 问题。一般情况下，每个 I/O 点应有两个端子，为了减少 I/O 端

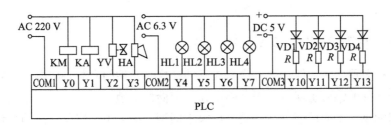

图 4 - 15　输出回路的连接

子的个数，PLC 内部已将其中一个 I/O 继电器的端子与公共端 COM 连接。输出端子一般采用每 4 个点共 COM 连接，如图 4 - 15 所示。

（2）输出点的技术规格。不同的输出类别，有不同的技术规格。应根据负载的类别、大小、负载电源的等级、响应时间等选择不同类别的输出形式，详见表 4 - 2。

表 4 - 2　三种输出形式的技术规格

| 项目 | | 继电器输出 | 可控硅开关元件输出 | 晶体管输出 |
|---|---|---|---|---|
| 机型 | | FX2N 基本单元<br>扩展单元<br>扩展模块 | FX2N 基本单元<br>扩展模块 | FX2N 基本单元<br>扩展单元<br>扩展模块 |
| 内部电源 | | AC 250 V，DC 30 V 以下 | AC 85 ~ 242 V | DC 5 ~ 30 V |
| 电路绝缘 | | 机械绝缘 | 光控晶闸管绝缘 | 光耦合器绝缘 |
| 动作显示 | | 继电器螺线管通电时 LED 灯亮 | 光控晶闸管驱动时 LED 灯亮 | 光耦合器驱动时 LED 灯亮 |
| 最大负载 | 电阻负载 | 2 A/1 点、8 A/4 点公用、8 A/8 点公用 | 0.3 A/1 点<br>0.8 A/4 点 | 0.5 A/1 点、0.8 A/4 点（Y0、Y1 以外）、0.3 A/1 点（Y0、Y1） |
| | 感性负载 | 80 V·A | 15 V·A/AC 100 V<br>30 V·A/AC 200 V | 12 W/DC 24 V（Y0、Y1 以外）、7.2 W/DC 24 V（Y0、Y1） |
| | 灯负载 | 100 W | 30 W | 1.5 W/DC 24 V（Y0、Y1 以外）、0.9 W/DC 24 V（Y0、Y1） |
| 开路漏电流 | | — | 1 mA/AC 100 V<br>2 mA/AC 200 V | 0.1 mA/DC 30 V |
| 最小负载 | | DC 5 V、2 mA（参考值） | 0.4 V·A/AC 100 V<br>1.6 V·A/AC 200 V | — |
| 响应时间 | OFF→ON | 约 10 ms | 1 ms 以下 | 0.2 ms 以下 |
| | ON→OFF | 约 10 ms | 10 ms 以下 | 0.2 ms 以下 |

（3）多种负载和不同负载电源共存的处理。在输出共用一个公共端子的范围内，必须用同一电压类型和同一电压等级；而不同公共点组可使用不同电压类型和电压等级的负载，

如图 4 – 15 所示。

### 4.2.2 FX2N 系列 PLC 的编程元件

PLC 内部有多种功能元件，通常称为软元件，这些元件的实质是由电子电路和存储单元组成的，每个元件的编号也就对应于存储单元或存储位的地址。

需要指出的是，不同厂家，甚至同一厂家不同型号的 PLC，编程元件的数量和种类各不相同。下面仅以 FX2N 系列 PLC 为例，介绍其编程元件。

1. 输入继电器 X

输入继电器是 PLC 中专门用来接收外部开关信号的元件，它与 PLC 的输入端子一一对应。外部开关信号可以通过输入端子，将信号状态存放到输入状态寄存器中，其作用相当于外部开关信号触发该端子的输入继电器，而输入继电器可以提供无数的常开/常闭触点供编程使用（实质是调用该元件的状态）。

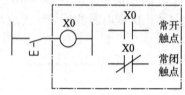

FX2N 系列的输入继电器采用八进制地址编号，其地址范围是 X0 ~ X127，最多可达 128 点。图 4 – 16 表示编号为 X0 的输入继电器的等效电路，由输入按钮信号驱动其常开/常闭触点，供编程使用。

图 4 – 16　输入继电器等效电路

编程时应注意，输入继电器实质是程序只读存储器，只能由外部信号驱动，而不能在程序内部用指令来驱动，其触点也不能直接输出驱动负载。

2. 输出继电器 Y

输出继电器是 PLC 中专门用来将输出信号传递给外部负载的元件（具有一定的带负载能力），它与 PLC 的输出端子一一对应。其作用相当于输出控制信号触发该端子的输出继电器（在元件映象寄存器中），输出继电器可以提供无数的常开/常闭触点供编程使用，同时，另有一常开触点闭合，接通驱动 PLC 负载的外电路，形成 PLC 的实际输出。图 4 – 17 是输出继电器 Y0 的等效电路。输出继电器实质是程序读/写存储器，它只能在程序内部由指令驱动，而外部信号不能直接驱动。FX2N 系列的输出继电器也采用八进制地址编号，其地址范围是 Y0 ~ Y127，最多可达 128 点。

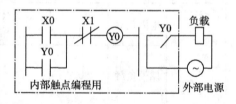

图 4 – 17　输出继电器等效电路

由于输入/输出继电器与输入/输出端子是一一对应的，因此，它们决定了 PLC 能配置的最大 I/O 点数。

3. 辅助继电器 M

PLC 内部有很多辅助继电器，它只能由程序驱动，每个辅助继电器也有无数的常开、常闭触点专供 PLC 内部编程使用。辅助继电器的触点不能直接输出驱动负载，外部负载只能由输出继电器驱动。

辅助继电器的作用与继电器控制线路中的中间继电器类似，通过辅助继电器，使用合适的指令，就可以在输入继电器与输出继电器之间建立一定的逻辑关系，实现输入、输出间复杂变换，从而完成某些控制功能。

辅助继电器有通用辅助继电器、掉电保持辅助继电器和特殊辅助继电器三大类。

1）通用辅助继电器 M0 ~ M499（共 500 点）

通用辅助继电器按十进制进行地址编号。在 FX2N 系列 PLC 中，除了输入/输出继电器外，其他所有器件都采用十进制地址编号。

2）掉电保持辅助继电器 M500 ~ M1023（524 点）

在实际的工业控制中，往往会发生电源突然掉电，为了能在电源恢复供电时继续电源中断前的控制状态，要求系统在掉电瞬间将某些状态或数据保存起来。掉电保持继电器就适用于这样的场合（而通用辅助继电器、输出继电器在这种情况下则全部复位，成为断开状态）。这类继电器的断电保持功能是由 PLC 内部的锂电池支持的。

3）特殊辅助继电器 M8000 ~ M8255（256 点）

特殊辅助继电器各自具有特定的功能。通常分为下面两类：

（1）只能利用其触点的特殊辅助继电器。线圈由 PLC 自动驱动，用户只可利用其触点。例如：

M8000：运行监视器（PLC 运行时接通）；

M8002：初始脉冲（仅在运行开始时瞬间接通）；

M8011：10 ms 时钟脉冲；

M8012：100 ms 时钟脉冲；

M8013：1s 时钟脉冲。

（2）可驱动线圈型特殊辅助继电器。若用户驱动线圈，PLC 执行特定动作。例如：

M8030：锂电池欠压指示，当锂电池欠压时，M8030 动作，指示灯亮，提示更换电池；

M8033：PLC 处于停止状态时输出保持；

M8034：输出全部禁止；

M8039：恒定（定时）扫描。

需要说明的是，未定义的特殊辅助继电器不可在用户程序中使用。

4. 状态器 S

状态器 S 是编制顺控程序的重要元件，与步进指令配合使用。将在项目六中详细介绍。

5. 定时器 T

定时器 T 在 PLC 中的作用相当于一个通电延时继电器。它有一个设定值寄存器（16位）、一个当前值寄存器（16 位）以及无数个触点（1 位）。通常在一个 PLC 中有几十至数百个定时器。

定时器是根据时钟脉冲累积计时的，时钟脉冲有 1 ms、10 ms、100 ms 三种，当所计时间达到设定值时，其输出触点动作。定时器的设定值为十进制整数，可用 K 直接设定，也可用数据寄存器间接设定。

根据定时器工作方式不同，又可分为常规定时器和积算定时器两类。

1）常规定时器 T0 ~ T245

FX2N 系列 PLC 提供 246 个常规定时器，其中，100 ms 定时器 T0 ~ T199 共 200 点，可设定时间范围是 0.1 ~ 3 276.7 s；10 ms 定时器 T200 ~ T245 共 46 点，设定值范围是 0.01 ~ 327.67 s。

常规定时器线圈的控制线路只有一个，定时器的工作或停止都由该控制线路的接通与断开决定。当控制线路接通时，定时器开始工作，根据设定的定时值计时。当定时时间到，就使其逻辑线圈动作，控制相应的常开/常闭触点动作。一旦控制线路断开或断电，定时器的逻辑线圈就被复位，相应的常开/常闭触点也复位。

在图 4-18 中，定时器 T200 的计时单位为 10 ms，设定值为 K123，即定时时间为 1.23 s。当输入继电器 X0 接通时，T200 用当前值寄存器累计 10 ms 的时钟脉冲，当计数值与设定值相等（即定时时间到）时，定时器常开触点闭合，常闭触点断开。当驱动 T200 的输入继电器 X0 断开或发生停电时，定时器复位，其常开/常闭触点也复位。

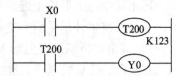

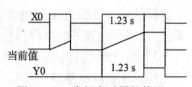

图 4-18　常规定时器的使用

2）积算定时器 T246~T255

FX2N 系列 PLC 提供 10 个积算定时器，其中，T246~T249 计时单位为 1 ms，可设定累积定时时间 0.001~32.767 s；T250~T255 计时单位为 100 ms，可设定累积定时时间 0.1~3 276.7 s。

积算定时器线圈的控制线路有两个，分别为计时控制线路和复位控制线路。如图 4-19 所示，常开触点 X1 构成计时控制线路，常开触点 X2 构成复位控制线路。当定时器复位控制线路接通时，不论其计时控制线路为何状态，定时器都不计时，其逻辑线圈断开。当定时器复位控制线路断开，计时控制线路接通时，定时器开始计时，当定时时间到，定时器的逻辑线圈及其常开/常闭触点动作。若在定时器计时过程中出现计时控制线路断开或停电时，定时器的当前计数值被保存，其逻辑线圈及触点也保持原状态不变；一旦计时控制线路重新接通或恢复通电，则定时器在原时值的基础上继续计时，直到定时时间到。

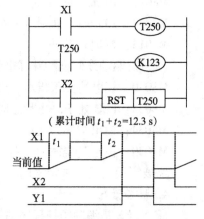

图 4-19　积算定时器的使用

图 4-19 中定时器 T250 的计时单位为 100 ms，设定值为 K123，即定时时间为 12.3 s。当控制计时的输入继电器 X1 接通时，T250 开始对 100 ms 的时钟脉冲进行累积计数，当计数值与设定值相等（即定时时间到）时，定时器常开触点闭合，常闭触点断开。若在计数中途输入继电器 X1 断开或发生停电时，当前值保持不变。当输入继电器 X1 重新接通或恢复通电时，计数继续进行，直至累积定时时间到触点动作。当控制复位的输入继电器 X2 接通时，定时器线圈及其触点均复位。

6. 计数器 C

FX2N 系列 PLC 中有内部计数器和高速计数器两种。

1）内部计数器

内部计数器是在执行扫描操作时对内部器件（如 X、Y、M、S、T 和 C 等）的信号进行计数的计数器，其接通时间和断开时间应比 PLC 的扫描周期稍长。内部计数器分为 16 位递增计数器和 32 位可逆计数器两种类型。

（1）16 位递增计数器。

FX2N 系列 PLC 提供了 200 个 16 位递增计数器，其计数器设定值范围为 1~32 767，计数次数由编程时常数 K 设定，其中计数器 C0~C99 为普通计数器，C100~C199 为掉电保持计数器。

　　16 位递增计数器通有两条控制线路，分别为计数控制线路和复位控制线路。如图 4 – 20 所示，常开触点 X2 构成计数控制线路，常开触点 X1 构成复位控制线路。当计数器复位控制线路接通时，不论其计数控制线路为何状态，计数器当前计数值清零，其逻辑线圈断开，其触点复位。当计数器复位控制线路断开时，计数控制线路每接通一次，计数器当前计数值加 1，当计数值达到设定值时，计数器的逻辑线圈动作，控制相应的常开、常闭触点动作。

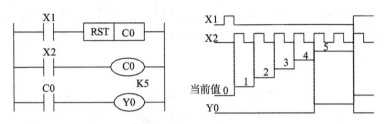

图 4 – 20　16 位递增计数器的应用

　　在图 4 – 20 中，X2 为控制计数的输入继电器，每当 X2 接通一次，计数当前值加 1；当计数当前值为 5 时，即 X2 接通第 5 次时，计数器 C0 的常开触点接通，此时，即使输入继电器 X2 再接通，计数器的当前值都保持不变。当控制复位的输入继电器 X1 接通时，执行复位操作，计数器当前值复位为 0，常开触点断开。

　　（2）32 位可逆计数器。

　　FX2N 系列 PLC 提供了 35 个 32 位可逆计数器，其计数范围为 – 2 147 483 648 ~ + 2 147 483 647（注意可逆计数器的设定值允许为负数）。其中，C200 ~ C219 为普通计数器，C220 ~ C234 为具有掉电保持的计数器。

　　可逆计数器与递增计数器不同的是，它有加计数和减计数两种工作方式，因此，除了有计数控制线路和复位控制线路外，还必须有可逆控制线路。可逆计数器的计数方式由特殊辅助继电器 M8200 ~ M8234 线圈来控制（其后三位对应于可逆计数器的地址编号，例如 C220 的计数方式由 8220 控制），特殊辅助继电器接通为减计数，断开为加计数。如图 4 – 21 所示，由常开触点 X0 构成可逆控制线路，当 X0 断开时，特殊辅助继电器 M8200 断开，计数器 C200 为递增计数器；当 X0 闭合时，特殊辅助继电器 M8200 接通，计数器 C200 为递减计数器。

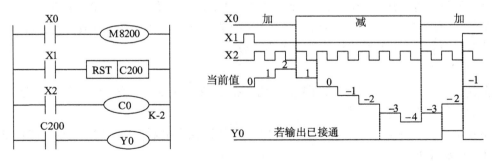

图 4 – 21　可逆计数器的应用

计数器的设定值若为正数，则当其当前计数值等于设定值时，其逻辑线圈接通；若计数器的设定值为负数，则只有当其当前计数值从小于设定值变为等于设定值时，其逻辑线圈才接通。和一般计数器有所不同的是，当可逆计数器逻辑线圈接通后，只有当其当前计数值小于设定值或复位线路接通时，其逻辑线圈才复位。

在图 4 - 21 中，当常开触点 X1 闭合时，将计数器 C200 复位，这时 C200 的当前值被清零，其逻辑线圈断开。反之，当常开触点 X1 断开时，其复位控制线路断开。此时，若常开触点 X0 闭合，即 C200 处在递减计数方式，则常开触点 X2 由"断开"到"闭合"时，将其当前计数值减 1；若常开触点 X0 断开，即 C200 处在递增计数方式，这时，常开触点 X2 由"断开"到"闭合"时，将其当前计数值加 1。其他情况下，C200 不进行计数。

2）高速计数器

FX 系列 PLC 中有 21 个高速计数器，其地址编号为 C235 ~ C255。但是，适用高速计数器输入的 PLC 只有 X0 ~ X5 六个输入端子，每个输入端子只能用于一个高速计数器输入，因此，最多只能提供 6 个高速计数器同时工作。

7. 数据寄存器 D

PLC 在进行模拟量控制、位置量控制、数据输入/输出时，需要许多数据寄存器存储数据和参数。数据寄存器为 16 位，最高位为符号位；也可把两个数据寄存器联合起来存放 32 位数据。数据寄存器可分为：

（1）通用数据寄存器 D0 ~ D199（共 200 个）：只要不写入其他数据，已写入的数据不会改变。但 PLC 停止工作时，全部数据清零。

（2）掉电保持数据寄存器 D200 ~ D511（共 312 个）：只要不写入其他数据，已写入的数据不会丢失。不论电源接通与否，PLC 运行与否，其内容不会改变。

（3）特殊数据寄存器 D8000 ~ D8255（共 256 个）：用于监控 PLC 中各种元件的运行方式，其内容在电源接通时，全部由系统写入初始值。如：D8061 ~ D8067 专门用于存放 PLC 中的出错代码，用户只能读取它的数据，从而了解 PLC 的故障原因，但不能改写它的内容。

（4）文件寄存器 D1000 ~ D2999（共 2 000 个）：专门用于存储大量的数据，如采集数据、统计数据、多组控制参数等。其数量由 CPU 监控软件决定，但可通过扩充存储卡的方法加以扩充。用编程器可进行写入操作。

8. 变址寄存器 V/Z

变址寄存器通常用于修改元件的地址编号。V、Z 都是 16 位寄存器，可进行数据的读写。如 D5V 表示 D（5 + V），D10Z 表示 D（10 + Z），V、Z 可在此前赋值。当进行 32 位数据操作时，可将 V、Z 联合使用，指定 Z 为低位。

9. 指针 P/I

分支指令用指针 P0 ~ P63，共 64 点，用于指定条件跳转、子程序调用等分支指令的跳转目标。P63 为结束跳转指针。

中断用指针 10 ~ 18，共 9 点。其中，10 ~ 15 用于输入中断，16 ~ 18 用于定时器中断。

10. 常数 K/H

常数也作为元件对待，它在存储器中占有一定空间。编程输入时，要在常数前加一标志符，其中，十进制常数用 K 表示，如 18 表示为 K18，主要用于指定定时器或计数器的设定值；十六进制常数用 H 表示，如 18 表示为 H12，主要用于指定应用指令操作数的数值。

### 4.2.3  PLC 的编程语言

IEC 中规定的 PLC 编程语言标准有 5 种：梯形图、指令表、顺序功能图、功能块图和结构文本。在此，只介绍梯形图、指令表、顺序功能图三种最常用的编程语言。

1. 梯形图编程语言（LAD）

梯形图编程语言，简称梯形图，它是在继电器－接触器控制电路图的基础上演变而来的，它形象、直观、实用，是目前用得最多的一种 PLC 编程语言。

如图 4－22 所示梯形图中，左右两条长垂直线称为起始母线和终止母线，母线之间是触点的逻辑连接和线圈的输出。在梯形图中，触点代表逻辑"输入"条件，线圈代表逻辑"输出"结果。

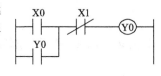

图 4－22  PLC 梯形图

梯形图由多个梯级（也称逻辑行）组成，每个输出元素（继电器线圈等）构成一个梯级。每个梯级必须从起始母线开始画起，止于继电器线圈或终止母线。每个梯级由一个或多个支路组成，左侧安排常开（常闭）触点，组成输出的执行条件，右侧安排输出元素。梯形图按行自上而下编写，每一行从左到右编写，PLC 程序的执行顺序与梯形图的编写顺序一致。

2. 指令表编程语言（STL）

指令表编程语言是一种与计算机汇编语言类似的助记符编程方式，它用一系列操作指令组成的语句将控制流程描述出来，并可通过编程器输送到 PLC 中执行。

语句是指令表程序的基本单元。其基本格式是：语句步＋操作码＋操作数。如图 4－23 所示。

语句步是语句的顺序号，一般由编程器自动给出，实质是程序存放的地址代码。操作码用助记符表示，用来说明要执行的功能，如 LD 表示"取"常开触点的状态，AND 表示"与"常开触点的状态等。操作数是操作对象，指定执行该功能所需数据或所需数据的地址及运算结果存放地址。一般由标识符和参数组成，标识符表示操作数的类型，如 X 表示输入继电器，Y 表示输出继电器，T 表示定时器等；参数表明操作数的地址或预先设定值。例如语句"0 LD X0"的功能是取输入继电器 X0 常开触点的状态。

3. 顺序功能图编程（SFC）

顺序功能图 SFC，也称状态转移图或状态流程图。它是一种图形化的编程方法，使用它可以对具有并行、选择等复杂结构的系统进行编程。许多 PLC 都提供了用于 SFC 编程的指令。目前，IEC 也正在实施并发展这种语言的编程标准。顺序功能图 SFC 具体的绘制方法见项目六。

应该说明的是，用以上三种编程语言编制的程序，可以按照一定的规则相互转换。如图 4－24 所示。在这三种编程语言中，指令表是 PLC 最基础的编程语言，因为不同编程语言编制的程序都是以指令表的形式（指令表编程时的内容）存储在 PLC 的内存中。

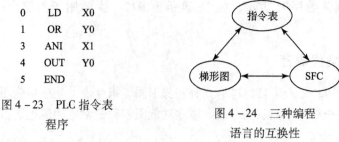

| | | |
|---|---|---|
| 0 | LD | X0 |
| 1 | OR | Y0 |
| 3 | ANI | X1 |
| 4 | OUT | Y0 |
| 5 | END | |

图 4 – 23  PLC 指令表
程序

图 4 – 24  三种编程
语言的互换性

【任务实施】

### 4.2.4  PLC 的外部连接及编程元件应用

（1）按图 4 – 25 进行 PLC 外部接线，确认输入元件和输出元件及负载电源接法。

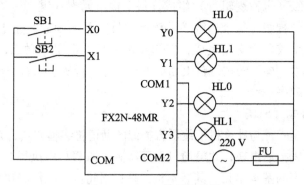

图 4 – 25  PLC 外部接线图

（2）输入程序。

打开 PLC 主机电源，将 PLC 工作模式开关置于"STOP"位置，编程器读写模式置于"W"，清除内存后，依次写入图 4 – 26 所示的程序。

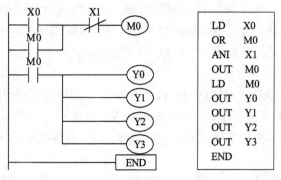

图 4 – 26  PLC 控制程序

（3）运行程序。

编程器读写模式置于"R"，工作模式开关置于"RUN"，分别在实验装置上按下按钮 SB1 和 SB2，观察灯的亮灭情况。

## 任务三 三菱 PLC 编程器及编程软件使用

【任务描述】

PLC 控制系统的用户程序要通过专用的编程工具写入到 PLC 内部的用户程序存储器中。三菱 FX 系列 PLC 为用户提供的常用编程工具有 FX – 20P – E 编程器和 GX – Developer、SWOPC – FXGP/WIN – C 等编程软件，本任务重点学会使用编程器和 SWOPC – FXGP/WIN – C、GX – Developer 软件进行 PLC 程序编辑。只有熟练掌握了这些编程工具的使用方法，才能进行进一步的程序调试和运行，同时也是自学相关其他 PLC 程序设计软件的基础。

【相关知识】

### 4.3.1 FX – 20P – E 手持编程器认识与操作

FX – 20P – E 型手持式编程器（简称 HPP）通过编程电缆可与三菱 FX 系列 PLC 相连，用来给 PLC 写入、读出、插入和删除程序，以及监视 PLC 的工作状态等。

1. 编程器操作面板认识

FX – 20P – E 型编程器的面板布置如图 4 – 27 所示。面板的上方是一个 4 行，每行 16 个字符的液晶显示器。它的下面共有 35 个键，最上面一行和最右边一列为 11 个功能键，其余的 24 个键为指令键和数字键。

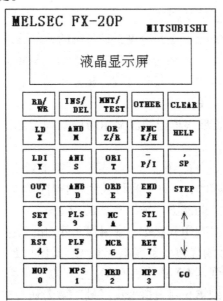

图 4 – 27  FX – 20P 编程器面板布置图

1）功能键

11 个功能键在编程时的功能如下：

（1）RD/WR 键：读出/写入键。是双功能键，按第一下选择读出方式，在液晶显示屏的左上角显示是"R"；按第二下选择写入方式，在液晶显示屏的左上角显示是"W"；按第三下又回到读出方式，编程器当时的工作状态显示在液晶显示屏的左上角。

（2）INS/DEL 键：插入/删除键。是双功能键，按第一下选择插入方式，在液晶显示屏的左上角显示是"I"；按第二下选择删除方式，在液晶显示屏的左上角显示是"D"；按第三下又回到插入方式，编程器当时的工作状态显示在液晶显示屏的左上角。

（3）MNT/TEST 键：监视/测试键。也是双功能键，按第一下选择监视方式，在液晶显示屏的左上角显示是"M"；按第二下选择测试方式，在液晶显示屏的左上角显示是"T"；按第三下又回到监视方式，编程器当时的工作状态显示在液晶显示屏的左上角。

（4）GO 键：执行键。用于对指令的确认和执行命令，在键入某指令后，再按 GO 键，编程器就将该指令写入 PLC 的用户程序存储器，该键还可用来选择工作方式。

（5）CLEAR 键：清除键。在未按 GO 键之前，按下 CLEAR 键，刚刚键入的操作码或操作数被清除。另外，该键还用来清除屏幕上的错误内容或恢复原来的画面。

（6）SP 键：空格键。输入多参数的指令时，用来指定操作数或常数。在监视工作方式下，若要监视位编程元件，先按下 SP 键，再送该编程元件和元件号。

（7）STEP 键：步序键。如果需要显示某步的指令，先按下 STEP 键，再送步序号。

（8）↑、↓键：光标键。用此键移动光标和提示符，指定当前软元件的前一个或后一个元件，作上、下移动。

（9）HELP 键：帮助键。按下 FNC 键后按 HELP 键，屏幕上显示应用指令的分类菜单，再按下相应的数字键，就会显示出该类指令的全部指令名称。在监视方式下按 HELP 键，可用于使字编程元件内的数据在十进制和十六进制数之间进行切换。

（10）OTHER 键："其他"键。无论什么时候按下它，立即进入菜单选择方式。

2）指令键、元件符号键和数字键

它们都是双功能键，键的上面是指令助记符，键的下部分是数字或软元件符号，何种功能有效，是在当前操作状态下，由功能自动定义。下面的双重元件符号 Z/V、K/H 和 P/I 交替起作用，反复按键时相互切换。

3）FX‒20P‒E 型编程器的液晶显示屏

在操作时，FX‒20P‒E 型编程器液晶显示屏的画面示意图如图 4‒28 所示。

```
R▶ 104 LD   M  20
   105 OUT  T   6
             K 150
   108 LDI  X 007
```

图 4‒28　液晶显示屏画面

液晶显示屏可显示 4 行，每行 16 个字符，第一行第 1 列的字符代表编程器的工作方式。其中显示"R"为读出用户程序；"W"为写入用户程序；"I"为将编制的程序插入光标"▶"所指的指令之前；"D"为删除"▶"所指的指令；"M"表示编程器处于监视工作状态，可以监视位编程元件的 ON/OFF 状态、字编程元件内的数据，以及对基本逻辑指令的通断状态进行监视；"T"表示编程器处于测试（Test）工作状态，可以对为编程元件的状态以及定时器和计数器的线圈强制 ON 或强制 OFF，也可以对字编程元件内的数据进行修改。

第 2 列为行光标，第 3 到第 6 列为指令步序号，第 7 列为空格，第 8 列到第 11 列为指令助记符，第 12 列为操作数或元件类型，第 13 到第 16 列为操作数或元件号。

2. FX – 20P – E 型手持式编程器的工作方式选择

FX – 20P – E 型编程器具有在线（ONLINE，或称联机）编程和离线（OFFLINE，或称脱机）编程两种工作方式。在线编程时编程器与 PLC 直接相连，编程器直接对 PLC 的用户程序存储器进行读写操作。若 PLC 内装有 EEPROM 卡盒，则程序写入该卡盒，若没有 EEPROM 卡盒，则程序写入 PLC 内的 RAM 中。在离线编程时，编制的程序首先写入编程器内的 RAM 中，以后再成批地传送至 PLC 的存储器。

```
PROGRAM MODE
■ONLINE (PC)
OFFLINE(HPP)
```

图 4 – 29　在线、离线
工作方式选择

FX – 20P – E 型编程器上电后，其液晶屏幕上显示的内容如图 4 – 29 所示。

其中闪烁的符号"■"指明编程器所处的工作方式。用↑或↓键将"■"移动到选中的方式上，然后按 GO 键，就进入所选定的编程方式。

在联机方式下，用户可用编程器直接对 PLC 的用户程序存储器进行读/写操作，在执行写操作时，若 PLC 内没有安装 EEPROM 存储器卡盒，则程序写入 PLC 的 RAM 存储器内；反之则写入 EEPROM 中。此时，EEPROM 存储器的写保护开关必须处于"OFF"位置。只有用 FX – 20P – RWM 型 ROM 写入器才能将用户程序写入 EPROM。

```
ONLINE MODE    FX
■1. OFFLINE    MODE
 2. PROGRAM CHECK
 3. DATA TRANSFER
```

图 4 – 30　工作方式选定

若按下 OTHER 键，则进入工作方式选定的操作。此时，FX – 20P – E 型手持编程器的液晶屏幕显示的内容如图 4 – 30 所示。

闪烁的符号"■"表示编程器所选的工作方式，按↑或↓键，将"■"上移或下移到所需的位置，再按 GO 键，就进入了选定的工作方式。在联机编程方式下，可供选择的工作方式共有 7 种，它们分别是：

（1）OFFLINE MODE（脱机方式）：进入脱机编程方式。

（2）PROGRAM CHECK：程序检查，若没有错误，显示"NO ERROR"（没有错误）；若有错误，则显示出错误指令的步序号及出错代码。

（3）DATA TRANSFER：数据传送，若 PLC 内安装有存储器卡盒，在 PLC 的 RAM 和外装的存储器之间进行程序和参数的传送。反之则显示"NO MEM CASSETTE"（没有存储器卡盒），不进行传送。

（4）PARAMETER：对 PLC 的用户程序存储器容量进行设置，还可以对各种具有断电保持功能的编程元件的范围以及文件寄存器的数量进行设置。

（5）XYM. NO. CONV.：修改 X、Y、M 的元件号。

（6）BUZZER LEVEL：蜂鸣器的音量调节。

（7）LATCH CLEAR：复位有断电保持功能的编程元件。

对文件寄存器的复位与它使用的存储器类别有关，只能对 RAM 和写保护开关处于 OFF 位置的 EEPROM 中的文件寄存器复位。

3. 程序编辑

（1）将编程器与 PLC 主机连接。

（2）打开主机电源，PLC 工作方式开关置于"STOP"方式。

（3）按下编程器上的 GO 键和读写模式 RD/WR 键，切换至"W"模式。

（4）清除内部存储器程序。在写入程序之前，一般需要将存储器中原有的内容全部清除，再按 RD/WR 键，使编程器（写）处于"W"工作方式，接着按以下顺序按键：

$$NOP \rightarrow A \rightarrow GO \rightarrow GO$$

（5）写入指令。按 RD/WR 键，使编程器处于"W"（写）工作方式，然后逐条输入指令，每条指令以 GO 键表示输入结束；如果需要修改刚写入的指令，在未按 GO 键之前，按下 CLEAR 键，刚键入的操作码或操作数被清除。若按了 GO 键之后，可按↑键，回到刚写入的指令，再作修改。指令间用 SP 键分隔。注意：在写入应用指令时，要输入指令的功能号，最后一条指令以 END 结束。

（6）指令的修改。根据步序号读出原指令后，按 RD/WR 键，使编程器处于"W"（写）工作方式，然后直接输入新指令即可。

（7）指令的插入。如果需要在某条指令之前插入一条指令，按照前述指令读出的方式，先将某条指令显示在屏幕上，使光标"▶"指向该指令。然后按 INS/DEL 键，使编程器处于"I"（插入）工作方式，再按照指令写入的方法，将该指令写入，按 GO 键后，写入的指令插在原指令之前，后面的指令依次向后推移。

例如：要在 180 步之前插入指令 AND M3，在"I"工作方式下首先读出 180 步的指令，然后使光标"▶"指向 180 步按以下顺序按键：

$$INS \rightarrow AND \rightarrow M \rightarrow 3 \rightarrow GO$$

（8）指令的删除。

①逐条指令的删除。

如果需要将某条指令或某个指针删除，按照指令读出的方法，先将该指令或指针显示在屏幕上，令光标"▶"指向该指令。然后按 INS/DEL 键，使编程器处于"D"（删除）工作方式，再按功能键 GO，该指令或指针即被删除。

②NOP 指令的成批删除。

按 INS/DEL 键，使编程器处于"D"（删除）工作方式，依次按 NOP 键和 GO 键，执行完毕后，用户程序中间的 NOP 指令被全部删除。

③指定范围内的指令删除。

按 INS/DEL 键，使编程器处于"D"（删除）工作方式，接着按下列操作步骤依次按相应的键，该范围内的程序就被删除：

$$STEP \rightarrow 起始步序号 \rightarrow SP \rightarrow STEP \rightarrow 终止步序号 \rightarrow GO$$

4. 程序运行

将 PLC 工作方式开关扳到"RUN"方式，编程器读写模式置于"R 模式"。按照程序既定控制要求，给出输入信号，观察输出信号或者监视内部元件状态。

5. 对位元件的监视

以监视辅助继电器 M135 的状态为例，先按 MNT/TEST 键，使编程器处于"M"（监视）工作方式，然后按下列的操作步骤按键：

$$SP \rightarrow M \rightarrow 1 \rightarrow 3 \rightarrow 5 \rightarrow GO$$

屏幕上就会显示出 M135 的状态。如果在编程元件左侧有字符"■"，表示该编程元件处于 ON 状态；如果没有字符"■"，表示它处于 OFF 状态，最多可监视 8 个元件。按↑或↓键，可以监视前面或后面的元件状态。

**6. 对定时器和 16 位计数器的监视**

以监视定时器 C98 的运行情况为例，首先按 MNT/TEST 键，使编程器处于"M"（监视）工作方式，再按下面的顺序按键：

$$SP \rightarrow C \rightarrow 9 \rightarrow 8 \rightarrow GO$$

屏幕上第三行显示的数据"K20"是 C98 的当前计数值。第四行末尾显示的数据"K100"是 C98 的设定值。第四行中的字母"P"表示 C98 输出触点的状态，当其右侧显示"■"时，表示其常开触点闭合；反之则表示其常开触点断开。第四行中的字母"R"表示 C98 复位电路的状态，当其右侧显示"■"时，表示其复位电路闭合，复位位为 ON 状态；反之则表示其复位电路断开，复位位为 OFF 状态。非积算定时器没有复位输入。

## 4.3.2　SWOPC – FXGP/WIN – C 编程软件使用

三菱公司的 SWOPC – FXGP/WIN – C 编程软件供对 FX0S、FX0N、FX2 和 FX2N 系列三菱 PLC 编程以及监控 PLC 中各软元件的实时状态。它占用的存储空间不到 2MB，功能强大、使用方便且界面和帮助文件均已汉化，可在 Windows 3.1 及 Windows 95 以上版本下运行。

**1. 启动 FXGP/WIN – C 软件**

运行 SWOPC – FXGP/WIN – C 软件后，将出现初始启动画面，单击初始启动界面菜单栏中"文件"菜单，并在下拉菜单条中选取"新文件"菜单条，即出现图 4 – 31 所示的界面。

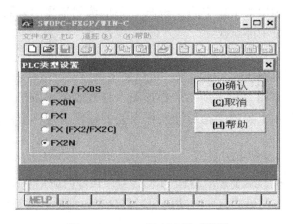

图 4 – 31　PLC 类型选择对话框

选择好机型，鼠标单击"确认"按钮后，则出现程序编辑的图 4 – 32 所示的主界面。主界面含以下几个分区：菜单栏（包括 11 个主菜单项）、工具栏（快捷操作窗口）、用户编辑区，编辑区下边分别是状态栏及功能键栏，界面右侧还可以看到功能图栏。以下分别说明。

**1）菜单栏**

菜单栏是以下拉菜单形式进行操作，菜单栏中包含"文件""编辑""工具""查找""视图""PLC""遥控""监控/测试"等菜单项。用鼠标单击某项菜单项，弹出该菜单项的

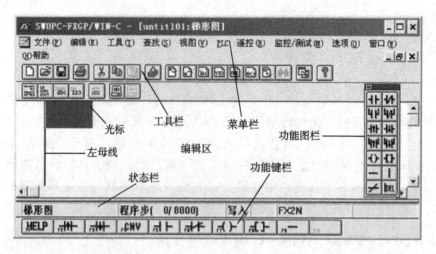

图 4-32 主界面

菜单条，如"文件"菜单项包含新建、打开、保存、另存为、打印、页面设置等菜单条，"编辑"菜单项包含剪切、复制、粘贴、删除等菜单条，这两个菜单项的主要功能是管理、编辑程序文件。菜单条中的其他项目，如"视图"菜单项功能涉及编程方式的变换，"PLC"菜单项主要进行程序的下载、上传传送，"监控及测试"菜单项的功能为程序的测试及监控等操作。

2）工具栏

工具栏提供简便的鼠标操作，将最常用的 SWOPC-FXGP/WIN-C 编程操作以按钮形式设定到工具栏上。可以利用菜单栏中的"视图"菜单选项来显示或隐藏工具栏。菜单栏中涉及的各种功能在工具栏中都能找到。

3）编辑区

编辑区用来显示编程操作的工作对象。可以使用梯形图、指令表等方式进行程序的编辑工作。使用菜单栏中"视图"菜单项中的梯形图及指令表菜单条，实现梯形图程序与指令表程序的转换。也可利用工具栏中梯形图及指令表的按钮实现梯形图程序与指令表程序的转换。

4）状态栏、功能键栏及功能图栏

编辑区下部是状态栏，用于表示编程 PLC 类型，软件的应用状态及所处的程序步数等。状态栏下为功能键栏，其与编辑区中的功能图栏都含有各种梯形图符号，相当于梯形图绘制的图形符号库。

2. 程序编辑操作

1）采用梯形图方式时的编辑操作

采用梯形图编程是在编辑区中绘出梯形图，打开"文件"菜单项目中的新文件菜单条时，主窗口左边可以见到一根竖直的线，这就是梯形图中左母线。蓝色的方框为光标，梯形图的绘制过程是取用图形符号库中的符号，"拼绘"梯形图的过程。比如要输入一个常开触点，可单击功能图栏中的常开触点，也可以在"工具"菜单中选"触点"，并在下拉菜单中单击"常开触点"的符号，这时出现图 4-33 的对话框，在对话框中输入触点的地址及其他有关参数后单击"确认"按钮，要输入的常开触点及其他地址就出现在蓝色光标所在的位置。

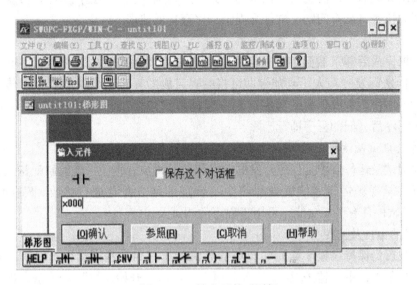

图 4 - 33　输入元件对话框

如需输入功能指令时，单击工具菜单中的"功能"菜单或单击功能图栏及功能键中的功能按钮，即可弹出如图 4 - 34 所示的对话框。然后在对话框中填入功能指令的助记符及操作数，单击"确认"按钮即可。

图 4 - 34　输入指令对话框

这里要注意的是功能指令的输入格式一定要符合要求，如助记符与操作数间要空格，指令的脉冲执行方式中加的"P"与指令间不空格，32 位指令需在指令助记符前加"D"且也不空格。梯形图符号间的连线可通过工具菜单中的"连线"菜单选择水平线与竖线完成。另外还需注意，不论绘制什么图形，先要将光标移到需要绘这些符号的地方。梯形图符号的删除可利用计算机的删除键，梯形图竖线的删除可利用菜单栏中"工具"菜单中的竖线删除。梯形图元件及电路块的剪切，复制和粘贴等方法与其他编辑类软件操作相似。

还有一点需强调的是，当绘出的梯形图需保存时，要先单击菜单栏中"工具"项下拉菜单的"转换"功能键，成功后才能保存，若梯形图未经转换就单击保存按钮存盘，即关闭编辑软件，编绘的梯形图将丢失。

2）采用指令表方式的编程操作

采用指令表编程时可以在编辑区光标位置直接输入指令表，一条指令输入完毕后，按回车键光标移至下一条指令，则可输入下一条指令。指令表编辑方式中指令的修改也十分方便，将光标移到需修改的指令上，重新输入新指令即可。

程序编制完成后可以利用菜单栏中的"选项"菜单项下"程序检查"功能对程序做语法及双线圈的检查,如有问题,软件会提示程序存在的错误。

3. 程序的下载

程序编辑完成后需下载到 PLC 中运行,这时需单击菜单栏中"PLC"菜单,在下拉菜单中再选"传送"及"写入"功能键即可将编辑完成的程序下载到 PLC 中,传送菜单中的"读入"命令则用于将 PLC 中的程序读入编程计算机中修改。PLC 一次只能存入一个程序。下载新程序后,旧的程序即行删除。

4. 程序的调试及运行监控

程序的调试及运行监控是程序开发的重要环节,很少有程序一经编制就是完善的,只有经过试运行甚至现场运行才能发现程序中不合理的地方并且进行修改。SWOPC – FXGP/WIN – C 编程软件具有监控功能,可用于程序的调试及监控。

1) 程序的运行及监控

程序下载后仍保持编程计算机与 PLC 的联机状态并启动程序运行,编辑区显示梯形图状态下,单击菜单栏中"监控/测试"菜单项后,选择"开始监控"菜单条即进入元件的监控状态。此时,梯形图上将显示 PLC 中各触点的状态及各数据存储单元的数值变化。如图 4 – 35 所示,图中有长方形光标显示的位元件处于接通状态,数据元件中的存数则直接标出。在监控状态时单击菜单栏中"监控/测试"菜单项并选择"停止监控"则终止监控状态,回到编辑状态。

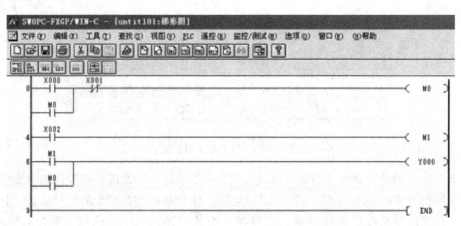

图 4 – 35 元件的监控状态

元件状态的监视还可以通过表格方式实现。编辑区显示梯形图或指令表状态下,单击菜单栏中"监控/测试"菜单后再选择"进入元件监控",进入元件监控状态对话框,这时可在对话框中设置需监控的元件,则当 PLC 运行时就可显示运行中各元件的状态。

2) 位元件的强制状态

在调试中可能需要 PLC 的某些位元件处于 ON 或 OFF 状态,以便观察程序的反应。这可以通过"监控/测试"菜单项中的"强制 Y 输出"及"强制 ON/OFF"命令实现。选择这些命令时将弹出对话框,在对话框中设置需强制的内容并单击"确定"即可。

3) 变 PLC 字元件的当前值

在调试中有时需改变字元件的当前值,如定时器、计算器的当前值及存储单元的当前值等。具体操作也是从"监控/测试"菜单中进入，选择"改变当前值"并在弹出的对话框中设置元件及数值后单击"确定"按钮即可。

5. 编程语言的转换

梯形图程序编写后，通过视图菜单下梯形图、指令表和功能逻辑图子菜单进行 3 种编程语言的转换。

更多关于 SWOPC – FXGP/WIN – C 编程软件的操作方法可参考软件使用说明书。

### 4.3.3　GX – Developer 编程软件使用

三菱 GX Developer 编程软件是应用于三菱全系列 PLC 的中文编程仿真软件。包含 GPPW 编程软件和 LLT 模拟软件两部分。在 PLC 与 PC 之间必须有接口单元及电缆线，一般采用 SC – 09 编程电缆。

1. 编程软件的主要功能

（1）在 GX Developer 编程软件中，可通过梯形图、语句表及 SFC 符号来创建顺控指令程序，建立注释数据及设置寄存器数据。

（2）创建顺控指令程序以及将其存储为文件，用打印机打印。

（3）该软件可在串行系统中与 PLC 进行通信、文件传送操作及离线和在线调试功能。

2. 在编程软件中新建工程

双击 GX – Developer 应用程序图标启动编程软件后，新建工程的基本步骤为：

（1）执行"工程"→"创建新工程"命令，弹出如图 4 – 36 所示对话框，单击"PLC 系列"下拉列表，选择所使用的 PLC 的 CPU 系列，本实验中选用的是 FX 系列，所以选"FXCPU"。

（2）单击"PLC 类型"下拉列表，选择对应的 PLC CPU 系列的类型，这里选"FX2N"系列。

（3）设置工程路径、工程名和标题。本步骤需要选中图 4 – 36 中"设置工程名"复选框后才能进行。也可在退出保存新建工程时根据弹出的对话框进行操作。

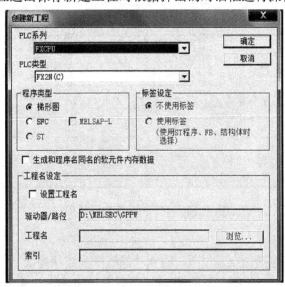

图 4 – 36　"创建新工程"对话框

### 3. 工程的导入

执行 "工程" →读取 "其他格式的文件" 命令，选择需要导入的文件类型，即弹出如图 4 – 37 所示 "读取 FXGP（WIN）格式文件" 对话框，单击 "浏览" 按钮，弹出如图 4 – 38 所示浏览导入文件对话框，设置驱动器/路径名、系统名和机器名，设置后单击 "选择所有" 按钮，或按需选择要导入的内容，然后单击 "执行" 按钮，即可实现非 GPPW 格式文件转换成 GPPW 文件。

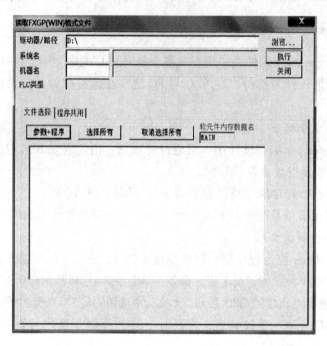

图 4 – 37　读取 "FXGP（WIN）格式文件" 对话框

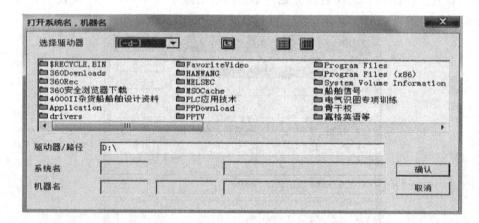

图 4 – 38　浏览导入文件对话框

### 4. 元件的输入

构成梯形图的元件包括触点、线圈、特殊功能线圈和连接导线，它们的输入可通过执行 "编辑" → "梯形图标记" 子菜单下的相应命令实现，如选择 "常开触点" 时，将弹出如图 4 – 39 所示的梯形图输入对话框，在输入栏输入相应的元件编号，如图中的 X0，确定后则在梯形图编辑窗口中放置了元件 X0 的一个常开触点。其他类型元件的输入方法类似。

图 4 - 39　"梯形图输入"对话框

元件的输入还可利用工具栏上相应按钮实现，如果对程序指令熟悉则也可采用直接输入编程指令实现梯形图元件的输入，如键入"LD X0"指令即可实现 X0 常开触点的输入。

5. 程序的传输

当写完梯形图，最后写上 END 语句后，必须进行程序转换才能进行程序的传输、调试。转换操作可通过按下 F4 键，或按下工具栏上的转换图标完成。在程序的转换过程中，如果程序有错，则会显示出来。也可通过"工具"菜单，查询程序的正确性。

梯形图转换完毕后，必须将 FX2N 面板上的开关拨向"STOP"状态，再执行"在线"→"PLC 写入"命令，进行传送设置，然后单击"执行"按钮即可，窗口将弹出写入进度对话框。程序的读出操作与程序写入操作方法相同，只需执行"在线"→"PLC 读取"菜单操作，进行 PLC 读出设置。

6. 梯形图逻辑测试

SW7D5 C - LLT - C 梯形图逻辑测试工具是嵌入在编程软件中的梯形图仿真软件。这套软件在计算机中建造了一个虚拟的 PLC，同时执行由编程软件构造的梯形图来进行程序的最初调试。若安装了逻辑测试功能，编程软件的在线菜单就具备与 PLC CPU（PLC CPU 仿真）相连接后相同的功能。相关操作方法读者可自行参考软件操作指南。

【任务实施】

## 4.3.4　使用编程器和编程软件进行程序编辑和转换

1. PLC 外部接线

按图 4 - 40 所示进行 PLC 外部 I/O 接线。

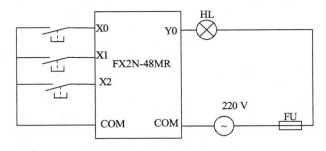

图 4 - 40　PLC 外部接线图

2. 使用编程器进行程序输入与运行调试

使用 FX - 20P - E 编程器完成图 4 - 41（a）指令表程序的输入，并在 PLC 实训装置上运行。分析 PLC 程序实现的控制功能。

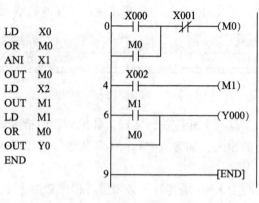

```
LD    X0
OR    M0
ANI   X1
OUT   M0
LD    X2
OUT   M1
LD    M1
OR    M0
OUT   Y0
END
```

图 4－41

（a）PLC 指令表程序；（b）PLC 梯形图程序

3. 使用编程软件进行程序输入与运行调试

使用 SWOPC－FXGP/WIN－C 编程软件完成图 4－41（b）所示的梯形图程序，并写入到 PLC 中，加以运行。

4. 程序自动转换

使用 SWOPC－FXGP/WIN－C 编程软件将第 3 步骤编制的梯形图程序转换为对应的指令表程序。

**【项目考核】**

表 4－3　"PLC 应用入门"项目考核要求

姓名_____　　班级_____　　学号_____　　总得分_____

| 项目编号 | 4 | 项目选题 | | 考核时间 | |
|---|---|---|---|---|---|
| 技能训练考核内容（60 分） | | | 考核标准 | | 得分 |
| （1）教师给定一段 PLC 程序，根据程序自行进行 PLC 外部接线和程序输入与运行。（20 分）<br>（2）输入并运行实现下列控制功能的程序。（40 分）<br>当按下点动启动按钮 SB1，电动机 M 运行，放开 SB1 时，电动机停止。<br>当按下连续启动按钮 SB2，电动机 M 连续运行，当按下停止按钮 SB3 时，电动机 M 停止运行 | | | 能够正确进行 PLC 外部硬件接线。接线错误、操作错误一次扣 2 分。（共 10 分） | | |
| | | | 能自行正确设计符合要求的系统控制程序。程序关键错误一处扣 2 分，整体思路不对扣 5 分，没有预先编好程序扣 10 分。（共 10 分） | | |
| | | | 能够正确地操作编程器将程序输入 PLC 中。操作错误或输入方法不明一次扣 2 分。（共 10 分） | | |
| | | | 能正确按照控制要求进行程序调试与修改。操作步骤不明或不会程序调试一次扣 2 分。（共 10 分） | | |
| | | | 能爱护实验室设备设施，有安全、卫生意识；违反安全文明操作规程一次扣 5～20 分。（共 20 分） | | |
| 知识巩固测试内容（40 分） | | | 见知识训练四 | | |
| 完成日期 | | | 年　月　日 | 指导教师签字 | |

**知识训练四**

## 一、填空题

1. 定时器的线圈_____时开始定时，定时时间到时其常开触点_____，常闭触点_____。

2. 通用定时器_____时被复位，复位后其常开触点_____，常闭触点_____，当前值_____。

3. 计数器的复位输入电路_____、计数输入电路_____，当前值_____设定值时，计数器的当前值_____。

4. PLC 的输入/输出继电器采用_____进制进行编号，其他所有软元件均采用_____进制进行编号。

5. 型号为 FX2N – 32MR 的 PLC，它表示的含义包括以下几部分：它是_____单元，内部包括_____、_____、输入输出口及_____；其输入输出总点数为_____点，其中输入点数为_____点，输出点数为_____点；其输出类型为_____。

6. PLC 的输出指令 OUT 是对继电器的_____进行驱动的指令，但它不能用于_____。

7. PLC 用户程序的完成分为_____、_____、_____三个阶段。这三个阶段是采用_____工作方式分时完成的。

8. FX2N 系列 PLC 编程元件的编号分为两个部分，第一部分是代表功能的字母。输入继电器用_____表示，输出继电器用_____表示，辅助继电器用_____表示，定时器用_____表示，计数器用_____表示，状态器用_____表示。第二部分为表示该类器件的序号，输入继电器及输出继电器的序号为_____进制，其余器件的序号为_____进制。

9. PLC 编程元件的使用主要体现在程序中。从实质上说，一个存储元件代表_____可以被访问_____次，PLC 的编程元件可以有_____个触点。

10. PLC 开关量输出接口按 PLC 机内使用的器件可以分为_____型、_____型和_____型。输出接口本身都不带电源，在考虑外驱动电源时，需要考虑输出器件的类型，_____型的输出接口可用于交流和直流两种电源，_____型的输出接口只适用于直流驱动的场合，而_____型的输出接口只适用于交流驱动的场合。

## 二、问答题

1. 什么是 PLC 的扫描周期？在一个扫描周期中，如果在程序执行阶段，输入状态发生变化是否会对输出刷新阶段的结果产生影响？

2. PLC 处于运行状态时，输入端状态的变化将在何时存入输入映象寄存器？输出锁存器中所存放的内容是否会随用户程序的执行而变化？为什么？

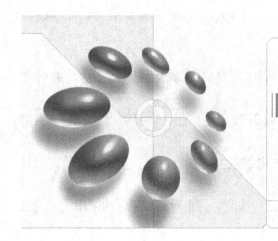

# 项目五　三相异步电动机 PLC 基本控制

## 【项目描述】

　　和电动机的继电器－接触器控制线路相比，采用 PLC 控制具备更高的可靠性、可维护性和抗干扰能力。三菱 FX2N 系列 PLC 为用户提供了 27 条基本逻辑指令，这 27 条指令功能非常强大，能编制出一般开关量控制系统的用户程序。本项目通过采用 PLC 实现电动机运行的点长动、降压启动、正反转等基本控制，目的在于掌握 PLC 基本指令的编程方法和编程技巧，学会 PLC 基本指令应用程序的编制和运行调试方法。具体学习目标如下。

## 【项目目标】

　　（1）掌握三菱 PLC 基本指令的功能和使用方法。

　　（2）掌握基本指令程序设计的基本方法——启 - 保 - 停电路。

　　（3）掌握闪烁程序、长延时控制、互锁控制等基本控制程序设计方法。

　　（4）能根据控制要求，应用基本指令和启、保、停电路程序设计方法编写控制系统的梯形图和指令语句表程序。

　　（5）熟练使用三菱 PLC 的编程器和编程软件进行程序编辑与调试运行。

# 任务一　三相异步电动机点动、长动 PLC 控制

## 【任务描述】

　　基本逻辑指令是 PLC 中最基础的编程语言，掌握了基本指令也就初步掌握了 PLC 的使用方法。三菱 FX2N 系列 PLC 基本逻辑指令共有 27 条，结合控制要求本任务要学会使用其中的 11 条。三相异步电动机点、长动运行的继电器 – 接触器控制电路如图 5 – 1 所示，现要改用 PLC 来控制电动机的点动运行和长动启停，采用基本逻辑指令的启 – 保 – 停电路进行编程。具体设计要求为：按下长动启动按钮 SB1，电动机单向连续运行；按下停止按钮 SB2 或热继电器 FR 动作时，电动机停止运行。按下点动启动按钮 SB3，电动机单向点动运行，松开按钮 SB3，电动机停止。

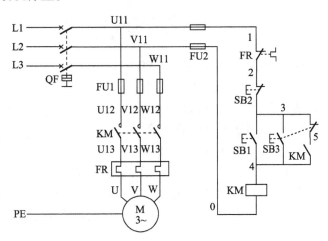

图 5 – 1　三相异步电动机点动、长动运行电路

## 【相关知识】

### 5.1.1　三菱 FX2N 系列 PLC 基本逻辑指令（一）

　　1. 逻辑取指令 LD、LDI 及线圈驱动指令 OUT

　　LD，取指令，是指从输入母线开始，取用常开触点。也用于代表一个新电路块的开始。

　　LDI，取反指令，是指从输入母线开始，取用常闭触点。也用于代表一个新电路块的开始。

　　OUT，线圈驱动指令，也叫输出指令，用于继电器线圈、定时器和计数器的输出。

　　LD、LDI 指令的目标元件是 X、Y、M、S、T、C，用于将触点接到输入母线上，也可

与后述的 ANB 指令、ORB 指令配合，用于分支回路的起点。

OUT 指令用于驱动目标元件 Y、M、S、T、C。对输入继电器 X 不能使用。并联的 OUT 指令可以连续使用多次。OUT 指令的目标元件是定时器 T、计数器 C 时，必须设定常数 K。

LD、LDI 是一个程序步指令，即一个字。OUT 是多程序步指令，要视目标元件而定。

LD、LDI 和 OUT 指令的使用说明如图 5 - 2 所示。

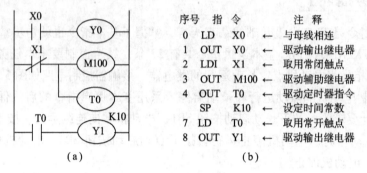

| 序号 | 指 | 令 | 注 释 |
|---|---|---|---|
| 0 | LD | X0 | ← 与母线相连 |
| 1 | OUT | Y0 | ← 驱动输出继电器 |
| 2 | LDI | X1 | ← 取用常闭触点 |
| 3 | OUT | M100 | ← 驱动辅助继电器 |
| 4 | OUT | T0 | ← 驱动定时器指令 |
| SP | | K10 | ← 设定时间常数 |
| 7 | LD | T0 | ← 取用常开触点 |
| 8 | OUT | Y1 | ← 驱动输出继电器 |

图 5 - 2　LD、LDI 和 OUT 指令的使用说明
(a) 梯形图；(b) 指令表

2. 单个触点串并联指令 AND、ANI、OR、ORI

AND，与指令，用于单个常开触点的串联连接；

ANI，与非指令，用于单个常闭触点的串联连接。

OR，或指令，用于单个常开触点的并联连接；

ORI，或非指令，用于单个常闭触点并联连接。

AND、ANI、OR、ORI 指令都是一个程序步指令，它们的目标元件是 X、Y、M、S、T、C。这 4 条指令都是用于单个触点的串联或并联。当需要对两个以上触点并联连接的电路块进行串联时，要用后述的块串指令 ANB；需要对两个以上触点串联连接的电路块并联时，要用后述的块并指令 ORB。

AND、ANI、OR、ORI 指令对串联或并联触点的个数没有限制，也就是说，这 4 条指令可以多次重复使用。AND、ANI、OR、ORI 指令的使用说明如图 5 - 3、图 5 - 4 所示。

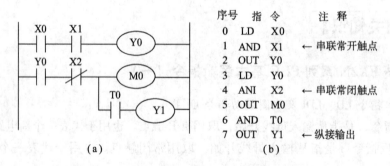

| 序号 | 指 | 令 | 注 释 |
|---|---|---|---|
| 0 | LD | X0 | |
| 1 | AND | X1 | ← 串联常开触点 |
| 2 | OUT | Y0 | |
| 3 | LD | Y0 | |
| 4 | ANI | X2 | ← 串联常闭触点 |
| 5 | OUT | M0 | |
| 6 | AND | T0 | |
| 7 | OUT | Y1 | ← 纵接输出 |

图 5 - 3　AND、ANI 指令使用说明
(a) 梯形图；(b) 指令表

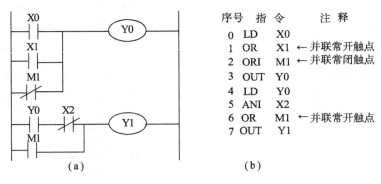

图 5 - 4　OR、ORI 指令使用说明

（a）梯形图；（b）指令表

### 3. 串联电路块的并联连接指令 ORB

两个或两个以上触点的串联电路称为串联电路块。当几个串联电路块并联连接时，分支开始用 LD、LDI 指令，分支结束用 ORB 指令。ORB 指令为无目标元件指令，它不表示触点，可以把它看成电路块之间的一段连接线。ORB 也简称块或指令。ORB 指令的使用说明如图 5 - 5 所示。

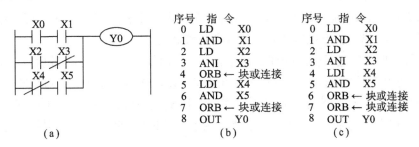

图 5 - 5　ORB 指令使用说明

（a）梯形图；（b）语句表一；（c）语句表二

ORB 指令的使用方法有两种：一种是在要并联的每个串联电路块后加 ORB 指令，详见图 5 - 5（b）所示语句表；另一种是集中使用 ORB 指令，详见图 5 - 5（c）所示语句表。对于前者分散使用 ORB 指令时，并联电路的个数没有限制，但对于后者集中使用 ORB 指令时，这种电路块并联的个数不能超过 8 个。

### 4. 并联电路块的串联连接指令 ANB

两个或两个以上触点的并联电路称为并联电路块。当几个并联电路块串联连接时，分支开始用 LD、LDI 指令，分支终点用 ANB 指令。ANB 指令为无目标元件指令，ANB 也简称块与指令。指令的使用说明如图 5 - 6 所示。

当多个并联电路块串联时，ANB 指令的使用方法有两种：一种是在要串联的每个并联电路块后加 ANB 指令；另一种是集中使用 ANB 指令。对于前者分散使用 ANB 指令时，串联电路的个数没有限制，但对于后者集中使用 ANB 指令时，这种电路块串联的个数不能超过 8 个。

### 5. 空操作指令 NOP

空操作指令 NOP 是一条无动作、无目标元件的指令，占一个程序步，用于程序的修改。

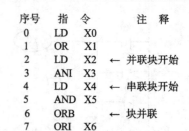

| 序号 | 指 令 |  | 注 释 |
|---|---|---|---|
| 0 | LD | X0 | |
| 1 | OR | X1 | |
| 2 | LD | X2 | ← 并联块开始 |
| 3 | ANI | X3 | |
| 4 | LD | X4 | ← 串联块开始 |
| 5 | AND | X5 | |
| 6 | ORB |  | ← 块并联 |
| 7 | ORI | X6 | |
| 8 | ANB |  | ← 块串联 |
| 9 | OR | X7 | |
| 10 | OUT | Y0 | |

图 5-6  ANB 指令使用说明

(a) 梯形图；(b) 指令表

用 NOP 指令替代已写入的指令，可以改变程序的功能。在程序中加入 NOP 指令，当改动或追加程序时可以减少步序号的改变。必须注意的是，不能将 LD、LDI、ANB、ORB、OUT 等指令改为 NOP，否则会造成程序出错。

程序被全部清除后，用户存储器的内容将全部变为 NOP 指令。

6. 程序结束指令 END

程序结束指令 END 是一条无目标元件的指令，占一个程序步，它用于程序结束，即表示程序终了。END 指令没有控制线路，直接与母线相连。

PLC 运行时要反复进行输入处理、程序运算和输出处理，若在程序最后写入 END 指令，则 END 以后的程序不再执行，直接进行输出处理。在调试用户程序时，可以将 END 指令插在每一个程序段的末尾，分段调试用户程序，每调试完一段，将其末尾的 END 指令删去，直到全部用户程序调试完毕。需要注意的是，在执行 END 指令时，也要刷新监视时钟。

## 5.1.2  梯形图编程注意事项

（1）梯形图编程时，要按程序执行的顺序从左至右，自上而下编制。每一行从左母线开始，加上执行的逻辑条件（由常开、常闭触点或其组合构成），通过输出线圈，终止于右母线（右母线可以省略）。

（2）线圈不能直接与左母线相连。如果需要无条件执行，可以通过一个没有使用的元件的常闭触点（如 X17）或者特殊辅助继电器 M8000（常 ON）来连接。

（3）线圈右边的触点应放在线圈的左边才能编程，如图 5-7 所示。

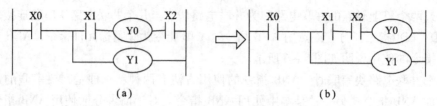

图 5-7  线圈右边的触点应置于左边

(a) 不正确；(b) 正确

（4）同一编号的输出继电器的线圈不能被驱动两次，否则容易误操作，应尽量避免。但不同编号的输出元件可以并行输出，如图 5-8 所示。

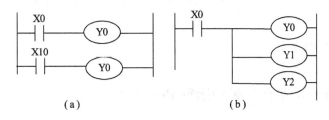

图 5 - 8　双线圈输出及并行输出

（a）双线圈输出，应避免；（b）并行输出

（5）输入继电器的线圈是由来自现场的外部信号驱动的，不能出现在程序中，但它的触点可以使用。

（6）适当安排编程顺序，可以简化编程并减少程序步骤。

- 多触点串联的支路尽量放在上部，如图 5 - 9 所示。

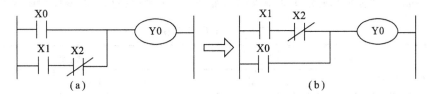

图 5 - 9　多触点串联的支路应放在上面

（a）电路安排不当；（b）电路安排得当

- 多触点并联的支路尽量靠近左母线，如图 5 - 10 所示。

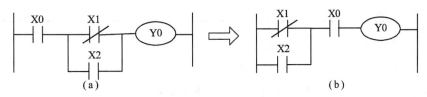

图 5 - 10　多支路并联的电路块要靠近左母线

（a）电路安排不当；（b）电路安排得当

- 触点应画在水平分支线上，不能画在垂直分支线上。如图 5 - 11（a）所示的桥式电路，触点 X5 在垂直分支线上，不能直接编程，应等效变换成图 5 - 11（b）所示的电路进行编程。

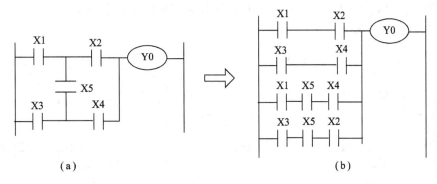

图 5 - 11　桥式电路的等效变换

（a）桥式电路；（b）等效电路

【任务实施】

### 5.1.3 三相异步电动机点、长动运行 PLC 控制

**1. 分析任务控制要求**

参见"任务描述"部分。

按下点动按钮 SB1，电动机作点动运行，无自锁；按下长动启动按钮 SB2，电动机连续运行；在程序设计过程中，需要借助一个中间继电器来记忆长动或点动运行的状态；同时，无论是点动还是长动，驱动的应是同一个输出继电器。

**2. 列出 I/O（输入/输出）分配表**

由电动机运行控制要求确定 PLC 需要 4 个输入点，1 个输出点，其 I/O 分配表见表 5-1。

表 5-1　I/O 分配表

| 输入 | | 输出 | |
|---|---|---|---|
| 设备名称及代号 | 输入点编号 | 设备名称及代号 | 输出点编号 |
| 点动启动按钮 SB1 | X1 | 接触器 KM | Y0 |
| 长动启动按钮 SB2 | X2 | | |
| 长动停止按钮 SB3 | X3 | | |
| 热继电器 FR | X4 | | |

**3. 电动机主电路连接及 PLC 外部接线**

（1）按图 5-1 进行电动机主电路接线。

（2）按图 5-12（a）或（b）进行 PLC 外部硬件接线。

说明：为了实现过载保护，电路中使用的热继电器触点有两种接法：一种是与继电器 - 接触器控制电路相类似，把 FR 的常闭触点接在电动机控制接触器 KM 线圈的供电回路中，即：使用 FR 的常闭触点接在 PLC 的输出回路中，不单独占用输入点，如图 5-12（a）所示。另一种，使用热继电器的常开触点，将它作为一路开关量输入信号接在 PLC 的输入端子上，当发生过载时，FR 触点动作，通过程序控制实现断开接触器电源，电动机停车，接法如图 5-12（b）所示。

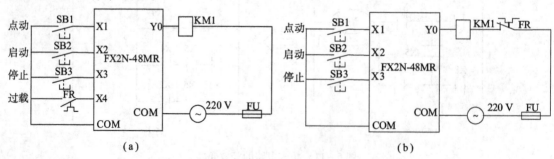

图 5-12　PLC 的外部硬件接线图

### 4. PLC 程序设计与运行调试

提示：（1）点动控制部分，采用按钮 SB1 接在 PLC 输入端 X0 上；长动控制，启动按钮 SB2、停止按钮 SB3，为了实现在同一个控制系统中电动机既能点动，又能长动，不能直接采用输出继电器自锁，而要借助中间继电器，把点动和长动的控制分开。

按照图 5 – 12（a）所示过载保护方案，设计控制梯形图程序如图 5 – 13（a）、（b）所示。

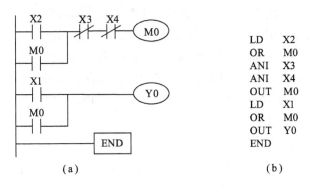

图 5 – 13　电动机点、长动运行 PLC 控制程序
（a）控制梯形图程序；（b）指令语句表

在程序运行过程中，分别按下点动控制按钮 X1、长动启动按钮 X2、停止按钮 X3、模拟热继电器过载让 X4 接通，依次观察输出点 Y0 和电动机的运行状态。

# 任务二　三相异步电动机Y – △降压启动 PLC 控制

## 【任务描述】

三相异步电动机 Y – △降压启动继电器 – 接触器控制电路如图 2 – 7 所示，现将控制电路改用 PLC 控制，使用软元件定时器来进行延时。具体控制要求为：按下长动启动按钮 SB1，主接触器 KM1 线圈得电，1 s 后 Y 接接触器 KM2 得电，电动机做星形连接启动；再过 6 s，Y 接接触器 KM2 断电后，再过 0.5 s，△接接触器 KM3 得电，电动机△连接正常运行。要求星形接触器和三角形接触器之间有互锁。按下停止按钮 SB2 或热继电器 FR 动作时，电动机停止运行。

试应用定时器和基本逻辑指令设计电动机降压启动控制的梯形图程序。

## 【相关知识】

### 5.2.1　三菱 FX2N 系列 PLC 基本逻辑指令（二）

1. 多重输出指令 MPS、MRD、MPP

MPS 为进栈指令，MRD 为读栈指令，MPP 为出栈指令。

FX 系列 PLC 中有 11 个存储中间运算结果的存储区域，称为栈存储器，如图 5 - 14 所示。

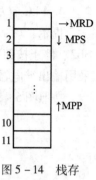

MPS 指令用于将运算中间结果存入栈存储器，使用一次 MPS 指令，该时刻的运算结果就压入栈存储器第一级，再使用一次 MPS 指令时，当时的运算结果压入栈的第一级，先压入的数据依次向栈的下一级推移。使用出栈指令 MPP 就是将存入栈存储器的各数据依次上移，最上级数据读出后就从栈内消失。读栈指令 MRD 是将栈存储器最上级的最新数据读出的专用指令，栈内的数据不发生移动，仍保持在栈内位置不变。这组指令无目标元件，用于触点状态的暂时存储，因此用于多重输出电路。MPS、MPP 指令必须成对使用，而且连续使用应少于 11 次。MPS、MRD、MPP 指令使用说明参考图 5 - 15 一层栈电路。

图 5 - 14 栈存储器

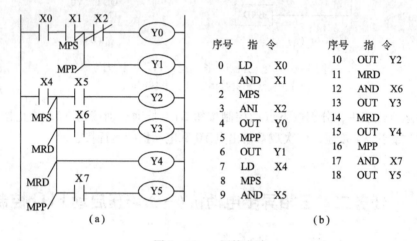

图 5 - 15 一层栈电路

（a）梯形图；（b）指令表

## 2. 置位与复位指令 SET、RST

SET 为置位指令，其功能是使元件置位并保持，直到复位为止。RST 为复位指令，使元件复位并保持，直到置位为止。SET 指令的目标元件是 Y、M、S，而 RST 指令的目标元件是 Y、M、S、D、V、Z、T、C。这两条指令占 1~3 个程序步，因目标元件而定。对同一编程元件，SET、RST 指令可以多次使用，且不限制使用顺序，但以最后执行者有效。

使用 SET 和 RST 指令，可以方便地在用户程序的任何地方对某个状态或事件设置标志和清除标志。SET、RST 指令的使用说明如图 5 - 16 所示。由波形图可见，X0 接通后，即使再变成断开，Y0 也将保持接通。X1 接通后，即使再变成断开，Y0 也保持断开，直到 X0 接通。

图 5 - 16 置位与复位指令使用说明

（a）梯形图；（b）指令表；（c）波形图

　　RST 指令可以对定时器、计数器、数据寄存器、变址寄存器的内容清零，还可用来复位积算定时器 T246~T255 和计数器。如图 5-17 所示，当 X0 接通时，定时器 T246 的输出触点复位，它的当前值也变成 0。输入 X1 接通期间，T246 接收 1 ms 时钟脉冲并计数，计到 8 时 Y0 就动作。32 位计数器 C200 根据 M8200 的开、关状态进行递加或递减计数，它对 X11 触点的开关次数计数。输出触点的置位或复位取决于计数方向及是否达到 D1、D0 中所存的设定值。输入 X10 接通后，输出触点复位，计数器 C200 当前值清零。

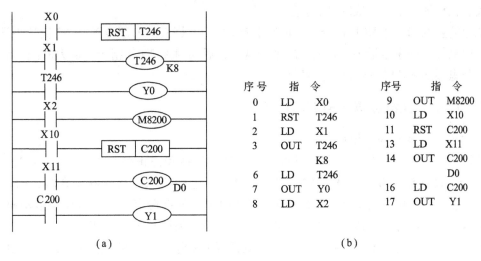

| 序号 | 指 | 令 | 序号 | 指 | 令 |
|---|---|---|---|---|---|
| 0 | LD | X0 | 9 | OUT | M8200 |
| 1 | RST | T246 | 10 | LD | X10 |
| 2 | LD | X1 | 11 | RST | C200 |
| 3 | OUT | T246 | 13 | LD | X11 |
| | | K8 | 14 | OUT | C200 |
| 6 | LD | T246 | | | D0 |
| 7 | OUT | Y0 | 16 | LD | C200 |
| 8 | LD | X2 | 17 | OUT | Y1 |

(a)　　　　　　　　　　　　　(b)

图 5-17　置位与复位指令用于 T、C 的说明

(a) 梯形图；(b) 指令表

### 3. 主控及主控复位指令 MC、MCR

　　在编程时，常会遇到多个线圈同时受一个或一组触点控制的情况。如果在每个线圈的控制电路中都串入同样的触点，将多占用存储单元，此时，就可以用主控指令来实现。

　　MC 为主控指令，用于公共串联触点的连接。MCR 为主控复位指令，即 MC 的复位指令。

　　MC、MCR 指令的使用说明如图 5-18 所示。其中，N0 为嵌套级数，其选择范围为 N0~N7。当输入条件 X0 接通时，执行主控指令 MC，则 M100 被接通，在 MC 与 MCR 之间

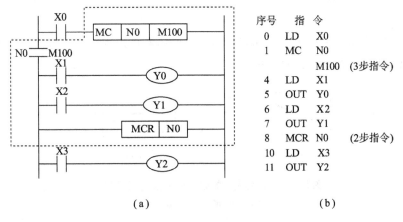

| 序号 | 指令 | |
|---|---|---|
| 0 | LD | X0 |
| 1 | MC | N0 |
| | | M100　(3步指令) |
| 4 | LD | X1 |
| 5 | OUT | Y0 |
| 6 | LD | X2 |
| 7 | OUT | Y1 |
| 8 | MCR | N0　(2步指令) |
| 10 | LD | X3 |
| 11 | OUT | Y2 |

(a)　　　　　　　　　　　　(b)

图 5-18　MC、MCR 指令使用说明

(a) 梯形图；(b) 指令表

的所有指令被依次执行；当 X0 断开时，不执行 MC 与 MCR 之间的指令。因此，其间各计数器的当前计数值和各积算型定时器的计时值保持不变，SET、RST 指令驱动的元件状态保持不变，而常规定时器则被复位，各逻辑线圈和输出线圈均断开。

MC 指令是 3 程序步，MCR 指令是 2 程序步，它们必须成对使用。它们的目标元件是 Y、M，但不允许使用特殊辅助继电器。

主控指令 MC 使用的触点称为主控触点，是与母线相连的常开触点，是控制一组电路的总开关，在梯形图中与一般的触点垂直。

如果需要在 MC 到 MCR 指令之间再使用 MC 指令，嵌套级的序号 N0～N7 应从小到大地编制，即最外层的序号最小，越往里层序号越大，返回时用 MCR 指令，从大的嵌套级开始解除，即里层的 MC 触点号首先被复位。

### 5.2.2 启动、保持和停止控制程序设计

#### 1. 启动、保持和停止控制程序

利用图 5-19 所示的 PLC 外部接线图，启动、保持和停止控制程序如图 5-20 所示。设 SB0 为启动按钮，SB1 为停止按钮，L0 为单相小电动机 M。当 SB0 闭合时，输入继电器 X0 得电，其常开触点闭合；输出继电器 Y0 得电，外部触点闭合，从而使电动机 M 旋转，内部触点 Y0 闭合自锁；当按钮 SB0 断开时，Y0 仍保持输出。当 SB1 闭合时，输入继电器 X1 得电，其常闭触点断开，输出继电器 Y0 失电，其外部触点断开，电动机 M 停止旋转；内部触点 Y0 断开，解锁。当 SB0、SB1 同时闭合时，Y0 失电，故称为停止优先。

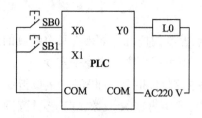

图 5-19　PLC 外部接线图

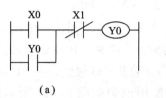

图 5-20　停止优先的启 - 保 - 停电路控制程序
(a) 梯形图；(b) 波形图

图 5-21 (a) 所示梯形图，也具有启动、保持和停止控制功能，但当按钮 SB0、SB1 同时闭合时，Y0 得电，故称为启动优先。

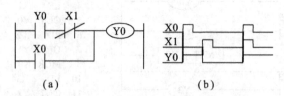

图 5-21　启动优先的启 - 保 - 停电路控制程序
(a) 梯形图；(b) 波形图

图 5-22 所示梯形图，也具有相同的控制功能，这里利用了 SET、RST 指令，读者可自行分析。

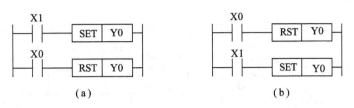

图 5 - 22　利用 SET、RST 实现的启、保、停电路控制程序

(a) 停止优先的梯形图；(b) 启动优先的梯形图

启动、保持和停止控制程序，是利用 PLC 基本指令进行程序设计的最基本方法。在实际应用中，无论所驱动负载的类型如何，都会有相应的启动和停止信号，可能是由多个触点组成的串、并联电路提供，但其实质是相同的。至于保持信号，根据需要还可以省略，使程序更加简化。

2. 延时接通/延时断开控制程序

延时控制程序可以通过在程序中驱动定时器来实现。如图 5 - 23 所示。在图 5 - 23 中，输入继电器 X0 是输出继电器 Y0 的延时启动和延时停止的控制开关。当发出开命令时，X0 的常开触点接通，定时器 T0 开始计时，10 s 后 T0 的常开触点接通，使输出继电器 Y0 得电；同时 X0 的常闭触点断开，定时器 T1 复位。当发出关命令时，X0 的常开触点断开，定时器 T0 复位；而 X0 的常闭触点接通，定时器 T1 开始计时，5 s 后 T1 的常闭触点断开，使输出继电器 Y0 失电；同时，Y0 的常开触点断开，又使定时器 T1 复位，回到启动前的状态。

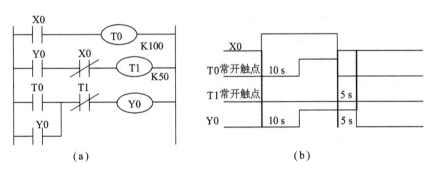

图 5 - 23　延时接通/断开控制程序

(a) 梯形图；(b) 波形图

### 5.2.3　定时范围扩展程序设计

FX 系列 PLC 定时器的最长定时时间为 3 276.7 s，如果需要更长的定时时间，可以采用以下方法。

1. 多个定时器组合使用

如图 5 - 24 所示，当常开触点 X0 接通时，定时器 T0 得电并开始延时 (3 000 s)，延时到 T0 常开触点闭合，又使定时器 T1 得电并开始延时 (3 000 s)，T1 延时到其常开触点闭合，再使 T2 线圈得电，并开始延时 (3 000 s)，T2 延时到其常开触点闭合，才使 Y0 接通，因此，从 X0 开始接通到输出继电器 Y0 得电共延时 9 000 s。

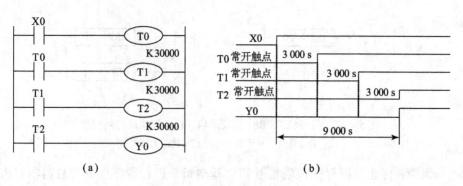

图 5 – 24　多个定时器组合程序

(a) 梯形图；(b) 波形图

2. 定时器与计数器组合使用

如图 5 – 25 所示。当常开触点 X0 断开时，定时器 T0 和计数器 C0 复位不工作。当常开触点 X0 接通时，定时器 T0 开始计时，3 000 s 后 T0 计时时间到，其常闭触点断开，使其自复位，复位后 T0 的当前值变为 0，同时它的常闭触点接通，使它自己的线圈重新通电，又开始定时。T0 将这样周而复始地工作，直到 X0 变为 OFF。从分析中可看出，梯形图最上面一行程序是一个脉冲信号发生器，脉冲周期等于 T0 的设定值，脉宽等于一个扫描周期。产生的脉冲列送给 C0 计数，计满 30 000 次（即 25 000 小时）后，C0 的当前值等于设定值，它的常开触点闭合，Y0 开始输出。

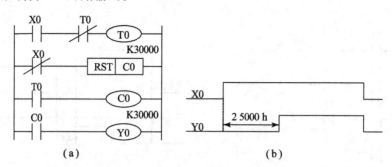

图 5 – 25　定时器与计数器组合程序

(a) 梯形图；(b) 波形图

当然，也可以使用单个计数器进行定时，如果以特殊辅助继电器 M8014 的触点向计数器提供周期为 1 min 的时钟脉冲，单个计数器的最长定时时间为 32 767 min，如果需要更长定时的时间，可以使用多个计数器。

【任务实施】

### 5.2.4　三相异步电动机 Y – △ 降压启动 PLC 控制

1. 分析系统控制要求

根据控制要求，画出输入输出控制时序，如图 5 – 26 所示。

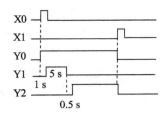

图 5 - 26  Y - △降压启动控制时序图

**2. 列出 I/O（输入/输出）分配表**

由电动机运行控制要求确定 PLC 需要 2 个输入点，3 个输出点，其 I/O 分配表见表 5 - 2。

表 5 - 2  I/O 分配表

| 输入 | | 输出 | |
| --- | --- | --- | --- |
| 设备名称及代号 | 输入点编号 | 设备名称及代号 | 输出点编号 |
| 启动按钮 SB1 | X1 | 主接触器 KM1 | Y1 |
| 停止按钮 SB2 | X2 | Y 接接触器 KM2 | Y2 |
| 热继电器 FR | X3 | △接接触器 KM3 | Y3 |

**3. 电动机主电路连接及 PLC 外部接线**

（1）按图 2 - 7 进行电动机主电路接线。

（2）按图 5 - 27 进行 PLC 外部硬件接线。

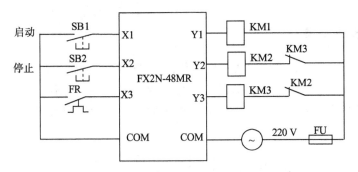

图 5 - 27  PLC 的外部硬件接线图

**4. PLC 程序设计与运行调试**

提示：

（1）程序中共用到三个延时，一个是主接触器接通后延时 1 s，Y 接接触器接通，再过 5 s 后，Y 接接触器断电；再延时 0.5 s 后，△接接触器接通，故程序中需要使用 3 个定时器。

（2）为了避免电源被短路，Y 接接触器 KM2 和△接接触器 KM3 不能同时得电，要进行互锁，可采用机械互锁和程序互锁两种方法，包括 KM2 断电 0.5 s 后，KM3 才得电，都是为了保证前者可靠断电后，后者才接通。

Y - △降压启动控制梯形图及指令表程序如图 5 - 28 所示。

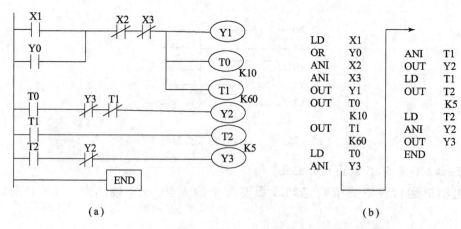

图 5 - 28　三相异步电动机丫 - △降压启动 PLC 控制程序

(a) 控制梯形图程序；(b) 指令语句表

在程序运行过程中，分别按下启动按钮 X1、停止按钮 X2、模拟热继电器过载等，观察三个输出点和电动机的运行状态。同时在编程器或软件中监控所使用的三个定时器的定时情况。

思考：如果使用堆栈指令来设计程序，该如何修改上述控制梯形图？

## 任务三　电动机运行单按钮启停 PLC 控制

### 【任务描述】

在控制系统中，有时需要关注的不是信号处于何种状态，而是关注信号状态的变化，即信号的上升沿或下降沿，这时就要用到三菱 PLC 提供一些边沿操作指令。本任务训练利用 LDP 边沿操作指令等，来实现用 1 个按钮 SB1 控制 1 台电动机 M 的启动和停止，其控制时序要求如图 5 - 29 所示。

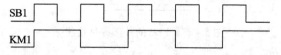

图 5 - 29　单按钮控制 1 台电动机启停的控制时序图

### 【相关知识】

#### 5.3.1　三菱 FX2N 系列 PLC 边沿操作指令

1. 脉冲输出指令 PLS、PLF

脉冲输出指令 PLS、PLF，又称微分输出指令，用于辅助继电器 M（特殊辅助继电器除外）或输出继电器 Y 的短时间的脉冲输出。PLS 为上升沿脉冲输出指令，用于在输入信号由断开到闭合的时刻产生脉冲输出；PLF 为下降沿脉冲输出指令，用于在输入信号由闭合到断开的时刻产生脉冲输出，输出脉冲宽度为一个扫描周期。这两条指令都占 2 程序步。PLS、PLF 指令使用说明如图 5-30 所示，使用 PLS 指令，元件 Y、M 仅在驱动输入接通后的第一个扫描周期内动作（置 1），而使用 PLF 指令，元件 Y、M 仅在输入断开后的第一个扫描周期内动作。

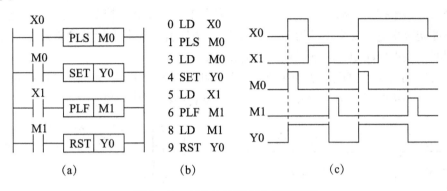

图 5-30　PLS 和 PLF 指令使用说明

（a）梯形图；（b）指令表；（c）波形图

2. 取上升沿和下降沿指令 LDP、LDF，上升沿和下降沿逻辑与指令 ANDP、ANDF，逻辑或指令 ORP、ORF

（1）LDP（取上升沿指令）：与左母线连接的常开触点的上升沿检测指令，仅在指定操作元件的上升沿（OFF→ON）时接通一个扫描周期。

（2）LDF（取下降沿指令）：与左母线连接的常开触点的下降沿检测指令，仅在指定操作元件的下降沿（ON→OFF）时接通一个扫描周期。

（3）ANDP（上升沿与指令）：上升沿检测串联连接指令，仅在指定操作元件的上升沿（OFF→ON）时接通一个扫描周期。

（4）ANDF（下降沿与指令）：下降沿检测串联连接指令，仅在指定操作元件的下降沿（ON→OFF）时接通一个扫描周期。

（5）ORP（上升沿或指令）：上升沿检测并联连接指令，仅在指定操作元件的上升沿（OFF→ON）时接通一个扫描周期。

（6）ORF（下降沿或指令）：下降沿检测并联连接指令，仅在指定操作元件的下降沿（ON→OFF）时接通一个扫描周期。

关于边沿检测指令编程示例如图 5-31 所示。

3. 取反指令 INV

INV 指令在梯形图中用一条与水平成 45°的短斜线表示，它将执行该指令之前的运算结

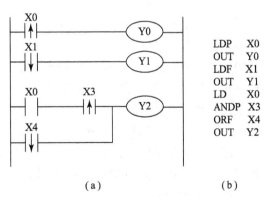

图 5-31　边沿检测指令编程示例

（a）梯形图；（b）指令表

果取反，若它前面的运算结果为 0，则将其变为 1，运算结果为 1，则变为 0。INV 指令编程示例如图 5-32 所示。

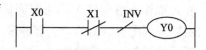

图 5-32　INV 指令编程示例

### 5.3.2　常用的基本单元程序

**1. 互锁控制程序**

通过本书项目二中关于三相异步电动机正反转控制电路的学习我们已经知道，采用继电器-接触器电路来控制电动机的正反转，为了避免电源被短路，控制电动机正、反转的交流接触器不能同时得电，要采用"互锁"的措施。是分别将两个接触器的常闭触点串联到对方接触器线圈供电回路中，起到联锁控制的作用。

如果采用 PLC 来控制电动机的正反转运行，也要采取"互锁"，如图 5-33 所示。设控制电动机正转的接触器 KM1 接 Y0，控制电动机反转的接触器 KM2 接 Y1。

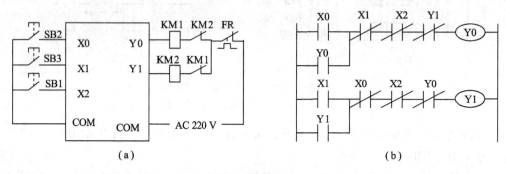

图 5-33　三相异步电动机正反转控制程序

(a) PLC 外部接线图；(b) 控制程序

在梯形图中，将输出继电器 Y0 和 Y1 的常闭触点分别与对方的线圈串联，可以保证它们不能同时得电，使 KM1、KM2 线圈不会同时通电，这种安全措施称为"程序互锁"。在梯形图中还设置了"按钮互锁"，即将反向启动信号 X1 的常闭触点与控制正转的输出信号 Y0 串联，将正向启动信号 X0 的常闭触点与控制反转的输出信号 Y1 串联。这样处理，既方便了操作，又保证了 Y0 和 Y1 不会同时接通。

应注意的是，虽然在梯形图中已经有了软继电器的互锁触点，但在 PLC 外部输出电路中还必须使用 KM1、KM2 的常闭触点进行互锁。因为 PLC 内部软继电器的互锁只差一个扫描周期，外部触点可能来不及响应。例如 Y0 虽然断开，可能 KM1 的触点还未断开，在没有外部硬件互锁的情况下，KM2 的触点可能接通，引起主电路短路。因此，必须采用软、硬件双重互锁。采用双重互锁，也避免了因接触器 KM1、KM2 的主触点熔焊所引起的电动机主电路短路。

**2. 多继电器线圈控制程序**

图 5-34 是可以自锁的同时控制 3 个输出继电器线圈的程序。其中，X0 是启动信号，X1 是停止信号。

**3. 多地控制程序**

多地控制程序，可以在一地控制程序的基础上修改得到，即将多个启动信号并联，作为输出元素的启动信号；将多个

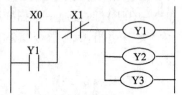

图 5-34　多继电器线圈控制梯形图

停止信号串联，作为输出元素的停止信号。图 5 – 35 是两地控制一个输出继电器线圈的程序。其中，X0、X1 分别是一地的启动和停止信号，X2 和 X3 则分别是另一地的启动和停止信号。

4. 顺序启动控制程序

如图 5 – 36 所示，Y0 的常开触点串在 Y1 的控制回路中，Y1 的接通是以 Y0 的接通为条件的。只有 Y0 接通才允许 Y1 接通，若 Y0 失电 Y1 也被关断停止。而在 Y0 接通的条件下，Y1 可以自行接通和停止。X0、X1 分别是 Y0 的启动、停止信号，X2、X3 分别是 Y1 的启动、停止信号。

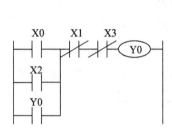

图 5 – 35　两地控制梯形图

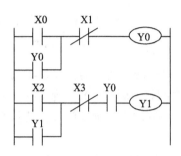

图 5 – 36　顺序启停控制程序

5. 分频程序

用 PLC 可以实现对输入信号的任意分频，如图 5 – 37（a）所示是一个二分频程序，将脉冲信号加入 X0 端，在第一个脉冲到来时，M100 产生宽度为一个扫描周期的单脉冲，使 M100 的常开触点闭合，Y0 线圈接通并保持；当第二个脉冲到来时，由于 M100 的常闭触点断开一个扫描周期，Y0 自保持消失，Y0 线圈断开；当第三个脉冲到来时，M100 又产生一个单脉冲，Y0 线圈再次接通，输出信号又建立；在第四个脉冲的上升沿，输出再次消失。以后不断重复上述过程，得到的输出结果 Y0 是输入信号 X0 的二分频，如图 5 – 37（b）所示。

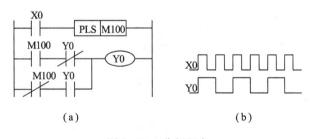

（a）　　　　　　　　　　　　　　（b）

图 5 – 37　分频程序
（a）梯形图；（b）波形图

6. 闪烁控制程序

闪烁控制程序如图 5 – 38 所示，通常用于指示灯的闪烁控制。设开始时定时器 T0、T1 均为 OFF，当常开触点 X0 闭合时，定时器 T0 通电开始计时，2 s 后 T0 的常开触点接通，使输出继电器 Y0 得电，同时定时器 T1 得电开始计时。T1 通电 3 s 后，其常闭触点断开，使定时器 T0 复位。T0 的常开触点断开，Y0 失电，同时定时器 T1 复位。而 T1 的常闭触点接通，又使 T0 得电开始计时。输出继电器 Y0 就这样周期性地得电和失电，直到常开触点 X0 断开。Y0 得电和失电的时间分别等于定时器 T1 和 T0 的设定值。

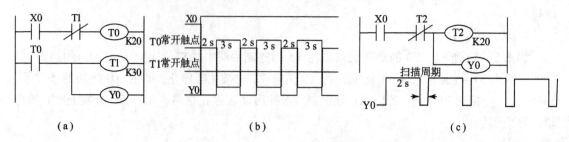

图 5-38　闪烁电路控制程序

(a) 梯形图；(b) 波形图；(c) 自复位式信号发生器

图 5-38 (c) 所示为自复位式信号发生器，X0 接通时，T2 开始计时，Y0 为 ON，2 s 后 T2 的常闭触点断开，Y10 为 OFF，同时 T2 复位。T2 复位后，其常闭触点闭合，又重复上述过程。Y0 输出的脉冲信号，其脉宽为 2 s，周期与脉宽近似相等 (Y0 只断开一个扫描周期)。

### 7. 常闭触点输入信号的处理

前面介绍梯形图的设计方法时，实际上有一个前提，就是假设输入的开关信号均由外部常开触点提供，但是有些输入信号只能由常闭触点提供。如用于电动机过载保护的热继电器 FR 一般习惯用它的常闭触点输入。如图 5-39 (a) 所示控制电动机的继电器电路图，SB1、SB2 分别是启动按钮和停止按钮，如果它们的常开触点接到 PLC 的输入端，则梯形图中的触点类型与继电器电路的触点类型完全一致。如果接入 PLC 的是 SB2 的常闭触点，如图 5-39 (b) 所示，则 X1 的常闭触点断开，X1 常开触点接通，显然在梯形图中应将 X1 的常开触点与 Y0 的线圈串联，如图 5-39 (c) 所示，但是这时在梯形图中所使用的 X1 的触点类型与 PLC 外接 SB2 的常开触点时正好相反，与继电器电路图中的习惯也是相反的。

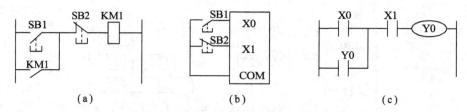

图 5-39　常闭触点输入信号的处理

(a) 继电接触器控制电路图；(b) PLC 输入接线图；(c) 梯形图

为了使梯形图和继电器电路图中触点的类型相同，建议尽可能地用常开触点作 PLC 的输入信号。如果某些信号只能用常闭触点输入，可以按输入全部为常开触点来设计，然后将梯形图中相应的输入位的触点改为相反的触点，即将常开触点改为常闭触点，将常闭触点改为常开触点。

## 【任务实施】

### 5.3.3　电动机单按钮启停 PLC 控制

1. 分析系统控制要求

参见"任务描述"部分。

2. 列出 I/O（输入/输出）分配表

由电动机运行控制要求确定 PLC 需要 1 个输入点，1 个输出点，其 I/O 分配表见表 5 - 3。

表 5 - 3　I/O 分配表

| 输入 | | 输出 | |
| --- | --- | --- | --- |
| 设备名称及代号 | 输入点编号 | 设备名称及代号 | 输出点编号 |
| 启停控制按钮 SB1 | X1 | 主接触器 KM1 | Y0 |
| 热继电器 FR | X2 | | |

3. PLC 程序设计与运行调试

对于图 5 - 37 所示的分频程序，如果与输入点 X0 连接的是电动机的单个启停按钮，则该控制程序就可以实现电动机的单按钮启停控制，这是实现单按钮启停控制的一种编程方法。此外，还可以使用 LDP、SET、RST 等指令实现。如图 5 - 40 所示。

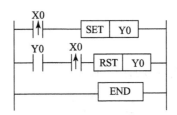

图 5 - 40　单按钮启停控制梯形图

4. 闪烁程序运行调试

综合图 5 - 38 和图 5 - 40 的设计思路，不改变硬件接线，设计按下启动按钮 X0 后，Y0 端所驱动指示灯以亮 2 s 灭 3 s 的频率闪烁的程序；再次按下 X0 后，Y0 停止闪烁。（提示：可借助中间继电器）

## 【项目考核】

表 5 – 4　"三相异步电动机 PLC 基本控制" 项目考核标准

姓名_____　　班级_____　　学号_____　　总得分_____

| 项目编号 | 5 | 项目选题 | | 考核时间 | |
|---|---|---|---|---|---|
| 技能训练考核内容（60 分） | | | 考核标准 | | 得分 |
| 从下列两组选题中各选择一题，进行系统程序设计和调试运行。<br>第一组：<br>（1）三相异步电动机延时启停 PLC 控制；<br>（2）三相异步电动机 Y – △ 降压启动 PLC 控制。<br>第二组：<br>（3）运料小车自动往返 PLC 控制；<br>（4）三相异步电动机正反转 PLC 控制。要有短路、过载保护 | | | 能够正确进行 PLC 外部硬件接线。接线错误、操作错误一次扣 2 分。（共 10 分） | | |
| | | | 能自行正确设计符合要求的系统控制程序；程序关键错误一处扣 2 分，整体思路不对扣 5 分，没有预先编好程序扣 10 分。（共 10 分） | | |
| | | | 能够正确地操作编程器将程序输入 PLC 中。操作错误或输入方法不明一次扣 2 分。（共 10 分） | | |
| | | | 能正确按照控制要求进行程序调试与修改。操作步骤不明或不会程序调试一次扣 2 分。（共 10 分） | | |
| | | | 能爱护实验室设备设施，有安全、卫生意识。违反安全文明操作规程一次扣 5 ~ 20 分。（共 20 分） | | |
| 知识巩固测试内容（40 分） | | | 见知识训练五 | | |
| 完成日期 | | 年　月　日 | | 指导教师签字 | |

 ## 知识训练五

1. 写出图 5 –41 所示梯形图对应的指令程序。

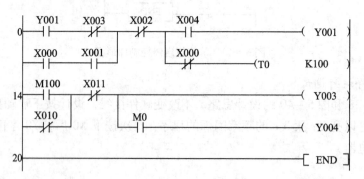

图 5 – 41　第 1 题图

2. 写出图 5 – 42 所示梯形图对应的指令程序。

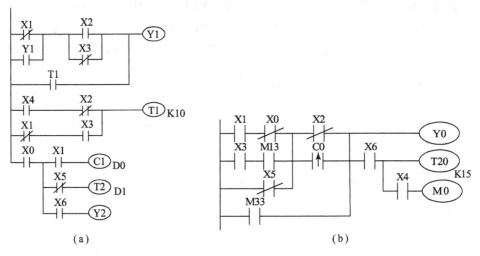

(a)                  (b)

图 5 - 42 第 2 题图

3. 读下面的程序, 画出对应的梯形图。

| 0 | LD X0 | 5 | MPS | 10 | OUT T10 |
|---|---|---|---|---|---|
| 1 | LD Y1 | 6 | AND X2 | | K10 |
| 2 | ANI X3 | 7 | OUT Y1 | 13 | LD T10 |
| 3 | ORB | 8 | MPP | 14 | OUT Y2 |
| 4 | ANI X1 | 9 | ANI X0 | 15 | END |

4. 用定时器串接法实现 1 800 s 的延时, 画出梯形图。如果用定时器与计数器配合完成这一延时, 应如何实现? 画出梯形图。

5. 写出图 5 - 43 所示梯形图对应的指令程序, 并画出不使用 MC、MCR 指令时等效的梯形图。

6. 已知图 5 - 44 所示的控制时序图, 试用启 - 保 - 停电路设计法分别设计出 (a) 和 (b) 梯形图程序。

7. 根据以下要求, 分别编写两台电动机 M1 与 M2 的控制程序。

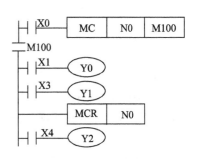

图 5 - 43 第 5 题图

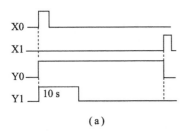

(a)

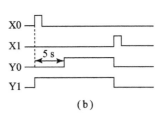

(b)

图 5 - 44 第 6 题图

①启动时，M1 启动后 M2 才能启动；停止时，M2 停止后 M1 才能停止。

②M1 先启动，经过 30 s 后 M2 自行启动，M2 启动 10 min 后 M1 自行停止。

8. 已知如图 5－45 所示梯形图程序和输入点 X0、X1 波形，试画出 T0 和 Y0 的波形。

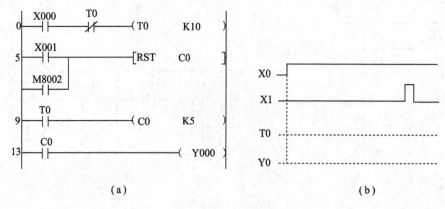

(a)                                   (b)

图 5－45　第 8 题图

9. 已知如图 5－46 所示梯形图程序和输入点 X0 波形，试画出 Y0 的波形。

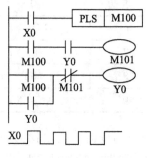

图 5－46　第 9 题图

10. 用接在 X0 输入端的光电开关检测传送带上通过的产品，有产品通过时 X0 为 ON，如果在 10 s 内没有产品通过，由 Y0 发出报警信号，用 X1 输入端外接的开关解除报警信号，画出梯形图，并将它转换为指令表程序。

11. 设计一个抢答器，有 4 个答题人，出题人提出问题，答题人按动抢答按钮，只有最先抢答的人对应的输出端指示灯被点亮。出题人按复位按钮，引出下一个问题。试设计梯形图程序。

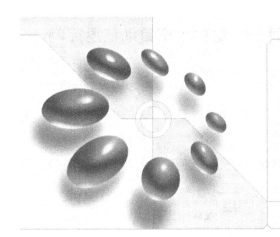

# 项目六　PLC顺序控制系统程序设计

【项目描述】

梯形图是PLC编程的基本工具，但对于比较复杂的顺序控制系统，由于内部的联锁、互动关系比较多，用梯形图编程有很大的试探性和随意性，而且梯形图程序的可读性也比较差，因此要正确完成程序设计有一定难度。PLC制造厂商为用户开发了一种新的PLC程序设计语言——顺序功能图（Sequential Function Chart，简称为SFC），也叫状态转移图。由于SFC图与控制系统的工艺流程、工作过程紧密相关，编程简单、思路清晰，一经产生，就深受广大程序设计人员喜爱。SFC图并不涉及所描述的控制功能的具体技术，它是一种通用的技术语言，不受PLC型号限制。

本项目通过四个典型的顺序控制系统程序设计，分别介绍单序列、选择序列、并行序列、多方式运行系统的SFC图程序设计步骤和设计方法，同时应用三菱PLC提供的两条步进指令对SFC图程序进行步进梯形图的转换与编程。通过本项目学习，达到以下学习目标。

【项目目标】

（1）掌握PLC的另一种程序设计方法——SFC图法程序设计步骤和设计方法。

（2）熟练运用步进指令将SFC图转换为步进梯形图和步进指令程序。

（3）掌握单流程结构、选择分支结构、并行分支结构的状态编程。

（4）了解多方式运行等复杂控制系统程序设计方法。

（5）能根据系统控制要求，熟练地进行单流程结构、选择结构、并行结构控制系统进行SFC图设计。

（6）能熟练地将各种结构的SFC图转换为步进指令梯形图和步进指令程序，并进行系统调试运行。

## 任务一　SFC图程序设计——运料小车自动往返控制

### 【任务描述】

图6-1所示为运料小车自动往返运行控制系统示意图，其控制要求如下。

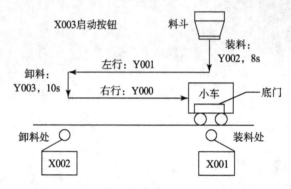

图6-1　运料小车自动往返控制系统示意图

初始时，小车处于右限位，压下右限位开关（X001 ON）。当按下启动按钮X003时，料斗门控制电磁铁得电（Y002 ON），料斗门打开，小车装料，延时8 s后，装料结束，料斗门关上，小车向左运行（Y001 ON）；到左端时压下左限位开关X002，小车停止左行，小车底门控制电磁铁得电（Y003 ON），小车底门打开，开始卸料，延时10 s后，卸料结束，小车底门关上，开始右行（Y000 ON），至右限位，这样一个工作周期结束。若再次按下启动按钮，小车开始下一次装卸料。试完成小车运行控制SFC图程序设计。

### 【相关知识】

### 6.1.1　顺序功能图（SFC）程序设计

1. SFC图的绘制

顺序功能图主要按照被控对象的工作流程来设计程序。它的具体编程方法是将复杂的控制过程分成多个工作步骤（简称步），每个步对应着工艺动作，把这些步按照一定的顺序要求进行排列组合，就构成整体的控制程序。SFC图的绘制可以按照以下步骤进行。

1）划分工作步，并用带编号的矩形框表示——任务分解

根据控制系统输出状态的变化将系统的一个工作周期划分为若干个顺序相连的阶段，这些阶段称为步（Step），可以用编程器件（如辅助继电器M或状态继电器S）来代表各步。步是根据PLC输出量的状态变化来划分的。在同一步内，各输出量的ON/OFF状态保持不

变，但是相邻两步输出量总的状态是不同的。当系统正处于某一步所在的阶段时，该步处于活动状态，被称为"当前步"或"活动步"。

根据图 6-1 所示的运料小车运行示意图，分析运料小车的工作过程，可得出它的一个工作周期可以划分为：装料（M1）、左行（M2）、卸料（M3）和右行（M4）4 个主要工作步，另外还应设置等待启动（也可代表停止）的初始步（可用 M0 表示），我们把每一步用一个矩形框表示，矩形框中的元件号代表步的编号，初始步用双线框表示。其对应的工作步如图 6-2（a）所示。

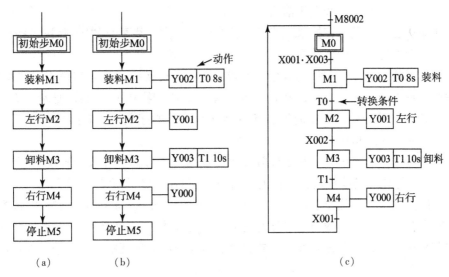

图 6-2　运料小车自动往返控制 SFC 图的绘制

(a) 步的划分；(b) 步的动作；(c) 标注步转换条件

2）与状态步对应的动作或命令，用圆形框或矩形框画在对应步矩形框的右边——负载驱动

可以将一个控制系统划分为被控系统和施控系统，如在数控车床系统中，数控装置是施控系统，而车床是被控系统。对于被控系统，在某一步中要完成某些"动作"；对于施控系统，在某一步中则要向被控系统发出某些"命令"。为了叙述方便，将命令或动作统称为动作。

步并不是 PLC 的输出触点动作，步只是控制系统的一个稳定状态。在这个状态，可以有一个或多个 PLC 的输出触点动作，但是也可以没有任何输出触点动作，也称为该步的负载驱动。

动作用矩形框中的文字或符号表示，该矩形框与相应步的矩形框相连接。如果某一步有几个动作，可以用如图 6-3 所示的两种画法来表示，但是并不隐含这些动作之间的任何顺序。

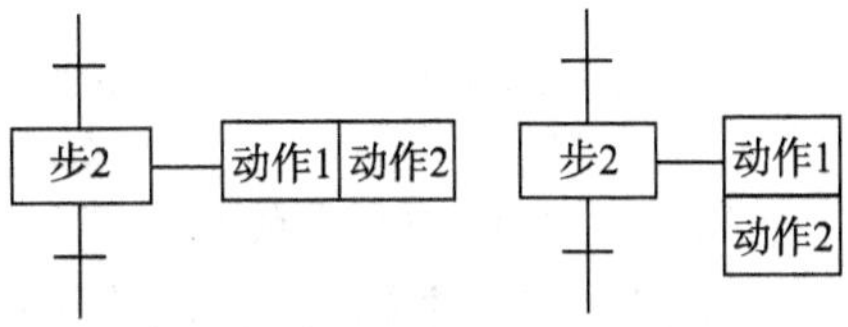

图 6-3　多个动作的表示方法

运料小车自动往返运动各工作步的动作绘于图 6-2（b），定时器 T0 的线圈 M1 为活动步时得电，在 M1 为不活动步时失电，从这个意义上说，T0 的线圈相当于步 M1 的一个动作，因此将 T0 放在步 M1 的动作框内。

当步处于活动状态时，相应的动作被执行。但是应注意表明动作是保持型还是非保持型的。保持型的动作是指该步活动时执行该动作，该步变为不活动后继续执行该动作。非保持型动作是指该步活动时执行该动作，该步变为不活动步后停止执行该动作。一般保持型的动作在顺序功能图中应该用文字或指令标注，而非保持型动作不必标注。

3）状态步之间加上转换条件和有向连线，以便转换——状态转移

步与步之间用有向连线连接，并且用转换将步分隔开。步的活动状态进展按有向连线规定的路线进行。当步进展方向是从上而下、从左到右时，有向连线上的箭头可以省略。如果不是上述方向，应在有向连线上用箭头注明方向。

步的活动状态进展是由转换来完成的。转换用与有向连线垂直的短划线来表示，步与步之间不允许直接相连，必须有转换隔开。

使系统由当前步进入下一步的信号称为转换条件，转换条件是与转换相关的逻辑命题。转换条件可以是外部的输入信号，例如按钮、指令开关、限位开关的接通/断开等；也可以是 PLC 内部产生的信号，例如定时器、计数器常开触点的接通等，转换条件还可能是若干个信号的与、或、非逻辑组合。

转换条件可以用文字语言、布尔代数表达式或图形符号标注在表示转换的短线的旁边。图 6-2（c）是标注了转换和转换条件的运料小车自动往返控制完整 SFC 图。

转换条件使用最多的是布尔代数表达式。如图 6-4 所示。a 和 $\bar{a}$ 分别表示转换信号为 ON 和 OFF 时条件成立；a↑和 a↓则分别表示转换信号从 0→1 和从 1→0 时条件成立。与逻辑表达式表示同时满足多个转换条件，或逻辑表达式表示满足其中的一个条件即可进行状态转换。

从图 6-2（c）可以看出，SFC 图由步、动作、转换、转换条件和有向连线五个基本要素组成。SFC 图的一般形式如图 6-5 所示。

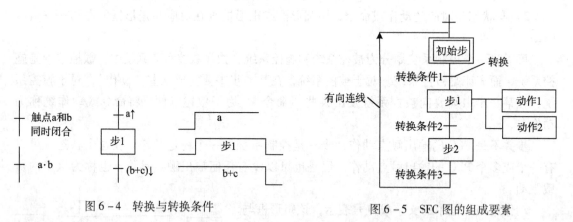

图 6-4　转换与转换条件　　　　　　　图 6-5　SFC 图的组成要素

2. 单序列结构形式的 SFC 图

根据步与步之间转换的不同情况，SFC 图有三种不同的基本结构形式：单序列结构、选择序列结构和并行序列结构。本任务应用的 SFC 图［见图 6-2（c）］为单序列结构形式。

单序列 SFC 图的结构特点：状态转换只有一种情况，它由一系列按序排列、相继激活的步组成。每一步的后面只有一个转换，每一个转换后面只有一步。

3. 使用基本指令梯形图转换SFC图

根据系统的顺序功能图设计出梯形图的方法，称为顺序功能图的编程方法。目前常用的编程方法有3种：

（1）使用基本指令的"启－保－停"电路编程方法。

（2）使用STL等步进指令。

（3）以转换为中心的编程方法。

用户可以自行选择编程方法将SFC图改画为梯形图。在此先介绍用基本指令的"启－保－停"电路来转换SFC图。

用基本指令转换SFC图，可借助图6－6所示的"模板"，直接采用"套公式"的方法，得到用户程序。具体转换方法如图6－7所示。

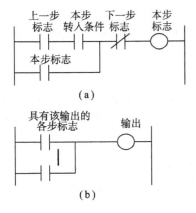

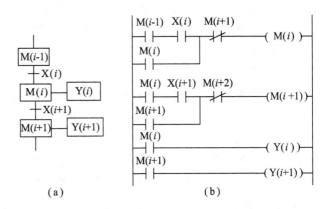

图6－6　使用基本指令的设计模板
（a）状态转换模板；（b）组合输出模板

图6－7　顺序功能图转换为基本指令梯形图的基本方法
（a）顺序功能图；（b）梯形图

"状态转换模板"的含义是明确的，本步的激活，必须在上一步正在执行，且本步转入条件已经满足，而在下一步尚未出现的情况下才能实现；本步一旦激活，必须自锁保持，同时为下一步的出现创造条件；下一步的常闭触点系实现互锁作用，一旦执行下一步，同时关闭本步的输出。"组合输出模板"的含义也容易理解，具有某输出的各步标志相或，保证该输出继电器正常输出，并防止同一线圈重复输出。

当然，使用置位、复位指令也可以实现上述功能，其方法与基本指令类似，同学们可自己思考。PLC还有两条步进指令，是专门针对顺序功能图进行编程的语句。用步进指令编写的梯形图最为直观，它与顺序功能图有很好的对应关系，可直接从顺序功能图得到梯形图，是本项目下一步学习的重点。

## 6.1.2　SFC图中转换实现的基本规则分析

1. 转换实现的条件

在顺序功能图中，步的活动状态的进展是由转换来实现的。转换的实现必须同时满足两个条件：

（1）该转换所有的前级步都是活动步。

（2）相应的转换条件得到满足。

如果转换的前级步或后续步不止一个，转换的实现称为同步实现。为了强调同步实现，有向连线的水平部分用双线表示，如图 6-8 所示。

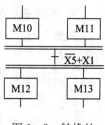

图 6-8　转换的同步实现

转换实现的第一个条件不可缺少，如果取消了第一个条件，就不能保证系统按顺序功能图规定的顺序工作。取消了第一个条件后，如果人为的原因或器件本身的故障造成限位开关或指令开关的误动作，无论当时处于哪一步，都会转换到该转换条件的后续步，很可能造成重大的事故。

2. 转换实现应完成的操作

转换实现时应完成以下两个操作：

（1）使所有与活动步相连的后续步变为活动步。

（2）使所有与之相连的前级步变为非活动步。

转换实现的基本规则是根据 SFC 图进行梯形图设计的基础，它适用于 SFC 图中的各种基本结构。

在梯形图中，用编程元件（例如 M 和 S）代表步，当某步为活动步时，该步对应的编程元件为 ON。当该步之后的转换条件满足时，转换条件对应的触点或电路接通，因此，可以将代表转换条件的触点或电路与所有前级步的编程元件的常开点串联，作为转换实现的两个条件需同时满足。例如图 6-8 中的转换条件为 $\overline{X5} + X1$，它的两个前级步为步 M10 和步 M11，应将逻辑表达式对应的触点串并联电路作为转换实现的两个条件同时满足对应的电路。在梯形图中，该电路接通时，应使代表前级步的编程元件 M10 和 M11 复位，同时使代表后续步的编程元件 M12 和 M13 置位（变为 ON 并保持）。

3. 绘制 SFC 图时的注意事项

绘制 SFC 图时应注意以下事项：

（1）两个步绝对不能直接相连，必须用一个转换将它们隔开。

（2）两个转换也不能直接相连，必须用一个步将它们隔开。

（3）一个顺序功能图至少有一个初始步。初始步一般对应于系统等待启动的初始状态，初始步可能没有任何输出动作，但初始步是必不可少的。如果没有初始步，无法表示初始状态，系统也无法返回停止状态。

（4）自动控制系统应能多次重复执行同一工艺过程，因此在 SFC 图中一般应有由步和有向连线组成的闭环，即在完成一次工艺过程的全部操作之后，应从最后一步返回初始步，系统停留在初始状态（单周期运行方式，见图 6-10）；在连续多周期工作方式时，将从最后一步返回到下一工作周期开始运行的第一步，同时系统要设置停止信号。

**【任务实施】**

### 6.1.3　运料小车自动往返控制 SFC 图程序设计与调试

1. 分析系统控制要求

见"任务描述"部分。

2. 列出 I/O（输入/输出）分配表

由小车运行控制要求确定 PLC 需要 3 个输入点，4 个输出点，其 I/O 分配表见表 6 - 1。

表 6 - 1　I/O 分配表

| 输　入 | | 输　出 | |
|---|---|---|---|
| 设备名称及代号 | 输入点编号 | 设备名称及代号 | 输出点编号 |
| 右限位开关 SQ1 | X1 | 小车右行接触器 KM1 | Y0 |
| 左限位开关 SQ2 | X2 | 小车左行接触器 KM2 | Y1 |
| 启动按钮 SB | X3 | 料斗电磁阀 YV1 | Y2 |
| | | 小车底门电磁阀 YV2 | Y3 |

3. 硬件接线

PLC 的外部硬件接线如图 6 - 9 所示。

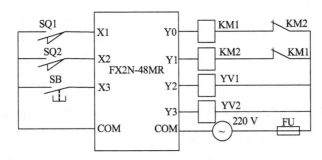

图 6 - 9　PLC 的外部硬件接线图

4. SFC 图编程

分析图 6 - 1 所示系统可知，小车往返运动的一个工作周期可以划分为：1 个初始步和 4 个工作步，分别用 M0 ~ M4 来代表这 5 步。

5 个工作步的负载驱动情况分别为：M0 初始步不驱动任何负载，只是等待启动的状态；M1 步驱动装料电磁阀和延时 8 s；M2 步驱动左行接触器线圈，小车左行；M3 步驱动卸料电磁阀和延时 10 s；M4 步驱动右行接触器线圈，小车右行。

启动按钮 X003、限位开关 X001 和 X002 的常开触点是各步之间的转换条件；初始步 M0 由特殊辅助继电器 M8002 的常开点来激活，M8002 是初始化脉冲信号，当 PLC 工作方式由 "STOP" 转为 "RUN" 时，M8002 ON 一个扫描周期。

由此画出其 SFC 图如图 6 - 10 所示。

根据使用基本指令梯形图转换 SFC 图的基本方法，画出对应的基本指令梯形图如图 6 - 11 所示。

5. 运行调试

操作提示：

（1）在程序运行过程中，要手动模拟小车运行到位压下行程开关的情况，给出状态转移条件，否则，系统会停在某一工作步，不再往下运行。

（2）程序中用到的内部定时器 T0 和 T1，采用元件监控的方法来监控。

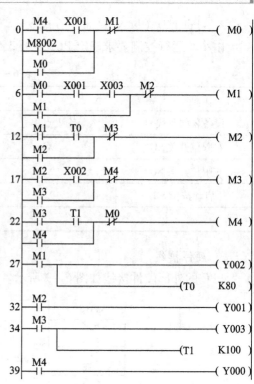

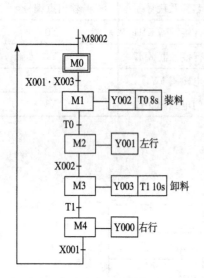

图 6 – 10　运料小车自动往返控制的 SFC 图　　　　图 6 – 11　小车往返运动的控制梯形图

（3）程序完善：Y0 和 Y1 之间加上程序互锁。

（4）思考：如果要求小车连续运行，只有按下停止按钮时，才会停在初始状态，那么图 6 – 10 所示的状态转移图又会有哪些变化呢？

  ## 任务二　单序列 SFC 图编程——液体自动混合装置控制

### 【任务描述】

图 6 – 12 所示为两种液体自动混合装置。SL1、SL2、SL3 为上、中、下限液位开关，当开关被液面淹没时，其常开触点接通，两种液体的输入和混合液体排放分别由电磁阀 YV1、YV2 和 YV3 控制，M 为搅拌电动机。

系统控制要求如下：

（1）初始状态：装置投入运行时，液体 A、B 阀门关闭（YV1 = YV2 = OFF），混合液阀门打开 20 s 将容器放空后关闭。

（2）启动操作：按下启动按钮 SB1，装置就开始按下列约定的规律操作：

①液体 A 阀门打开，液体 A 流入容器。当液面到达 SL2 时，SL2 接通，关闭液体 A 阀门，打开液体 B 阀门。

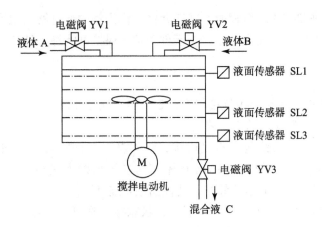

图6-12　两种液体混合装置

②当液面到达SL1时，关闭液体B阀门，搅拌电动机开始搅匀。

③搅拌电动机工作1 min后停止搅动，混合液体阀门打开，开始放出混合液体。当液面下降到SL3时，SL3由接通变为断开，再过20 s后，容器放空，混合液阀门关闭，开始下一周期。

（3）停止操作：在工作过程中，按下停止按钮SB2后，装置并不立即停止工作，而是要在当前的混合液操作处理完毕后，才停止操作，即停在初始状态上。

设计实现上述控制要求的SFC图，并转换为步进指令程序，在实训装置上运行调试。

 【相关知识】

## 6.2.1　步进指令及单序列SFC图编程

1. 状态元件

状态元件（又称状态继电器），用来记录系统运行中的状态，是编制SFC图的重要编程器件。FX2N系列PLC状态元件的类别、编号、数量及功能如表6-2所示。

表6-2　FX2N系列PLC状态元件一览表

| 类　别 | 编　号 | 数量/点 | 功　　能 |
|---|---|---|---|
| 初始状态 | S0 ~ S9 | 10 | 初始化 |
| 返回状态 | S10 ~ S19 | 10 | 使用IST指令时，返回原点 |
| 通用状态 | S20 ~ S499 | 480 | 用于SFC图的中间状态 |
| 掉电保持状态 | S500 ~ S899 | 400 | 用于断电保持功能，恢复供电后，可继续执行 |
| 信号报警用状态 | S900 ~ S999 | 100 | 用于故障诊断与报警 |

说明：

（1）状态元件的编号必须在指定范围内选择。

（2）各状态元件的触点在PLC内部可自由使用，使用次数不限。

（3）在不用步进顺控指令编程时，状态元件可作为辅助继电器在程序中使用。

（4）通过参数设置，可改变通用状态元件和掉电保持型状态元件的地址分配。

2. 步进指令

1）指令功能

STL：步进开始指令，与母线直接相连，表示步进顺控开始。

RET：步进返回指令（返回主母线）。

STL 指令功能：使子母线与主母线连接，即"激活"该状态，如图 6-13（b）所示。一旦某一步进触点接通，则该状态的所有操作均在子母线上进行，子母线后面的起始触点要用 LD、LDI 指令。除初始状态外，其他所有状态只有在其前一个状态处于"激活"且状态转换条件成立时才能开启。一旦下一个状态被"激活"，上一个状态会被自动"关闭"。

RET 指令功能：表示步进顺控执行完毕，返回主母线。用 RET 指令返回主母线，使非状态程序的操作在主母线上完成，以防止出现逻辑错误。因此，在 SFC 图的结尾必须使用 RET 指令。

2）SFC 图程序转换为步进梯形图和步进指令

使用 STL 指令的状态继电器的常开触点称为 STL 触点。如图 6-13 所示为 SFC 图程序转换为步进梯形图和步进指令表实例。

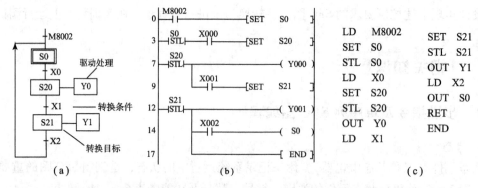

图 6-13　SFC 图与步进梯形图和指令表之间转换

（a）SFC 图程序；（b）对应的步进梯形图；（c）步进指令表程序

3）指令使用说明

（1）每一状态继电器具有三种功能，即负载的驱动处理、指定转换条件和指定转换目标，如图 6-13（a）所示。

（2）STL 触点与左母线连接，与 STL 相连的起始触点要使用 LD 或 LDI 指令。使用 STL 指令后，相当于母线右移至 STL 触点的右侧，形成子母线，一直到出现下一条 STL 指令或者出现 RET 指令位置。RET 指令使右移后的子母线返回到原来的母线，表示顺控结束。使用 STL 指令使新的状态置位，前一状态自动复位。步进触点只有常开触点。

（3）每一状态的转换条件由 LD 或 LDI 指令引入，当转换条件有效时，该状态由置位指令激活，并由步进指令进入该状态，接着列出该状态下的所有负载驱动和状态转移条件。

（4）STL 触点可以直接驱动或通过别的触点驱动 Y、M、S、T 等器件的线圈和应用指令。

（5）由于 CPU 只执行活动步对应的电路块，所以使用 STL 指令时允许双线圈输出，即不同的 STL 触点可以分别驱动同一编程器件的一个线圈。但是，同一器件的线圈不能在同时为活动步的 STL 区内出现，在有并行序列的 SFC 图中，应特别注意这一问题。

**3. 步进指令编程注意事项**

（1）对状态进行编程，必须使用 STL 指令。

（2）程序的最后必须使用步进返回指令 RET，返回主母线。

（3）状态编程的顺序为先驱动负载，再根据转移条件和转移方向进行转移，次序不能颠倒。

（4）驱动负载用 OUT 指令。如果相邻的状态驱动同一个负载，可以使用多重输出，也可以使用 SET 指令将其置位，等到该负载无须驱动时，再用 RST 指令将其复位。

（5）负载驱动或状态转移条件可能是多个，要视其具体逻辑关系，将其进行串、并联组合。

（6）相邻状态不能使用相同编号的 T、C 元件，如果同一 T、C 元件在相邻状态下编程，其线圈不能断电，当前值不能清 0。

（7）状态编程时，不可在 STL 指令之后直接使用栈操作指令。只有在 LD 或 LDI 指令之后，方可使用 MPS、MRD 和 MPP 指令编制程序。

（8）在 STL 与 RET 指令之间不能使用 MC、MCR 指令。

（9）在中断程序与子程序内不能使用 STL 指令。在 STL 指令内不禁止使用条件跳转（CJ），但其操作复杂，建议一般不要使用。

**4. 单序列结构 SFC 图的编程方法**

单序列 SFC 图只有一个分支，并按顺序执行整个流程。图 6 - 14（a）为带跳转与重复形式的单序列 SFC 图，编程时，跳转与重复要用 OUT 指令，如图 6 - 14（b）所示。

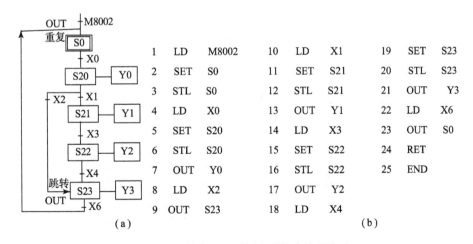

图 6 - 14 单序列 SFC 图步进指令编程方法

（a）跳转与重复 SFC 图；（b）对应指令表

## 6.2.2 SFC 图程序设计注意事项

### 1. 用于 SFC 图的特殊功能继电器

在 SFC 图中，经常会使用一些特殊辅助继电器，其名称和功能见表 6-3。

表 6-3　用于顺序功能图的特殊辅助继电器

| 器件编号 | 名　称 | 功能和用途 |
| --- | --- | --- |
| M8000 | RUN 运行 | PLC 运行中该继电器始终接通，用于 PLC 运行状态监视 |
| M8002 | 初始化脉冲 | 在 PLC 由 STOP 进入 RUN 工作方式瞬间，该继电器接通一个扫描周期 |
| M8040 | 禁止转移 | 该继电器接通后，则禁止在所有状态之间转移。在禁止转移状态下，各状态内的程序继续运行，输出不会断开 |
| M8046 | STL 动作 | 任一状态继电器接通时，M8046 自动接通。用于避免与其他流程同时启动或者用于工序的动作标志 |
| M8047 | STL 监视有效 | 该继电器接通，编程功能可自动读出正在工作中的器件状态加以显示 |

### 2. 栈操作指令在步进梯形图中的使用

在 STL 触点后不可以直接使用 MPS 栈操作指令，只有在 LD 指令或 LDI 指令后才可以使用，如图 6-15（a）所示。在编程过程中，为了尽量简化程序，对于某一状态步的多个负载驱动，要把无触点的支路放在上面，可以不用堆栈指令，否则，就要使用栈操作指令了，注意区别图 6-15（b）、（c）所示两种情况。

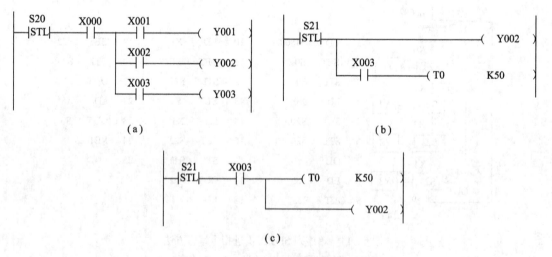

(a)

(b)

(c)

图 6-15　STL 触点之后的几种编程情况

3. OUT 指令在 STL 区内的使用

OUT 指令和 SET 指令对 STL 指令后的状态继电器具有相同的功能，都会将原来的活动步对应的状态继电器自动复位。但在 STL 中，分离状态（非相连状态）的转移必须用 OUT 指令，如图 6 - 16 所示。

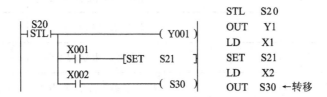

图 6 - 16　分离状态的转移用 OUT 指令

在 STL 区内的 OUT 指令还用于 SFC 图的闭环和跳步，如果想跳回已经处理过的步，或向前跳过若干步，可对状态继电器使用 OUT 指令，如图 6 - 17 所示。OUT 指令还可以用于远程跳步，即从顺序功能图中的一个序列跳到另外一个序列。以上情况虽然可以使用 SET 指令，但最好使用 OUT 指令。

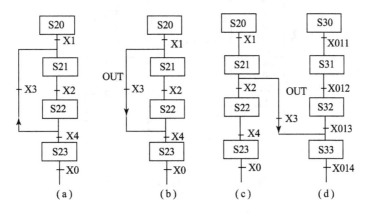

图 6 - 17　STL 区内的闭环和跳步使用 OUT 指令

(a) 往前跳步；(b) 往后跳步；(c) 远程跳步

【任务实施】

### 6.2.3　液体自动混合装置单序列 SFC 图编程与调试

1. 分析系统控制要求

见"任务描述"部分。

2. 列出 I/O（输入/输出）分配表

由液体混合装置控制要求确定 PLC 需要 5 个输入点，4 个输出点，其 I/O 分配表见表 6 - 4。

表 6-4　I/O 分配表

| 输　入 | | 输　出 | |
|---|---|---|---|
| 设备名称及代号 | 输入点编号 | 设备名称及代号 | 输出点编号 |
| 启动按钮 SB1 | X0 | 液体 A 电磁阀 YV1 | Y0 |
| 停止按钮 SB2 | X1 | 液体 B 电磁阀 YV2 | Y1 |
| 上液位传感器 SL1 | X2 | 混合液 C 电磁阀 YV3 | Y2 |
| 中液位传感器 SL2 | X3 | 搅拌电动机接触器 YKM | Y3 |
| 下液位传感器 SL3 | X4 | | |

**3. 硬件接线**

PLC 的外部硬件接线如图 6-18 所示。

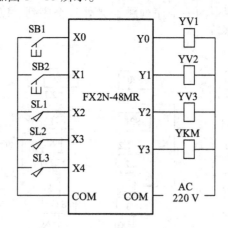

图 6-18　PLC 的外部硬件接线图

**4. SFC 图编程**

提示：

（1）为了实现按下停止按钮时，系统运行不立即停止，而是要完成当前周期才停止，可在程序开头采用启-保-停电路借助中间继电器 M1 记忆已按下停止按钮这一动作。

（2）在液体混合过程中，液面的变化信号由液位传感器来检测，要采用液位传感器状态的变化（OFF→ON，ON→OFF）作为转移条件，而不能用传感器的 ON 或 OFF 状态来作为状态转移条件。

（3）程序调试过程中，要手动模拟各液位传感器被液面淹没或排出液体时开关触点 ON 与 OFF 动作的转换。

液体自动混合装置 PLC 控制顺序功能图程序及其对应指令表如图 6-19（a）、（b）、（c）所示。

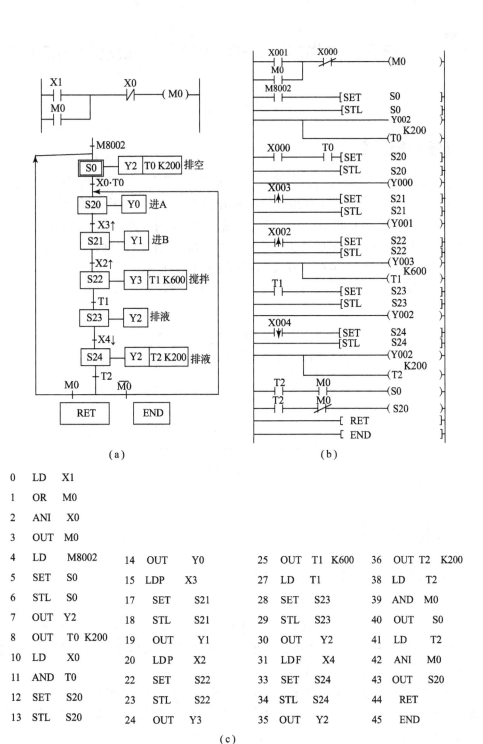

| 0 | LD | X1 |
|---|---|---|
| 1 | OR | M0 |
| 2 | ANI | X0 |
| 3 | OUT | M0 |

| 4 | LD | M8002 | 14 | OUT | Y0 | 25 | OUT | T1 K600 | 36 | OUT | T2 K200 |
|---|---|---|---|---|---|---|---|---|---|---|---|
| 5 | SET | S0 | 15 | LDP | X3 | 27 | LD | T1 | 38 | LD | T2 |
| 6 | STL | S0 | 17 | SET | S21 | 28 | SET | S23 | 39 | AND | M0 |
| 7 | OUT | Y2 | 18 | STL | S21 | 29 | STL | S23 | 40 | OUT | S0 |
| 8 | OUT | T0 K200 | 19 | OUT | Y1 | 30 | OUT | Y2 | 41 | LD | T2 |
| 10 | LD | X0 | 20 | LDP | X2 | 31 | LDF | X4 | 42 | ANI | M0 |
| 11 | AND | T0 | 22 | SET | S22 | 33 | SET | S24 | 43 | OUT | S20 |
| 12 | SET | S20 | 23 | STL | S22 | 34 | STL | S24 | 44 | RET | |
| 13 | STL | S20 | 24 | OUT | Y3 | 35 | OUT | Y2 | 45 | END | |

（c）

图 6-19　液体自动混合装置 PLC 控制程序

（a）SFC 图；（b）步进指令梯形图；（c）步进指令表程序

## 任务三 选择序列 SFC 图编程——自动门 PLC 控制

**【任务描述】**

许多公共场所都采用自动门,如图 6-20 所示。人靠近自动门时,红外感应器 X0 为 ON,Y0 驱动电动机高速开门,碰到开门减速开关 X1 时,变为低速开门。碰到门开到位极限开关 X2 时电动机停止转动,开始延时。若在 0.5 s 内红外感应器检测到无人,Y2 驱动电机高速关门。碰到关门减速开关 X3 时,改为低速关门,碰到关门到位极限开关 X4 时,电动机停止转动,停止关门。在关门期间若感应器检测到有人,停止关门,T1 延时 0.5 s 后自动转换为高速开门。试设计 PLC 自动门控制 SFC 图,并转换为步进指令程序进行运行调试。

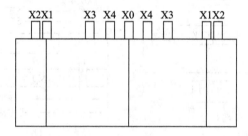

图 6-20 自动门控制示意图

**【相关知识】**

### 6.3.1 选择序列 SFC 图步进指令编程

**1. 选择序列 SFC 图**

顺序过程进行到某步,若随着转移条件不同出现多个状态转移方向,而当该步结束后,只有一个转换条件被满足,即只能从中选择一个分支执行,这种顺序控制过程的结构就是选择序列的 SFC 图,如图 6-21 所示。

在图 6-21 所示的步 S20 之后有一个选择序列的分支。当步 S20 为活动步时,如果转换条件 X1 满足,将转换到 S21;如果转换条件 X11 满足,将转换到步 S31;如果转换条件 X21 满足,将转换到步 S41。

**2. 选择序列 SFC 图编程方法**

选择序列编程时,先处理分支状态,再处理中间状态,最后处理汇合状态。在图 6-21 中,对分支状态 S20,先进行分支状态的驱动处理(OUT Y0),再按 S21→S31→S41 的顺序(从左至右)进行转移处理,如图 6-22 (a) 所示。对中间状态,应从左→右按顺序逐分支

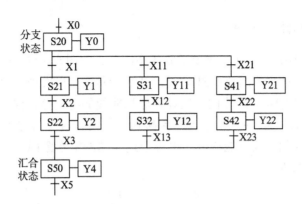

图 6-21　选择序列 SFC 图

进行编程，如图 6-22（b）所示。对汇合状态 S50，先按 S22→S32→S42 的顺序（从左→右）进行各分支到汇合状态的转移处理，再进行汇合状态的驱动处理（OUT Y4），如图6-22（c）所示。

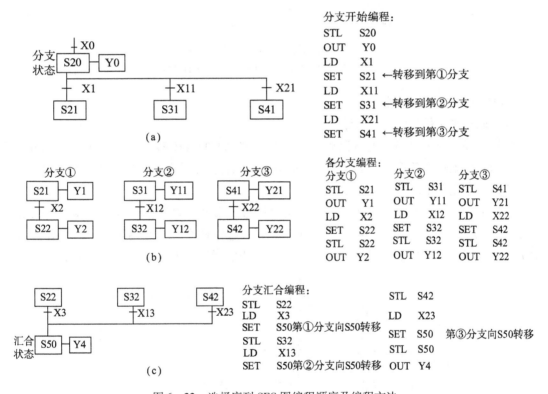

图 6-22　选择序列 SFC 图编程顺序及编程方法
（a）分支状态 S20 及程序；（b）中间状态及程序；（c）汇合状态 S50 及程序

　　在梯形图中，S22、S32 和 S42 的 STL 触点驱动的电路块中均有转移目标 S50，对它们的后续步 S50 的置位是用 SET 指令来实现的，对相应的前级步的复位是由系统程序自动完成的。其实在设计梯形图时，没有必要特别留意选择序列的合并如何处理，只要正确地确定每一步的转换条件和转换目标，就能自然地实现选择序列的合并。分支、合并的处理程序中，不能用 MPS、MRD、MPP、ANB、ORB 等指令。

### 6.3.2　仅有两步的闭环处理

如果在顺序功能图中存在仅由两步组成的小闭环，如图 6 - 23（a）所示，如果用基本指令编程，那么步 M3 的梯形图就如图 6 - 23（b）所示，可以发现，由于 M2 的常开触点和常闭触点串联，它是不能正常工作的。这种顺序功能图的特征是：仅由两步组成的小闭环。在 M2 和 X2 均为"ON"时，M3 的启动电路接通。但是，这时与它串联的 M2 的常闭触点却是断开的，所以 M3 的线圈不能通电。出现上述问题的根本原因在于步 M2 既是步 M3 的前级步，又是它的后续步。

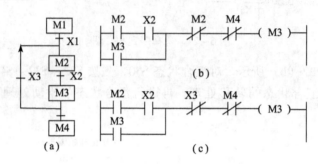

图 6 - 23　仅有两步的小闭环处理

(a) SFC 图；(b) 错误的梯形图；(c) 正确的梯形图

解决的方法有以下两种：

（1）以转换条件作为停止电路。

将图 6 - 23（b）中 M2 的常闭触点用转换条件 X3 的常闭触点代替即可，如图 6 - 23（c）所示。如果转换条件较复杂，要将对应的转换条件整个取反才可以完成停止电路。

（2）在小闭环中增设一步。

如图 6 - 24（a）所示，在小闭环中增设 M10 步，就可以解决这一问题，这一步没有什么操作，它后面的转换条件使用 M10 的常开触点，这样转换条件始终被满足。只要进入步 M10，将马上转移到步 M2。根据图 6 - 24（a）画出的梯形图如图 6 - 24（b）所示。

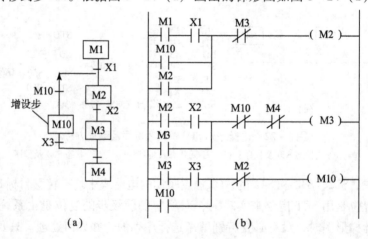

图 6 - 24　小闭环中增设一步

(a) SFC 图；(b) 梯形图

【任务实施】

### 6.3.3　自动门控制选择序列 SFC 图编程与调试

1. 分析系统控制要求

见"任务描述"部分。

2. 列出 I/O（输入/输出）分配表

由自动门系统控制要求确定 PLC 需要 5 个输入点，4 个输出点，其 I/O 分配表见表 6 - 5。

表 6 - 5　I/O 分配表

| 输　　　入 | | 输　　　出 | |
| --- | --- | --- | --- |
| 设备名称及代号 | 输入点编号 | 设备名称及代号 | 输出点编号 |
| 有人接近传感器 K | X0 | 电动机高速开门接触器 | Y0 |
| 开门减速开关 SQ1 | X1 | 电动机低速开门接触器 | Y1 |
| 开门极限开关 SQ2 | X2 | 电动机高速关门接触器 | Y2 |
| 关门减速开关 SQ3 | X3 | 电动机低速关门接触器 | Y3 |
| 关门极限开关 SQ4 | X4 | | |

3. 硬件接线

PLC 的外部硬件接线如图 6 - 25 所示。

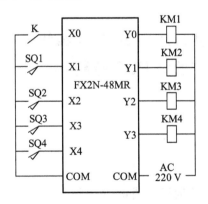

图 6 - 25　PLC 的外部硬件接线图

4. SFC 图编程

提示：在关门期间，如果遇到有人要进门，则要停止关门，在延时 0.5 s 后快速开门；如果无人进门，则首先高速关门，后转为低速关门。此处程序根据条件不同，出现选择分支。

自动门控制系统 SFC 图及其步进梯形图与指令表如图 6 - 26（a）、（b）、（c）所示。

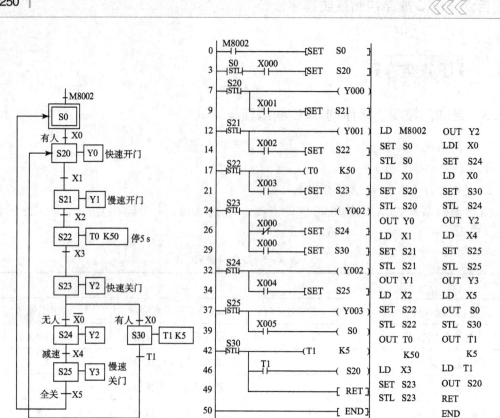

图 6-26　自动门系统 PLC 控制程序

（a）SFC 图程序；（b）步进梯形图及指令表

## 任务四　并行序列 SFC 图编程——十字路口交通灯 PLC 控制

### 【任务描述】

十字路口交通灯布置及工作时序如图 6-27 所示。

信号灯受一个启动开关控制，当启动开关接通时，信号灯系统开始工作，且先南北红灯亮，东西绿灯亮。当启动开关断开时，所有信号灯都熄灭。

南北红灯亮维持 25 s，在南北红灯亮的同时东西绿灯也亮，并维持 20 s。到 20 s 时，东西绿灯闪亮，闪亮 3 s 后熄灭。在东西绿灯熄灭时，东西黄灯亮，并维持 2 s。到 2 s 时，东西黄灯熄灭，东西红灯亮，同时，南北红灯熄灭，绿灯亮。

东西红灯亮维持 30 s。南北绿灯亮维持 25 s，然后闪亮 3 s 后熄灭。同时南北黄灯亮，维持 2 s 后熄灭，这时南北红灯亮，东西绿灯亮，周而复始。

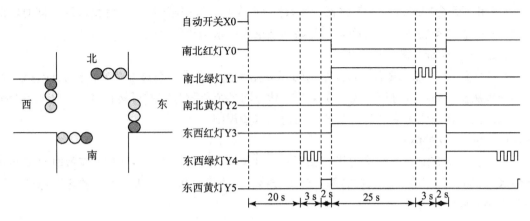

图 6－27　十字路口交通灯布置及工作时序图

【相关知识】

### 6.4.1　并行序列 SFC 图步进指令编程

1. 并行序列 SFC 图

如果某个状态的转移条件满足，将同时执行两个和两个以上分支，这样结构的 SFC 图称为并行序列，如图 6－28（a）所示就是一个并行序列的 SFC 图。S21 是分支状态，其下面有两个分支，当转移条件 X1 接通时，两个分支将同时被激活，同时开始并行运行。当 S22 和 S24 接通时，S21 就自动复位。S26 为汇合状态，当两条分支都执行到各自的最后状

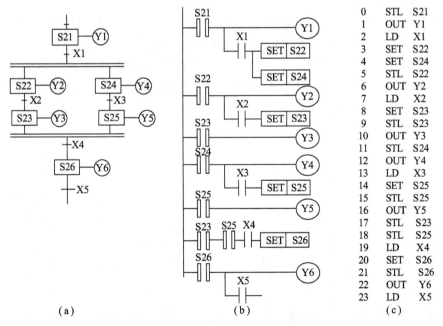

图 6－28　并行序列 SFC 图及其编程方法

（a）SFC 图；（b）步进梯形图；（c）步进指令表

态，S23 和 S25 会同时接通。此时若转移条件 X4 接通，将一起转入汇合状态 S26，同时之前的两个状态就自动复位。并行序列的开始和结束均由水平双线来表示。

2. 并行序列 SFC 图编程方法

并行序列 SFC 图的编程与其他结构的 SFC 图一样，先进行负载驱动，后进行转移处理，转移处理从左到右依次进行。无论是从分支状态向各个流程分支并行转移时，还是从各个分支状态向汇合状态同时汇合时，都要正确使用这些规则。

1) 并行分支的编程

从分支状态 S21 并行转移的指令如图 6-28 (c) 中的步序 0~4，S21 有效时只要转移条件 X1 接通，程序将同时向左右两个分支转移。注意到这里用了两个连续的 SET 指令，这是并行序列程序的特点。

2) 中间状态的编程

先对左分支 S22 编程，再对右分支 S24 编程，如图 6-28 (c) 中步序 5~16 所示，从中可以看出，并行序列的用户程序仍遵循先负载驱动，后转移处理。

3) 并行汇合的编程

两个分支运行至 S23 和 S25 时，将向 S26 汇合。按从左至右的次序，先进行回合前的状态 S23、S25 的负载驱动，其指令如图 6-28 (c) 中步序 9~16 所示。此后将从左至右向汇合状态 S26 转移，其指令如图 6-28 (c) 中步序 17~20 所示。注意这里用了两个连续的 STL 指令，这也是并行分支程序的特点。在汇合程序中，这种连续的 STL 指令最多能使用 8 次。

按照上述三种情况的处理，将图 6-28 (a) 转换为对应的步进梯形图和指令表程序，分别如图 6-28 (b) 和图 6-28 (c) 所示。

3. 分支与汇合组合编程

在 SFC 图中已经介绍了三种基本结构：单序列、选择序列和并行序列。实际的 PLC 的 SFC 图中常常用到上述基本结构的组合，只要将其拆分成基本结构，就能对其编程了。但是也有不能拆分成基本结构的组合。在分支与汇合流程中，各种汇合的汇合线或汇合线前的状态都不能直接进行状态的跳转。但是，按实际需要而设计的 SFC 图中可能会碰到这种不能严格拆分成基本结构的情况，如图 6-29 (a) 和图 6-30 (a) 所示。这样的分支与汇合的组合流程是不能直接编程的，那么应该怎么处理呢？

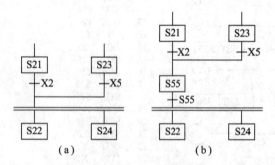

图 6-29　选择后的并行分支的虚状态法

(a) 选择汇合后的并行分支；(b) 插入虚状态 S55

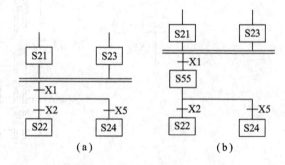

图 6-30　并行后选择分支的虚状态法

(a) 并行后的选择分支；(b) 插入虚状态 S55

为了使状态可以跳转，常用插入虚拟状态的方法来对它们进行等效变换，使其变为基本结构。即在汇合线到分支线之间插入一个假想的中间状态，以改变直接从汇合线到下一个分支线的状态转移。这种假想的中间状态又称为虚状态，加入虚状态后的 SFC 图就可以编程了。如图 6 – 29（b）和图 6 – 30（b）中的 S55 即为引入的虚状态。

## 6.4.2  机械手多方式运行 PLC 控制

### 1. 控制要求

机械手将工件从 A 工位送到 B 工位，如图 6 – 31 所示。设左上为原点，机械手按下降→夹紧→上升→右移→下降→松开→上升→左移的次序依次运行。要求有手动、回原点、单步、单周期、自动等运行方式。

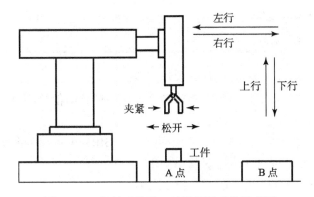

图 6 – 31  机械手移送工件的机械系统示意图

### 2. 相关知识点

初始状态指令（IST  FNC 60）

操作数：[S]：X、Y、M；[D1]、[D2]：S

[S]：指定输入运行方式的首地址，共有 8 个。

[D1]：指定自动工作方式时使用的最小状态号，只能选状态元件 S，其选用范围为 S20 ~ S899。

[D2]：指定自动工作方式时使用的最大状态号，[D1]≤[D2]。该指令为自动设置初始状态及特殊扶助继电器功能的指令。应用如图 6 – 32 所示。

执行说明：

当 M8000 由 OFF→ON 时，指定下列 5 个输入运行方式和 3 个输入信号：

X20：手动操作方式；

X21：回原点操作方式；

X22：单步运行方式；

X23：单周期运行方式（单循环）；

X24：自动循环方式；

X25：回原点启动信号；

X26：自动控制启动信号；

X27：停止方式。

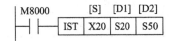

图 6 – 32  IST 指令的应用

当 M8000 = ON 时，下列特殊辅助继电器和状态元件自动进入受控状态，其功能见表 6 – 6。

表 6 – 6　特殊继电器和状态元件的功能

| 元　件 | 功　能 | 元　件 | 功　能 |
|---|---|---|---|
| M8040 | 禁止状态转移 | S0 | 手动操作状态初始化 |
| M8041 | 允许状态转移 | S1 | 回原点操作状态初始化 |
| M8042 | 产生脉宽为一个扫描周期的启动脉冲 | S2 | 自动操作状态初始化 |
| M8043 | 回原点完成 | M8044 | 原点条件 |
| M8045 | 禁止输出复位 | M8046 | STL 状态动作 |
| M8047 | STL 监控有效 | | |

当 M8000 = OFF 时，这些元件的状态保持不变。

（1）输入信号 X20 ~ X24 必须用五挡旋转开关，保证这组信号不可能有 2 个或 2 个以上的输入信号同时为 ON 状态。

（2）使用该指令时，S0 ~ S9 为状态初始化元件，S10 ~ S19 为回零状态使用元件。如果不使用该指令，这些元件可以作为普通状态使用。

（3）编程时，IST 指令必须写在 STL 指令之前。

（4）该指令只能使用一次。

3. I/O 元件分配表

根据控制要求，在机械手控制中，有 19 个输入控制元件，有 5 个输出元件。系统输入/输出元件地址分配见表 6 – 7。

表 6 – 7　I/O 分配表

| 输　入 | | 输　出 | |
|---|---|---|---|
| 设备名称及代号 | 输入点编号 | 设备名称及代号 | 输出点编号 |
| 过载保护 FR | X0 | 下降 KM1 | Y0 |
| 下限位 SQ1 | X1 | 夹紧松开 KM2 | Y1 |
| 上限位 SQ2 | X2 | 上升 KM3 | Y2 |
| 右限位 SQ3 | X3 | 右移 KM4 | Y3 |
| 左限位 SQ4 | X4 | 左移 KM5 | Y4 |
| 上升按钮 SB1 | X5 | | |
| 左移按钮 SB2 | X6 | | |
| 放松按钮 SB3 | X7 | | |
| 下降按钮 SB4 | X10 | | |
| 右移按钮 SB5 | X11 | | |

续表

| 输　入 | | 输　出 | |
|---|---|---|---|
| 设备名称及代号 | 输入点编号 | 设备名称及代号 | 输出点编号 |
| 夹紧按钮 SB6 | X12 | | |
| 手动 | X20 | | |
| 回原点 | X21 | | |
| 单步运行 | X22 | | |
| 单周期运行 | X23 | | |
| 自动运行 | X24 | | |
| 回原点启动 SB7 | X25 | | |
| 自动启动 SB8 | X26 | | |
| 停止 SB9 | X27 | | |

注：SA 对应 X20～X24。

4. PLC 外部硬件接线图

根据控制要求，机械手系统控制操作面板示意图如图 6-33 所示。PLC 外部接线图如图 6-34 所示。

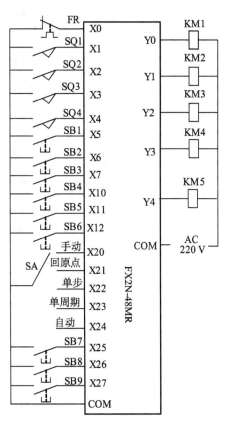

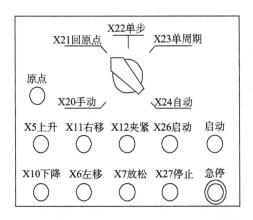

图 6-33　机械手控制操作面板　　　　　图 6-34　机械手控制的外部 I/O 接线图

5. 参考梯形图程序设计

（1）初始化程序，如图 6 – 35 所示。

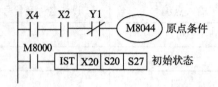

图 6 – 35　机械手控制初始化的梯形图

（2）手动方式程序，如图 6 – 36 所示。

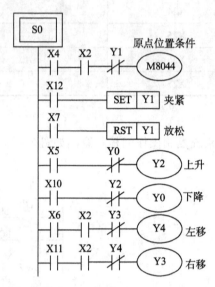

图 6 – 36　机械手控制手动程序

（3）回原点方式程序，如图 6 – 37 所示。

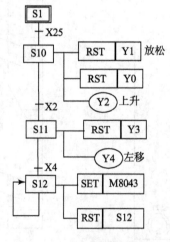

图 6 – 37　回原点方式程序

（4）自动方式程序，如图 6 – 38 所示。

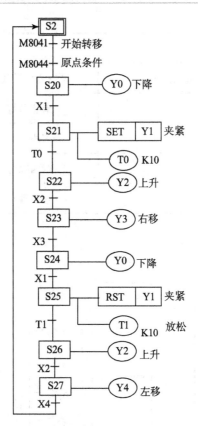

图 6 - 38 自动方式程序

下降/上升，左移/右移中使用的是双线圈电磁阀，夹紧使用的是单线圈电磁阀。

【任务实施】

### 6.4.3 十字路口交通灯控制并行 SFC 图编程与调试

1. 分析系统控制要求

见"任务描述"部分。

2. 列出 I/O（输入/输出）分配表

由十字路口交通灯系统控制要求确定 PLC 需要 1 个输入点，6 个输出点，其 I/O 分配表见表 6 - 8。

表 6 - 8 I/O 分配表

| 输　　入 | | 输　　出 | |
| --- | --- | --- | --- |
| 设备名称及代号 | 输入点编号 | 设备名称及代号 | 输出点编号 |
| 启动开关 SA | X0 | 南北红灯 | Y0 |
| | | 南北绿灯 | Y1 |

| 输 入 | | 输 出 | |
|---|---|---|---|
| 设备名称及代号 | 输入点编号 | 设备名称及代号 | 输出点编号 |
| | | 南北黄灯 | Y2 |
| | | 东西红灯 | Y3 |
| | | 东西绿灯 | Y4 |
| | | 东西黄灯 | Y5 |

**3. 硬件接线**

PLC 的外部硬件接线如图 6 – 39 所示。

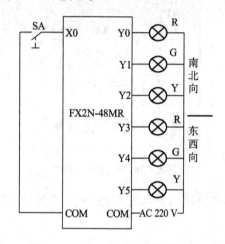

图 6 – 39　PLC 的外部硬件接线图

**4. SFC 图编程**

提示：

（1）因为交通灯系统运行与否由启动开关 X0 控制，而不是采用其他系统中常用的按钮作为启停控制，所以在编程时，无须再增加停止按钮。只要一个工作循环结束后返回初始状态就可以了，至于是否向下转移，由 X0 的状态来决定。

（2）在程序运行过程中，如果一个周期没有结束，PLC 被强制退出 RUN 方式，则在下次运行时，会出现输出混乱的状态，这种情况在实际交通灯系统中是不被允许的。解决办法：在程序的初始步，将所有程序中用到的状态器均复位，这可以使用 PLC 的区间复位指令 ZRST 来实现。

（3）绿灯的闪烁控制程序有两种设计方法：一是利用 PLC 内部提供的特殊功能继电器 M8013 提供的脉冲信号；二是采用本书项目二中介绍的闪烁程序来驱动绿灯。

采用并行序列 SFC 图进行编程，SFC 图控制程序及其对应的步进梯形图和指令表如图 6 – 40（a）、（b）、（c）所示。

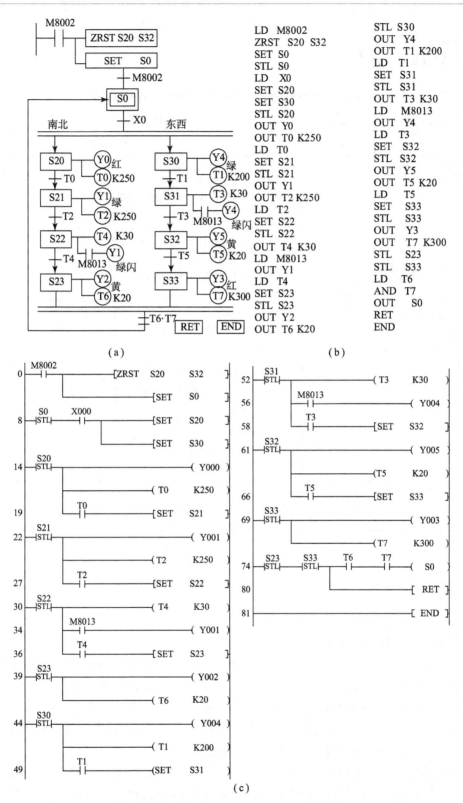

图 6-40　十字路口交通灯控制并行 SFC 图程序及其步进指令编程

(a) SFC 图程序；(b) 指令表；(c) 步进梯形图

## 【项目考核】

表 6 – 9 "PLC 顺序控制系统程序设计"项目考核要求

姓名_____    班级_____    学号_____    总得分_____

| 项目编号 | 6 | 项目选题 | | 考核时间 | |
|---|---|---|---|---|---|
| 技能训练考核内容（60 分） | | | 考核标准 | | 得分 |
| 从下列控制系统选题中选择两题，进行系统程序设计和调试运行。<br>（1）可实现单周期、多周期、急停三种运行方式的两种液体混合装置 PLC 控制系统设计；（30 分）<br>（2）带启停控制的 PLC 十字路口交通灯控制系统设计；（30 分）<br>（3）机械手自动方式运行 PLC 控制。（30 分） | | | 能够正确进行 PLC 外部硬件接线。接线错误、操作错误一次扣 2 分。（共 10 分） | | |
| | | | 能自行正确设计符合要求的系统控制程序。程序关键错误一处扣 2 分，整体思路不对扣 5 分，没有预先编好程序扣 10 分。（共 10 分） | | |
| | | | 能够正确地操作编程器将程序输入 PLC 中。操作错误或输入方法不明一次扣 2 分。（共 10 分） | | |
| | | | 能正确按照控制要求进行程序调试与修改。操作步骤不明或不会程序调试一次扣 2 分。（共 10 分） | | |
| | | | 能爱护实验室设备设施，有安全、卫生意识。违反安全文明操作规程一次扣 5 ~ 20 分。（共 20 分） | | |
| 知识巩固测试内容（40 分） | | | 见知识训练六 | | |
| 完成日期 | | 年　月　日 | | 指导教师签字 | |

 知识训练六

1. 简述划分步的原则。

2. 简述转换实现的条件和转换实现时应完成的操作。

3. 初始状态时，某压力机的冲压头停在上面，限位开关 X2 为 ON，按下启动按钮 X0，输出继电器 Y0 控制的电磁阀线圈通电，冲压头下行。压到工件后压力升高，压力继电器动作，使输入继电器 X1 变为 ON，用 T1 保压延时 5s 后，Y0 为 OFF，Y1 为 ON，上行电磁阀线圈通电，冲压头上行。返回到初始位置时碰到限位开关 X2，系统回到初始状态，Y1 为 OFF，冲压头停止上行。画出控制系统的顺序功能图。

4. 某液压动力滑台在初始状态时停在最左边，行程开关 X0 接通（其余三个行程开关分别为 X1、X2 和 X3）。按下启动按钮 X5，动力滑台的进给运动如图 6 – 41 所示。工作一个循环后，返回初始位置。控制各电磁阀的 Y1 ~ Y4 在各工步的状态见图 6 – 41 中的右表。画出状态转移图并编制梯形图程序。

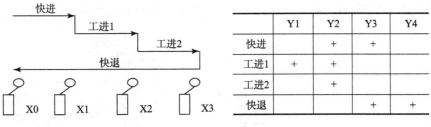

图6-41　题4的图

5. 小车在初始状态停在中间，限位开关X0为ON，按下启动按钮X3，小车按图6-42所示的顺序运动，最后返回并停在初始位置。试设计顺序功能图程序并转换成对应的步进指令。

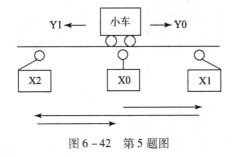

图6-42　第5题图

6. 设计出图6-43所示的顺序功能图的梯形图程序。

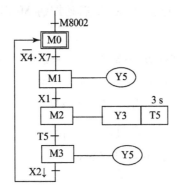

图6-43　第6题图

7. 设计出图6-44所示的顺序功能图的步进梯形图程序。

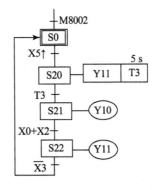

题6-44　第7题图

8. 顺序功能图如图 6 – 45 （a）、（b）、（c）所示，试对其进行编程。

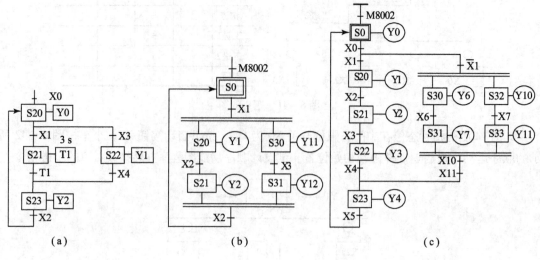

图 6 – 45　第 8 题图

9. 现有四台电动机，要求按时间原则（间隔 10 s）实现顺序启停控制，启动顺序为 M1→M2→M3→M4；停止顺序为 M4→M3→M2→M1，并在启动过程中，也要能按此顺序启动和停车。试设计电动机启停控制的顺序功能图，并编制程序。

10. 某红、黄、绿三彩灯控制系统，按下启动按钮 X0 后，三彩灯按图 6 – 46 所示时序循环被点亮。

绿灯亮 20 s→黄灯亮 10 s→红灯亮 30 s

图 6 – 46　第 10 题图

而按下停止按钮 X1 后，循环停止，三彩灯全灭。设红、黄、绿灯分别对应 PLC 的 Y0、Y1、Y2 三点，试设计出控制彩灯的状态转移图（SFC）程序。

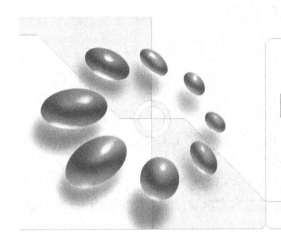

# 项目七 PLC 功能指令应用程序设计

## 【项目描述】

　　FX2N 系列 PLC 除了基本指令、步进顺控指令外，还有 200 多条功能指令。功能指令实际上是许多功能不同的子程序，所以又称为应用指令。

　　功能指令和基本指令不同，它不表达梯形图符号间的逻辑关系，而是直接表达该指令要做什么，如程序流向控制、数据传送与比较、算术与逻辑运算、移位与循环移位、数据处理、高速处理、外部输入输出处理、外部设备通信、点位控制、时钟运算与触点比较等。对于现代工业过程的控制，应用合适的功能指令，可以使程序简化，提高效率。本项目包括四个 PLC 功能指令典型应用的控制实例，通过本项目学习，达到以下目标。

## 【项目目标】

　　(1) 掌握功能指令的形式、要素及手册查阅方法。

　　(2) 掌握常用数据传送指令、算术运算指令、循环移位指令的功能及使用方法。

　　(3) 掌握常用程序控制指令功能及使用方法。

　　(4) 会用常用功能指令编写简单控制程序。

　　(5) 通过查阅手册，会使用特殊功能指令编程。

## 任务一  简易密码锁 PLC 控制

【任务描述】

一条基本逻辑指令只完成一个特定的操作，而一条功能指令却能完成一系列的操作，相当于执行了一个子程序，所以功能指令的功能更加强大。

本任务利用 PLC 数据传送等功能指令编程，实现密码锁控制。密码锁有 3 个置数开关（12 个按钮），分别代表 3 个十进制数，如果所拨数据与密码锁设定值相等，则 3 s 后开锁，20 s 后重新上锁。

【相关知识】

### 7.1.1  PLC 功能指令的要素与格式

功能指令采用梯形图和助记符相结合的形式，每一条功能指令都有一个助记符和一个功能号（FNC ××）与之对应。

1. 功能指令中的位元件组和字元件

（1）位元件：只具有 ON 或 OFF 两种状态，用一个二进制位就能表达的元件，称为位元件，如 X、Y、M、S 等均为位元件。

（2）位元件组：将多个位元件按 4 位一组的原则来组合，称为位元件组。它将 1 位的"位元件"成组使用。位元件组的表示方法：

$$Kn + 位元件组的最低位元件号$$

Kn 指有 n 个位元件组。例如，KnX、KnY、KnM 就是位元件组。KnX0 代表从 X0 开始的 n 组位元件组合。若 n 为 1，则 K1X0 表示 X3、X2、X1、X0 四位输入继电器的组合；若 n 为 2，则 K2X0 是指 X7 ~ X0 八位输入继电器的组合；若 n 为 4，则 K4 X0 是指 X017 ~ X010、X7 ~ X0 16 位输入继电器的组合。

FX 系列 PLC 中使用 4 位 BCD 码表示一位十进制数据，用位元件组表示 BCD 码很方便。由位元件组成位元件组时，最低位元件号可以任意给定，如 X0、X1 和 X5 均可。但习惯上采用以 0 结尾的位元件，如 X0、X10、Y20 等。

（3）字元件：以存储器字节或者字作为存储单位，能同时处理多个二进制位数据的元件统称为"字元件"。三菱 FX 系列 PLC 中 1 个字元件由 16 位存储单元构成。

2. 数据寄存器

数据寄存器（D）是用来存储数值数据的"字元件"，其数值可以通过功能指令、数据存取单元（显示器）及编程装置读出与写入。FX 系列 PLC 的数据寄存器容量为双字节（16 bit），且最高位为符号位，我们也可以把两个寄存器合并起来存放一个 4 字节（32 bit）的数据，最高位仍为符号位。最高位为 0，表示正数；最高位为 1，表示负数。

FX 系列 PLC 的数据寄存器分为以下 4 类：

（1）通用数据寄存器 D0 ~ D199。

通用数据寄存器共有 200 点，在被改写之前，寄存器内容保持不变。它具有易失性，当 PLC 由运行状态（RUN）转为停止状态（STOP）时，该类数据寄存器的数据均为 0。当特殊辅助继电器 M8033 置 1，PLC 由"RUN"转为"STOP"时，数据可以保持。

（2）失电保持数据寄存器 D200 ~ D511。

与通用数据寄存器一样，除非改写，否则失电保持数据寄存器 D200 ~ D511（共 312 点）原有数据不会变化。它与通用寄存器不同的是，无论电源是否掉电，PLC 运行与否，其内容不会变化，除非向其中写入新的数据。需要注意的是当两台 PLC 进行点对点的通信时，D490 ~ D509 用作通信。

（3）特殊数据寄存器。

特殊数据寄存器 D8000 ~ D8255（共 256 点）供监控 PLC 中各种元件的运行方式用。其内容在电源接通时，写入初始值（先全部清 0，然后由系统 ROM 安排写入初始值）。例如，D8000 所存监视时钟的时间由系统 ROM 设定。若要改变时，用传送指令将目的时间存入 D8000。该值在 PLC 由"RUN"状态到"STOP"状态保持不变。没有定义的数据寄存器，用户不能使用。

（4）文件数据寄存器。

文件数据寄存器 D1000 ~ D2999（共 2 000 点）实际上是一类专用数据寄存器，用于存储大量的数据，如采集数据、统计计算数据、多组控制参数等。其数值由 CPU 的监视软件决定，但可通过扩充存储器的方法加以扩充。

3. 变址寄存器

变址寄存器（V/Z）通常用来修改器件的地址编号，存放在它里面的数据为一个增量。变址寄存器由两个 16 位的数据寄存器 V 和 Z 组成，它们可以像其他数据寄存器一样进行数据的读/写，进行 32 位操作时，将数据寄存器 V、Z 合并使用，寄存器 Z 为低 16 位。

变址寄存器的使用方法如下：指令 MOV D5V，D10Z。如果 V = 8 和 Z = 14，则传送指令的操作对象是这样确定的：D5V 是指 D13 数据寄存器；D10Z 是指 D24 数据寄存器，执行该指令的结果是将数据寄存器 D13 中的内容传送到数据寄存器 D24 中。能够变址修正的元件为 X、Y、M、S、P、T、C、D 等。

4. 功能指令的格式

（1）编号。

功能指令用编号 FNC00 ~ FNC294 表示，并给出对应的助记符。例如，FNC12 的助记符是 MOV（传送），FNC45 的助记符是 MEAN（求平均数）。若使用简易编程器时应输入编号，如 FNC12、FNC45 等，若采用编程软件时可输入助记符，如 MOV、MEAN 等。

（2）助记符。

指令名称用助记符表示，功能指令的助记符为该指令的英文缩写词。如传送指令 MOVE 简写为 MOV，加法指令 ADDITION 简写为 ADD 等。采用这种方式容易了解指令的功能。如图 7 - 1 所示梯形图中的助记符 DMOV、INCP，其中 DMOV 中的"D"表示数据长度、"P"表示执行形式。

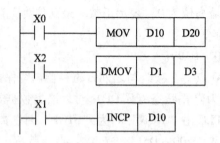

图 7 - 1　功能指令的数据长度与执行形式

（3）数据长度。

功能指令按处理数据的长度分为 16 位指令和 32 位指令。其中 32 位指令在助记符前加"D"，若助记符前无"D"，则为 16 位指令，如 MOV 是 16 位指令，DMOV 是 32 位指令。

（4）执行形式。

功能指令有脉冲执行型和连续执行型两种。执行形式如图 7 - 1 梯形图说明。在指令助记符后标有"P"的为脉冲执行型，无"P"的为连续执行型，如 MOV 是连续执行型 16 位指令，MOVP 是脉冲执行型 16 位指令，而 DMOVP 是脉冲执行型 32 位指令。脉冲执行型指令在执行条件满足时仅执行一个扫描周期。这点对数据处理有很重要的意义。例如，一条加法指令，在脉冲执行时，只将加数和被加数进行一次加法运算。而连续型加法运算指令在执行条件满足时，每一个扫描周期都要相加一次。

（5）操作数。

操作数是指功能指令涉及或产生的数据。有的功能指令没有操作数，大多数功能指令有 1～4 个操作数。操作数分为源操作数、目标操作数及其他操作数。源操作数是指令执行后不改变其内容的操作数，用［S］表示。目标操作数是指令执行后将改变其内容的操作数，用［D］表示。m 与 n 表示其他操作数。其他操作数常用来表示常数或者对源操作数和目标操作数进行补充说明。表示常数时，K 为十进制常数，H 为十六进制常数。某种操作数为多个时，可用下标数码区别，如［S1］、［S2］。

操作数从根本上来说，是参加运算数据的地址。地址是按照元件的类型分布在存储区中的。由于不同指令对参与操作的元件类型有一定的限制，因此，操作数的取值就有一定的范围。

## 7.1.2　传送指令与比较指令

### 1. 数据传送指令

传送指令是功能指令中使用最频繁的指令。在 FX2N 系列可编程序控制器中，传送指令包括 MOV、SMOV、BMOV、FMOV 等，这里主要介绍 MOV 指令。

传送指令 MOV（FNC 12）

格式：MOV［S·］［D·］

操作数说明：其中［S·］是源操作数；［D·］是目的操作数，指令中给出的是存放源和目的操作数的首地址（标号最小的那个）。

可以作为［S·］的操作数有：K，H，KnX，KnY，KnM，KnS，T，C，D，V，Z

可以作为［D·］的操作数有：KnY，KnM，KnS，T，C，D，V，Z。

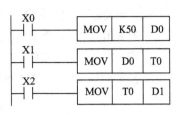

功能：当执行条件满足时，将源操作数［S·］送到目标操作数［D·］中。在 MOV 指令前加"D"表示传送 32 位数据，指令后加"P"表示指令为脉冲执行型。

图 7 - 2　MOV 指令应用示例

示例：如图 7 - 2 所示，当 X0 = OFF 时，MOV 指令不执行，D0 中的内容保持不变；当 X0 = ON 时，MOV 指令将 K50 传送到 D0 中。定时器、计数器设定值可以由 MOV 指令间接设定，如图 7 - 2 中的指令 MOV D0 T0；定时器和计数器的当前值也可用 MOV 指令读出，如图 7 - 2 中的指令 MOV T0 D1。

2. 比较指令

1）比较指令 CMP（FNC 10）

格式：CMP［S1·］［S2·］［D·］

操作数说明：其中［S1·］、［S2·］是两个参与比较的源操作数；［D·］是存放比较结果的软元件，指令中给出的是存放比较结果软元件的首地址（标号最小的那个）。

可以作为［S1·］、［S2·］的操作数有：K，H，KnX，KnY，KnM，KnS，T，C，D，V，Z。

可以作为［D·］的操作数有：Y，M，S。

功能：将两个源操作数［S1·］和［S2·］进行代数减法操作，以便进行比较，比较结果送到目的操作数［D·］中。CMP 指令也有脉冲执行方式，可以比较两个 16 位二进制数。比较 32 位数据时可使用 DCMP 指令。

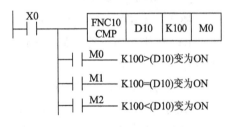

示例：如图 7 - 3 所示，如果 X0 接通，将执行比较操作，将 100 减去 D10 中的内容，再将比较结果写入相邻三个软元件 M0 ~ M2 中。结果位的操作规则是：

若 K100 >（D10），则 M0 被置 1；

若 K100 =（D10），则 M1 被置 1；

若 K100 <（D10），则 M2 被置 1。

图 7 - 3　CMP 指令应用示例

2）区间比较指令 ZCP（FNC 11）

格式：ZCP［S1·］［S2·］［S3·］［D·］

操作数说明：其中［S1·］、［S2·］是区间起点和终点；［S3·］是另一比较软元件；［D·］是存放比较结果的软元件，指令中给出的是存放比较结果软元件的首地址。

可以作为［S1·］、［S2·］、［S3·］的操作数有：K，H，KnX，KnY，KnM，KnS，T，C，D，V，Z。

可以作为［D·］的操作数有：Y，M，S，由三个连续的标志软元件组成。

功能：将某个指定的源操作数［S3·］与一个区间数据进行代数比较，源数据的上下限由［S1·］和［S2·］指定，比较结果送到目的软元件［D·］中。结果位的操作规则是：若源数据［S3·］处在上下限之间，则第二个标志位置 1；若源数据［S3·］大于上限，则第三个标志位置 1；否则，则第一个标志位置 1。

示例：如图 7 - 4 所示，如果 X0 接通，将执行区间比较操作，将 C0 的内容与区间的上下限进行比较，比较结果写入相邻三个标志软元件 M0 ~ M2 中。标志位操作规则是：

若 K100 > C0，则 M0 被置 1；

若 K100 ≤ C0 ≤ K200，则 M1 被置 1；

若 K200 < C0，则 M2 被置 1。

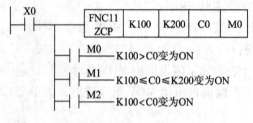

图 7-4　ZCP 指令应用示例

**3. 其他传送指令**

在 FX2N 系列可编程控制器中，传送指令除了 MOV 外，还有以下几条。

1）移位传送指令 SMOV

格式：SMOV [S] m1　m2　n [D]

SMOV 指令用于把四位十进制数中的位传送到另外一个四位数指定的位置。

2）取反传送指令 CML

格式：CML [S] [D]

CML 指令先把源操作数按位取反，然后将结果存放到目标元件中。

3）块传送指令 BMOV

格式：BMOV [S] [D] n

BMOV 指令用于把从源操作数指定的元件开始的 n 个数组成的数据块的内容传送到目标元件中。

4）多点传送指令 FMOV

格式：FMOV [S] [D] n

FMOV 指令用于将源元件中的数据传送到指定目标元件开始的 n 个目标元件中，这 n 个元件中的数据完全相同。

5）数据交换指令 XCH

格式：XCH [D1] [D2]

XCH 指令用于交换两个目标元件 D1 和 D2 中的内容。

6）BCD 变换、BIN 变换指令

格式：BCD [S] [D]；BIN [S] [D]

BCD 指令将源元件中的二进制数转换成 BCD 码送到目标元件中，常用于将 PLC 中的二进制数变换成 BCD 码以驱动 LED 显示器。BIN 指令将源元件中的 BCD 码转换成二进制数送到目标元件中。注意，常数 K 不能作为本指令的操作元件，BIN 指令常用于将 BCD 数字开关的设定值输入 PLC 中。

传送指令的基本用途有：

1）用以获得程序的初始工作数据

一个控制程序总是需要初始数据。这些数据可以从输入端口上连接的外部器件获得，需要使用传送指令读取这些器件上的数据并送到内部单元；初始数据也可以用程序设置，即向内部单元传送立即数；另外，某些运算数据存储在机内的某个地方，等程序开始运行时通过初始化程序传送到工作单元。

2）机内数据的存取管理

在数据运算过程中，机内数据的传送是不可缺少的。运算可能要涉及不同的工作单元，数据需要在它们之间传送；运算可能会产生一些中间数据，这些中间数据需要传送到适当的地方暂时存放；有时机内的数据需要备份保存，因此需要找地方把这些数据存储妥当。总之，对一个涉及数据运算的程序，数据管理是很重要的。

此外，二进制和 BCD 码的转换在数据管理中也是很重要的。

3）运算处理结果向输出端口传送

运算处理结果总是要通过输出实现对执行器件的控制，或者输出数据用于显示，或者作为其他设备的工作数据。对于输出口连接的离散执行器件，可成组处理后看作是整体的数据单元，按各口的目标状态送入一定的数据，可实现对这些器件的控制。

## 【任务实施】

### 7.1.3　简易密码锁 PLC 控制

1. 分析系统控制要求

见"任务描述"部分。密码锁控制程序的核心部分是密码识别部分，可采用比较指令来实现。

2. 列出 I/O（输入/输出）分配表

用比较器实现密码系统。密码锁有 12 个按钮，分别接入 X0 ~ X7 及 X10 ~ X13，其中 X0 ~ X3 代表第一个十进制数，X4 ~ X7 代表第二个十进制数，X10 ~ X13 代表第三个十进制数，密码锁的控制信号从 Y0 输出。其 I/O 分配表见表 7 - 1。另外，密码锁的密码由程序指定，假定为 K316。

表 7 - 1　I/O 分配表

| 输　　　入 | | 输　　　出 | |
|---|---|---|---|
| 设备名称及代号 | 输入点编号 | 设备名称及代号 | 输出点编号 |
| （密码个位）按钮 1 ~ 4 | X0 ~ X3 | 密码锁开锁装置控制 | Y0 |
| （密码十位）按钮 5 ~ 8 | X4 ~ X7 | | |
| （密码百位）按钮 9 ~ 12 | X10 ~ X13 | | |

3. 程序设计

根据控制要求，如要解锁，则从 X0 ~ X13 处送入的数据和程序设定的密码相等，可以使用比较指令实现判断，密码锁的开启由 Y0 的控制输出，梯形图如图 7 - 5 所示。

```
   M8000
   ├─┤├──────────────────────────[ CMP K316 K3X0 M1 ]
   M2
   ├─┤├──────────────────────────[ T0 K30 ]
   │                             [ T1 K200 ]
   T0
   ├─┤├──────────────────────────[ SET Y0 ]
   T1
   ├─┤├──────────────────────────[ RST Y0 ]
                                  [ END ]
```

图 7－5　密码锁控制功能指令程序设计

# 任务二　LED 数码管显示 PLC 控制

## 【任务描述】

设计一个数码管从初始值 6 开始显示，按下加 1 按钮，数码管显示值加 1，显示到 9 时，再按加 1 按钮，则显示 0；按下减 1 按钮，则数码管显示值减 1，显示到 0 时，若再按下减 1 按钮，则显示 9，如此循环。数码管工作原理如图 7－6（a）所示，使用共阴极的 LED 码时，数码管与 PLC 输出端接线如图 7－6（b）所示。

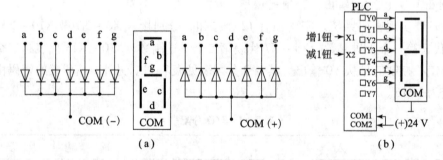

图 7－6　数码管工作原理及与 PLC 外部接线

(a) 数码管工作原理；(b) 数码管与 PLC 外部接线

## 【相关知识】

### 7.2.1　算术与逻辑运算指令

1. 算术运算类指令

1）加法指令 ADD

格式：ADD ［S1］［S2］［D］

功能：将两个源操作数 ［S1］ 与 ［S2］ 的数据内容相加，然后存放在目标操作数 ［D］ 中。

允许操作数：源操作数 ［S1］ 与 ［S2］ 的形式可以为 K，H，KnX，KnY，KnM，KnS，T，C，D，V、Z；而目标操作数的形式可以为 KnY，KnM，KnS，T，C，D，V、Z。

其他说明：

（1）指定源中的操作数必须是二进制数据，其最高位为符号位。如果该位为"0"，则表示该数为正；如果该位为"1"，则表示该数为负。

（2）操作数是 16 位的二进制数时，数据范围为 −32 768 ～ +32 767。操作数是 32 位的二进制数时，数据范围为 −2 147 483 648 ～ +2 147 483 647。

（3）运算结果为零时，零标志 M8020 = ON；运算结果为负时，借位标志 M8021 = ON；

（4）运算结果溢出时，进位标志 M8022 = ON。在指令前加"D"表示其操作数为 32 位的二进制数，在指令后加"P"表示指令为脉冲执行型。

示例：如图 7 – 7 所示。当 X0 = ON 时，将 K123 与 K456 相加，结果存于 D0 中；当 X2 有上升沿时，K1X0 和 K1X4 相加，结果存于 D1 中。

图 7 – 7    ADD 指令应用示例

2）减法指令 SUB

格式：SUB ［S1］［S2］［D］

功能：将两个源操作数 ［S1］ 与 ［S2］ 的数据内容相减，然后将结果存放在目标操作数 ［D］ 中。

允许操作数：源操作数 ［S1］ 与 ［S2］ 的形式可以为 K，H，KnX，KnY，KnM，KnS，T，C，D，V、Z；而目标操作数的形式可以为 KnY，KnM，KnS，T，C，D，V、Z。

其他说明：

（1）指定源中的操作数必须是二进制数据，其最高位为符号位。如果该位为"0"，则表示该数为正；如果该位为"1"，则表示该数为负。

（2）操作数是 16 位的二进制数时，数据范围为 −32 768 ～ +32 767。操作数是 32 位的二进制数时，数据范围为 −2 147 483 648 ～ +2 147 483 647。

（3）运算结果为零时，零标志 M8020 = ON；运算结果为负时，借位标志 M8021 = ON；

（4）运算结果溢出时，进位标志 M8022 = ON。在指令前加"D"表示其操作数为 32 位的二进制数，在指令后加"P"表示指令为脉冲执行型。

示例：如图 7 – 8 所示。当 X0 = ON 时，将 D0 与 D1 相减，结果存于 D2 中；当 X2 有上升沿时，D10 和 T0 相减，结果存于 D20 中。

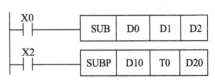

3）加 1 指令 INC、减 1 指令 DEC

INC 指令的使用格式为：INC ［D］。使用 INC 指令时，执行条件每满足一次，目标元件的内容加 1。

图 7 – 8    SUB 指令应用示例

DEC 指令的使用格式为：DEC ［D］。使用 DEC 指令时，执行条件每满足一次，目标元件的内容减 1。

注意，上述指令不影响零标志、借位标志和进位标志。在实际控制中一般不允许每个扫描周期目标元件都要减1，所以，INC 和 DEC 指令经常使用的是脉冲执行方式。

4）乘法指令 MUL

格式：MUL [S1] [S2] [D]

功能：将两个源操作数 [S1] 与 [S2] 的数据内容相乘，然后将结果存放在目标操作数 [D+1] ~ [D] 中。

允许操作数：源操作数 [S1] 与 [S2] 的形式可以为 K，H，KnX，KnY，KnM，KnS，T，C，D，V、Z；而目标操作数的形式可以为 KnY，KnM，KnS，T，C，D。

其他说明：

（1）若 [S1]、[S2] 为 32 位二进制数，则结果为 64 位，存放在 [D+3] ~ [D] 中。

（2）在指令前加 "D" 表示操作数为 32 位数据，在指令后加 "P" 表示指令为脉冲执行型。

示例：如图 7-9 所示。当 X0 = ON 时，将 D0 与 D1 两个 16 位二进制数相乘，结果存于 D3D2 中。

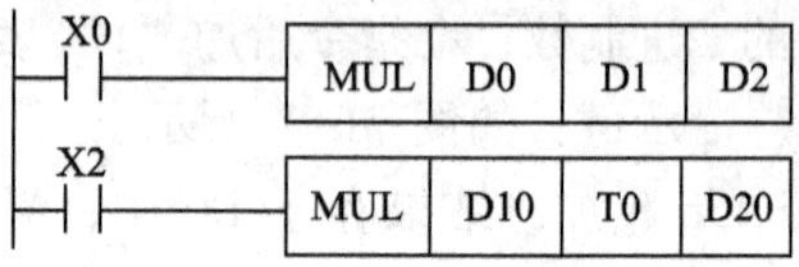

5）除法指令 DIV

格式：DIV [S1] [S2] [D]

功能：将两个源操作数 [S1] 与 [S2] 的数据内

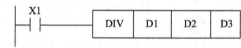

图 7-9　MUL 指令应用示例

容相除，然后将商存放在目标操作数 [D] 中，将余数存放在 [D+1] 中。

允许操作数：源操作数 [S1] 与 [S2] 的形式可以为 K，H，KnX，KnY，KnM，KnS，T，C，D，V、Z；而目标操作数的形式可以为 KnY，KnM，KnS，T，C，D。在指令前加 "D" 表示操作数为 32 位数据，在指令后加 "P" 表示指令为脉冲执行型。

示例：如图 7-10 所示。当 X0 = ON 时，将 D0 与 D1 两个 16 位二进制数相除，[D1]/[D2] = [D3]…[D4]。

2. 逻辑运算类指令

图 7-10　DIV 指令应用示例

1）字逻辑与运算指令 WAND

格式：WAND [S1] [S2] [D]。该指令将两个源操作数相与，结果存放到目标元件中。双字逻辑与指令为 DAND。

2）字逻辑或指令 WOR 和 DOR，字逻辑异或指令 WXOR 和 DXOR，以及字求补指令 NEG 和 DNEG

前两条指令的使用方法同字逻辑或指令。字求补指令没有源操作数，只有一个目标操作数。

3. 七段码译码指令 SEGD（FNC）

格式：SEGD [S] [D]

功能：将源操作数 [S] 指定元件的低4位确定的16进制数（0~F）译码后送到七段显示器，译码信号存于目标操作数 [D] 中，[D] 的高8位不变。在指令后加 "P" 表示指令为脉冲执行型。

允许操作数：源操作数 [S] 的形式可以为 K，H，KnX，KnY，KnM，KnS，T，C，D，V、Z；目标操作数 [D] 的形式可以为 KnY，KnM，KnS，T，C，D，V、Z。

示例：如图 7-11 所示，当 X1 = ON 时，将 K5 存于 D1 中，然后将 D1 译码，从 Y7 ~ Y0 中显示。其中 Y0 ~ Y7 分别接七段数码管的 a ~ h 段。

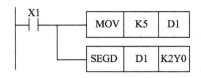

图 7-11　SEGD 指令编程示例

## 7.2.2　触点比较指令

### 1. 指令列表

触点比较指令相当于一个触点，指令执行时，比较两个操作数 [S1]、[S2]，满足比较条件则触点闭合。触点分为 3 类：LD 类、AND 类、OR 类，具体指令有多条，见表 7-2。

表 7-2　触点比较指令

| 分类 | 指令助记符 | 指令功能 |
| --- | --- | --- |
| LD 类 | LD = | [S1] = [S2] 时，运算开始的触点接通 |
| | LD > | [S1] > [S2] 时，运算开始的触点接通 |
| | LD < | [S1] < [S2] 时，运算开始的触点接通 |
| | LD < > | [S1] ≠ [S2] 时，运算开始的触点接通 |
| | LD < = | [S1] ≤ [S2] 时，运算开始的触点接通 |
| | LD > = | [S1] ≥ [S2] 时，运算开始的触点接通 |
| AND 类 | AND = | [S1] = [S2] 时，串联开始的触点接通 |
| | AND > | [S1] > [S2] 时，串联开始的触点接通 |
| | AND < | [S1] < [S2] 时，串联开始的触点接通 |
| | AND < > | [S1] ≠ [S2] 时，串联开始的触点接通 |
| | AND < = | [S1] ≤ [S2] 时，串联开始的触点接通 |
| | AND > = | [S1] ≥ [S2] 时，串联开始的触点接通 |
| OR 类 | OR = | [S1] = [S2] 时，并联开始的触点接通 |
| | OR > | [S1] > [S2] 时，并联开始的触点接通 |
| | OR < | [S1] < [S2] 时，并联开始的触点接通 |
| | OR < > | [S1] ≠ [S2] 时，并联开始的触点接通 |
| | OR < = | [S1] ≤ [S2] 时，并联开始的触点接通 |
| | OR > = | [S1] ≥ [S2] 时，并联开始的触点接通 |

### 2. 指令格式

三类触点比较指令的使用格式如图 7-12（a）、（b）、（c）所示。

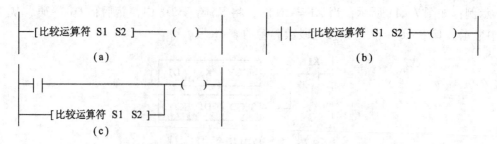

图7-12 触点比较类指令使用格式

(a) LD类触点比较指令；(b) AND类触点比较指令；(c) OR类触点比较指令

3. 使用说明

(1) 触点比较类指令，当满足比较条件时，触点接通。

(2) 比较运算符包括：=、>、<、<>、>=、<= 6种形式。

(3) 两个操作数的形式可以是：K，H，KnX，KnY，KnM，KnS，T，C，D，V、Z等字元件，以及X，Y，M等位元件。

(4) 在指令前加"D"表示操作数为32位数据，在指令后加"P"表示指令为脉冲执行型。

4. 编程示例

图7-13中，当C10 = K20时，Y0被驱动；当X10 = ON并且D100 > 58时，Y10被复位；当X1 = ON或者K10 > C0时，Y1被驱动。

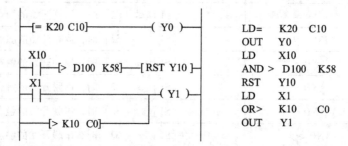

图7-13 触点比较指令编程示例

 【任务实施】

### 7.2.3 LED数码管显示PLC控制

1. 分析系统控制要求

见"任务描述"部分。

2. 列出I/O（输入/输出）分配表

根据控制要求，实现LED在9和0之间做增减循环显示控制。需要一个加1按钮，一个减1按钮，连接PLC的两个输入点；数码管需要占用8个输出点，按照a~g的顺序对应接在 Y0 ~ Y7 端子上。列出 I/O 分配表，见表 7 - 3。

表 7 - 3　I/O 分配表

| 输　入 | | 输　出 | |
|---|---|---|---|
| 设备名称及代号 | 输入点编号 | 设备名称及代号 | 输出点编号 |
| 加 1 按钮 | X1 | 数码管 a ~ h 段 | Y0 ~ Y7 |
| 减 1 按钮 | X2 | | |

3. 程序设计

根据控制要求，在程序设计过程中主要解决两个问题。

（1）显示的实现。即如何对七段数码管进行驱动的问题。有两种方法：使用 MOV 指令实现，但需要提供 0 ~ 9 的共阴极七段编码，程序较长，或者使用 SEGD 指令实现。为了使程序简练，考虑采用译码指令实现。

（2）显示数值在递增和递减过程中，如何实现循环的问题。即显示到 9，如果再加 1，则要回 0；显示到 0，如果再减 1，则要显示 9。可采用与两个端点值进行比较的方法，给待显示数值寄存器重新赋值。

按照上述思路设计出的梯形图如图 7 - 14 所示。

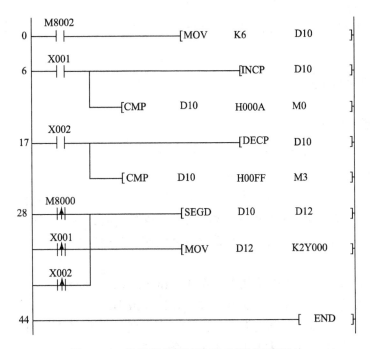

图 7 - 14　数码管循环显示 PLC 控制程序设计

# 任务三　艺术彩灯造型 PLC 控制

## 【任务描述】

艺术彩灯造型模拟演示板如图 7−15 所示。图中 a~h 为 8 组灯，模拟彩灯显示，上面 8 组形成一个环形，下面 8 组形成一字形，上下同时动作，形成交相辉映的效果。

艺术彩灯由一个开关控制，分别由字元件 K2Y0 驱动，通过改变 K2Y0 中的数值，可以显示不同的花样：

（1）快速正序点亮，然后正序熄灭；

（2）快速逆序点亮，然后全部熄灭；

（3）慢速正序点亮，然后逆序熄灭；

（4）快速闪烁；

（5）慢速闪烁；

（6）自动循环。

试用循环移位等功能指令设计彩灯控制程序。

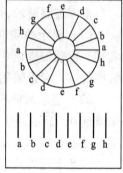

图 7−15　艺术彩灯
造型模拟演示板

## 【相关知识】

### 7.3.1　循环移位指令

1. 循环移位指令 ROR 和 ROL

格式：ROR［D］n 或 ROL［D］n

功能：ROR、ROL 分别被称为循环右移、循环左移移位指令。它们的功能是用来对［D］中的数据以 n 位为单位进行循环右移、左移。在执行时，各位数据依次向右（或向左）循环移动 n 位，最低位（或最高位）被移进进借位标志 M8022 中。

其他说明：

（1）目标操作数［D］可以是如下的形式：KnY，KnM，KnS，T，C，D，V、Z；操作数 n 用来指定每次移位的"位"数，其形式可以为 K 或 H。

（2）目标操作数［D］可以是 16 位或者 32 位数据。若为 16 位操作，n < 16；若为 32 位操作，需在指令前加"D"，并且此时的 n < 32；

（3）若［D］使用位元件组，则只有 K4（16 位指令）或 K8（32 位指令）有效，即形式如 K4Y10，K8M0 等。

（4）指令通常使用脉冲执行型操作，即在指令后加字母"P"；若连续执行，则循环移位操作每个扫描周期都会被执行一次。

编程示例:如图 7 - 16 所示。

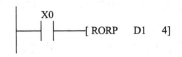

图 7 - 16　循环右移指令使用格式

2. 位右移、位左移指令 SFTR、SFTL

格式:SFTR [S] [D] n1　n2　或 SFTL [S] [D] n1　n2

功能:SFTR 和 SFTL 指令的功能使元件中的状态向右或向左移位,由 $n_1$ 指定位元件的长度,$n_2$ 指定移动的位数($n_2 \leqslant n_1 \leqslant 1\ 024$)。

SFTR 指令的功能如图 7 - 17 所示,当 X10 由 OFF 变为 ON 时,执行 SFTR 指令,数据按以下顺序移位:M3 ~ M0 中的数溢出,M7 ~ M4→M3 ~ M0,M11 ~ M8→M7 ~ M4,M15 ~ M12→M11 ~ M8,X3 ~ X0→M15 ~ M12。

SFTL 指令的功能如图 7 - 18 所示,当 X11 由 OFF 变为 ON 时,执行 SFTL 指令,数据按以下顺序移位:M15 ~ M12 中的数溢出,M11 ~ M8→M15 ~ M12,M7 ~ M4→M11 ~ M8,M3 ~ M0→M7 ~ M4,X3 ~ X0→M3 ~ M0。

图 7 - 17　SFTR 位右移指令功能

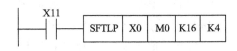

图 7 - 18　SFTL 位左移指令功能

其他说明:

(1) 源操作数 [S] 为数据位的起始位置,目标操作数 [D] 为移位数据位的起始位置;

(2) 源操作数 [S] 的形式可以为 X,Y,M,S;目标操作数 [D] 的形式可以为 Y,M,S;$n_1$、$n_2$ 的形式可以为 K,H;

(3) SFTL、SFTR 指令通常使用脉冲执行型,即使用时在指令后加"P"。SFTLP、SFTRP 在执行条件的上升沿时执行;用连续指令时,当执行条件满足时,每个扫描周期执行一次。

3. 区间复位指令 ZRST

格式:ZRST [D1] [D2]

功能:可用于数据区的初始化,如图 7 - 19 所示,当 PLC 由 OFF→ON 时,执行 ZRST 指令,使位元件 Y0 ~ Y7、字元件 D0 ~ D100 及状态元件 S0 ~ S127 成批复位(清零)。

注意,目标操作数 [D1] 代表要复位的元件区间下限,[D2] 代表区间上限。二者应为同类元件。

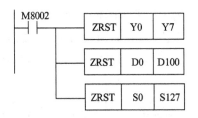

图 7 - 19　ZRST 指令使用说明

### 7.3.2　解码及编码指令

1. 解码指令 DECO

格式:DECO [S] [D] n

功能：

（1）DECO 指令将输入信号进行真值表式的展开，功能如同二进制数转换成十进制值。

（2）源操作数［S］的形式可以为 K，H，T，C，D，V、Z，X，Y，M，S；目标操作数［D］的形式可以为 T，C，D，Y，M，S；$n$ 的形式可以为 K，H。

（3）如果目标操作数［D］为位元件，且以［S］为首地址的 $n$ 位连续的位元件所表示的十进制数为 $N$，则 DECO 指令把以［D］为首地址目标元件的第 $N$ 位（不含目标元件位本身）置位，其他位清零。

（4）如果目标操作数［D］为位元件，$n \leq 8$；$n = 0$ 时不处理，$n < 0$ 或 $n > 8$ 时会出现错误运算；$n = 8$ 时，其点数是 $2^8 = 256$ 点。

（5）如果目标操作数［D］为字元件，$n \leq 4$；源地址的低 $n$ 位被解码至目标地址，目标的高位都变为 0；$n = 0$ 时不处理，$n < 0$ 或 $n > 4$ 时运算错误。

（6）若执行条件不满足，DECO 指令不执行，正在动作的解码输出保持动作。

（7）若需要在执行条件满足时仅执行一次，可以使用脉冲执行型指令 DECOP 指令；否则指令为连续执行型，在每个扫描周期指令都会执行一次。

编程示例：

图 7-20 中，目标操作数 M0 为位元件。当 X10 = ON 时，将 X0 开始的 3 个元件（X3～X0）解码，因为 X2X1X0 状态为 101，对应十进制数是 5，经过解码后就制定将目标操作数以 M0 开始的 M5 位（M15～M0）对应的辅助继电器 M5 置位。若 X2X1X0 的状态为 111，则其十进制数值应为 7，DECO 执行后，会将 M7 位置位，其余位清零。

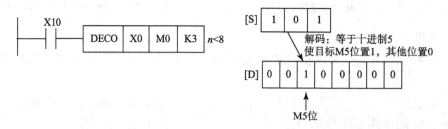

图 7-20 DECO 指令功能（目标操作数为位元件）

图 7-21 中，目标操作数为字元件 D10。当 X10 = ON 时，对源操作数从 D0 的低位算起的 3 位进行译码，然后将 D10 的对应位置位。若 D0 的状态为 0011 0101 0011 0011，即其低三位为 011，对应的十进制数值是 3，故 DECO 指令执行时，会将 D10 的 D3 置为 1，其余为 0，即 D10 的状态变为 0000 0000 0000 1000。

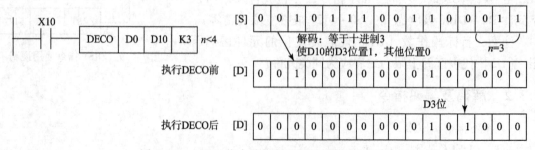

图 7-21 DECO 指令功能（目标操作数为字元件）

2. 编码指令 ENCO

格式：ENCO [S] [D] n

功能：

（1）ENCO 指令将输入的信号用逻辑真值表来表现，功能如同将十进制数用二进制形式来表示。源操作数 [S] 的形式可以为 T，C，D，V、Z，X，Y，M，S；目标操作数 [D] 的形式可以为 T，C，D，V、Z；n 的形式为 K，H。

（2）如果源操作数 [S] 为位元件，在以 [S] 为首地址、长度为 $2^n$ 位连续的位元件中，最高置 1 的位被编码（转为 n 位二进制），然后存放到目标 [D] 所指定的字元件的低 n 位中，[D] 中数值的范围由 n 确定。

（3）若源操作数 [S] 为位元件，并且第一个位元件（第 0 位）为 "1"，则目标操作数 [D] 中全部存放 "0"。当源操作数中没有 "1" 时，运算出错。

（4）若 [S] 为位元件，并且 n=0，指令不执行；n<0 或 n>8 时，会出现运算错误。n=8 时，源操作数的位数是 $2^8=256$ 位。

（5）若 [S] 为字元件，ENCO 指令将其最高位为 "1" 的位置编号编码，然后存放到目标 [D] 所指定的元件中。

（6）若执行条件不满足，ENCO 指令不执行，正在动作的编码输出保持动作。

（7）若需要在执行条件满足时仅执行一次，可以使用脉冲执行型指令 ENCOP 指令；否则指令为连续执行型，在每个扫描周期指令都会执行一次。

编程示例：

图 7-22 中，源操作数 M0 为位元件。源元件的长度 = $2^3$ = 8 位（M7 ~ M0），其中最高置 1 位是 M5，故将 "5" 存放到 D0 的低 3 位（二进制数）。

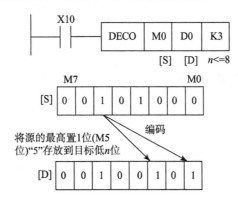

图 7-22　ENCO 指令功能（源操作数为位元件）

图 7-23 中，源操作数 D10 为字元件，源元件的可读长度为 $2^n=2^3=8$，其中最高置 1 位是 M6 位，故将 "6" 的二进制表示存放到 D0 的低 3 位。

3. 其他指令

数据处理指令除了前面介绍的区间复位指令 ZRST、编码指令 ENCO、解码指令 DECO 外，还有以下几条比较常用的指令。

1）置 1 位数总和指令 SUM

格式：SUM [S] [D]

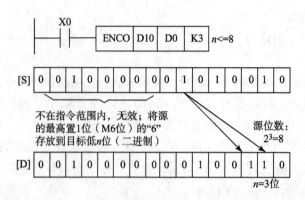

图 7 – 23    ENCO 指令功能（源操作数为字元件）

SUM 指令统计源操作数中置 1 的位的个数，并存放到目标元件中。

2）置 1 判别指令 BON

格式：BON ［S］［D］n

BON 指令用于检测指定元件中的指定位是否为 1。

3）平均值指令 MEAN

格式：MEAN ［S］［D］n

MEAN 指令将 n 个源操作数的平均值送到指定的目标元件中。

4）平方根指令 SQR

格式：SQR ［S］［D］n

SQR 指令用于求源操作数的算术平方根。

【任务实施】

### 7.3.3　艺术彩灯造型 PLC 控制

1. 分析系统控制要求

见 "任务描述" 部分。

2. 列出 I/O（输入/输出）分配表

根据控制要求，系统控制需要一个输入点接启停控制开关，需要 8 个输出点接 8 个灯组。I/O 点分配见表 7 – 4。

表 7 – 4　I/O 分配表

| 输入 | | 输出 | |
|---|---|---|---|
| 设备名称及代号 | 输入点编号 | 设备名称及代号 | 输出点编号 |
| 启停开关 S1 | X0 | 灯组 a ~ h | Y0 ~ Y7 |

3. 程序设计

提示：

（1）根据彩灯顺序动作的要求，应用位左移指令（SFTL）可实现彩灯按正序依次点亮、依次熄灭，每次移动 1 位；应用位右移指令（SFTR）可实现彩灯按逆序依次点亮、依次熄灭。

（2）通过传送控制字的方法，可实现彩灯的闪烁。

（3）用区间复位指令可实现所有状态的复位，然后把每一种动作作为一个状态，以单流程的形式实现循环，即可实现彩灯的顺序自动循环动作。

按照上述思路设计出的艺术彩灯造型 PLC 控制程序（SFC 图）如图 7 - 24 所示。

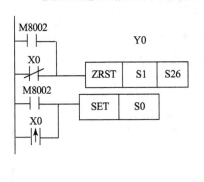

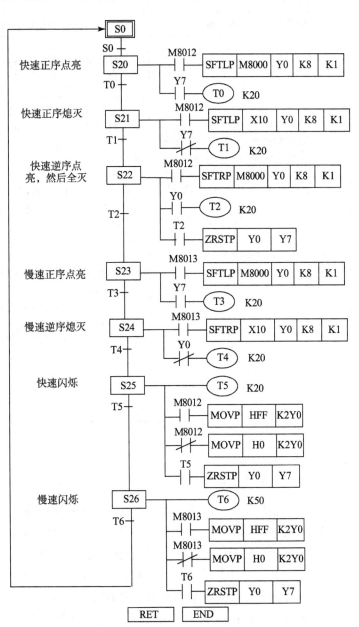

图 7 - 24　艺术彩灯造型 PLC 控制程序设计

## 【项目考核】

### 表7-5 "PLC功能指令应用程序设计"项目考核要求

姓名_____ 班级_____ 学号_____ 总得分_____

| 项目编号 | 7 | 项目选题 | | 考核时间 | |
|---|---|---|---|---|---|
| 技能训练考核内容（60分） | | | 考核标准 | | 得分 |
| 从下列控制系统选题中选择两题，进行系统程序设计和调试运行。<br>（1）利用数据传送指令实现三相异步电动机 Y - △ 降压启动 PLC 控制；<br>（2）一位十进制计数器 LED 显示驱动程序设计；<br>（3）移位指令实现彩灯造型 PLC 控制 | | | 能够正确进行 PLC 外部硬件接线。接线错误、操作错误一次扣 2 分。（共 10 分） | | |
| | | | 能自行正确设计符合要求的系统控制程序。程序关键错误一处扣 2 分，整体思路不对扣 5 分，没有预先编好程序扣 10 分。（共 10 分） | | |
| | | | 能够正确地操作编程器将程序输入 PLC 中。操作错误或输入方法不明一次扣 2 分。（共 10 分） | | |
| | | | 能正确按照控制要求进行程序调试与修改。操作步骤不明或不会程序调试一次扣 2 分。（共 10 分） | | |
| | | | 能爱护实验室设备设施，有安全、卫生意识。违反安全文明操作规程一次扣 5 ~ 20 分。（共 20 分） | | |
| 知识巩固测试内容（40分） | | | 见知识训练七 | | |
| 完成日期 | | 年 月 日 | | 指导教师签字 | |

## 知识训练七

1. 什么是功能指令？功能指令共有几大类？其用途与基本指令有什么区别？

2. 什么是"位"软元件？什么是"字"软元件？它们有何区别？

3. 试问如下软元件为何种类型软元件？由几位组成？

        X1       D20       K4X0      V2      M19

4. 功能指令有哪些要素？在梯形图中如何表示？

5. 说明变址寄存器 V 和 Z 的作用。当 V = 10、Z = 2 时，符号 K20V、D5V、Y10Z 和 K4X0Z 的含义是什么？

6. 在图 7 - 25 所示的功能指令表达式中，X0、（D）、（P）、D10、D14 分别表示什么？该指令有什么功能？

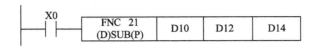

图 7-25　第 6 题图

7. 三台电动机相隔 3 s 启动，各运行 30 s 停止，循环往复。试使用 MOV 和 CMP 比较指令编程，实现这一控制要求。

8. 实际一控制程序，当输入条件 X1 = ON 时，依次将计数器 C0~C9 的当前值转换成 BCD 码后传送到输出元件 K4Y0 输出。

9. 设计一个八位抢答器电路，任一位抢先按下抢答器按键时，数码管（七段）则显示出相应编号，蜂鸣器鸣叫，同时抢答器锁住，其他组按键无效，直到按下复位键后，可重新开始抢答。设计要求如下：（1）填制 I/O 分配表。（2）绘制 PLC 外部接线图。（3）用自己熟悉的指令编写梯形图。

10. 试用 DECO 指令实现某喷水池的花式喷水控制：第一组喷水 4 s→第二组喷水 3 s→第三组喷水 2 s→三组同时喷水 1 s→三组同时停止 5 s→重复上述过程。

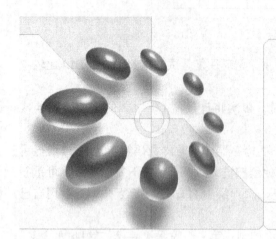

# 项目八　FX 系列 PLC 通信

## 【项目描述】

PLC 通信是指 PLC 与 PLC、PLC 与计算机、PLC 与现场设备或远程 I/O 设备之间的信息交换。随着计算机网络技术的发展以及各企业对工厂自动化程度要求的不断提高，自动控制从传统的集中式向多元化分布式方向发展，世界各 PLC 生产厂家纷纷给自己的产品增加了通信及联网的功能，并研制开发出自己的 PLC 网络系统。现在，即使是微小的和小型的 PLC 也都具有了网络通信接口。

本项目主要包括两个学习任务，通过 PLC 与 PLC 之间和 PLC 与计算机之间的简单通信任务实现，使读者在一定程度上对 PLC 网络通信中的设备连接和程序设计方法有所认识。

## 【项目目标】

（1）初步掌握 PLC 网络通信基础知识。

（2）能完成基本的 PLC 网络通信硬件选型设计。

（3）会选择典型的 PLC 网络通信协议。

（4）会编写简单的 PLC 通信的控制程序。

（5）能够动手安装 PLC 与 PLC 或 PLC 与计算机之间的通信链接。

# 任务一 PLC 与 PLC 之间的通信

## 【任务描述】

PLC 与 PLC 之间通信的任务就是将不同位置的 PLC 通过通信介质连接起来，以某种特定的通信方式高效率地完成数据的传送、交换和处理。本任务主要学习 PLC 通信基础知识和 PLC 与 PLC 之间的通信技术，并在此基础上能实现两台 PLC 之间的简单并行通信。具体控制要求为：

两台 PLC 间采用普通并行通信模式通信，将 1 台 FX2N – 48MT PLC 设为主站，另一台 FX2N – 32MR 设为从站，使其实现以下控制要求：

（1）将主站输入端口 X0 ~ X3 的状态传送到从站，通过从站的 Y0 ~ Y3 输出。

（2）将从站辅助继电器 M0 ~ M3 的状态传送到主站，通过主站的 Y0 ~ Y3 输出。

（3）将从站数据寄存器 D1 与 D2 中的数据相加，作为主站计数器 C1 的设定值。

（4）将主站计数器 C0 的当前值传送到从站，与从站中的数据寄存器 D5 的当前值比较。比较结果由从站 Y14、Y15 或 Y16 输出。

## 【相关知识】

### 8.1.1 PLC 通信基础知识

1. PLC 通信网络的结构

PLC 构成的控制网络分总线型网络、环型网络和星型网络三种结构，如图 8 – 1 所示。工业控制网络多采用总线型结构。

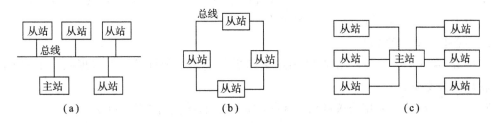

图 8 – 1 PLC 网络结构示意图
(a) 总线型网络；(b) 环型网络；(c) 星型网络

连接在网络中的通信站点根据功能可分为主站和从站。主站可以对网络中的其他设备发出初始化请求，从站只能影响主站的初始化请求，而不能对网络中的其他设备发出初始化请求。网络即可采用单主站连接方式，也可采用多主站连接方式。

2. 通信介质

通信介质是信息传输的通道,是 PLC 与计算机及外部设备之间相互联系的桥梁。

PLC 对通信介质的基本要求是必须具有传输效率高,能量损耗小,抗干扰能力强,性价比高等特性。PLC 通信普遍使用的通信介质有双绞线(传送速率为 1～4 Mbps)、同轴电缆(传送速率为 1～450 Mbps)和光缆(传送速率为 10～500 Mbps)。

3. 通信设备

FX 系列 PLC 可以通过 RS－232、RS－422 和 RS－485 等串行通信标准进行数据交换。为了实现多种标准的通信,三菱公司为 FX 系列 PLC 配套提供了通信格式转换器、功能扩展板、特殊适配器和通信模块等通信设备,如表 8－1 所示。

表 8－1 三菱 FX2N 系列 PLC 的通信设备

| 名 称 | 型 号 | 功 能 |
|---|---|---|
| 通信转换器 | FX－485PC－IF | 与计算机连接,实现 RS－232 与 RS－485 通信格式转换 |
| 功能扩展板 | FX2N－232－BD | 置于 PLC 中,实现相应格式的通信 |
| | FX2N－422－BD | |
| | FX2N－485－BD | |
| | FX2N－CNV－BD | 置于 PLC 中,用于连接特殊的适配器,实现相应格式的通信 |
| 特殊适配器 | FX0N－232ADP | 与接有 FX2N－CNV－BD 的 PLC 相连,实现相应格式的通信 |
| | FX0N－485ADP | |
| | FX2NC－232ADP | |
| | FX2NC－485ADP | |
| 通信模块 | FX2N－232－IF | 接于 PLC 端,用于与 RS－232 通信 |

4. 通信方式

FX 系列 PLC 根据使用的通信设备与协议不同可分为以下四种通信方式。

1)$N:N$ 网络通信方式

$N:N$ 网络通过 RS－485 接口在 FX 系列 PLC 之间进行简单的数据链接,实现多机通信互联,常用于生产线的分散控制与集中管理等。

2)双机并行通信方式

通过 RS－485 接口,在 FX 系列 PLC 之间进行简单的数据链接,实现两台 PLC 间的通信互联与数据交换。

3)计算机链接(专用协议通信,无须梯形图,直接读写操作 PLC)

计算机作为主站,PLC 作为从站,通过 RS－232、RS－485 等接口实现计算机与单台 PLC 或计算机与多台 PLC 间的通信互联,可用于系统的数据采集与集中管理等。

4)无协议通信方式(使用 RS 指令或 FX2N－232－IF 模块,可自定义通信协议)

无协议通信可以与具备 RS－232 或 RS－484 接口的各种设备以无协议的方式进行数据交换,在 PLC 需要使用相应的指令编写控制梯形图时才能实现通信功能,常用于 PLC 与计算机、条形码阅读器、打印机和各种智能仪表等串口设备之间的数据交换。上述通信方式的特性如表 8 - 2 所示。

表 8 - 2 FX 系列 PLC 通信方式及特性

| 项 目 | PLC 与 PLC | | 计算机与 PLC | PLC 与串口设备 |
|---|---|---|---|---|
| | $N:N$ | PLC 并联 | 专用协议 | 无协议 |
| 传输标准 | RS - 485 | | RS - 485 或 RS - 232 | |
| 传输距离 | 500 m | | 500 m（RS - 485）<br>15 m（RS - 232） | |
| 连接数量 | 8 | 1:1 | 1:$N$（$N \leqslant 16$、RS - 485）<br>1:1（RS - 232） | 1:$N$（RS - 485）<br>1:1（RS - 232） |
| 数据传送方式 | 半双工 | | | 半双工<br>全双工 |
| 数据长度 | 固定 | | 7 bit/8 bit | |
| 校检 | | | 无/奇/偶 | |
| 停止位 | | | 1 bit/2 bit | |
| 波特率/bps | 38 400 | 19 200 | 300/600/1 200/2 400/4 800/9 600/19 200 | |
| 头字符 | 固定 | | | 无/有效 |
| 尾字符 | | | | |
| 控制线 | — | | | |
| 协议 | — | | 格式 1 或格式 4 | 无 |
| 和校验 | 固定 | | 无/有效 | |

## 8.1.2 PLC 与 PLC 之间的通信

1. 并行通信

FX2N 系列 PLC 通过 FX2N - 485 - BD 内置通信板（或 FX2N - CNV - BD/FX0N - 485ADP）和专用的通信电缆（双绞线电缆 AWG26 ~ AWG16），可以实现两台 PLC 之间的并行通信。

1）通信设置

PLC 之间的并行通信需要设置主/从站和通信模式。

（1）主/从站设定。置 M8070 为 ON，设为主站；置 M8071 为 ON，设为从站，如图 8 - 2 所示。

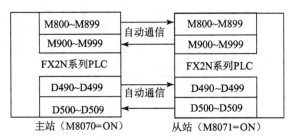

图 8 - 2 普通并行口通信模式设置

（2）通信模式。置 M8162 为 OFF，设为普通并行通信模式；置 M8162 为 ON，设为高速并行通信模式，如图 8-3 所示。

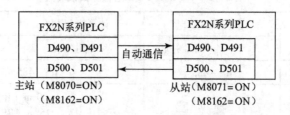

图 8-3　高速并行通信模式设置

2）通信软元件

FX 系列 PLC 普通与高速并行通信模式下所用的通信软元件见表 8-3。并行通信所用软元件及其功能见表 8-4。

表 8-3　普通与高速并行通信模式下的通信软元件

| PLC 类型 | 模式 | 普通模式 | | 高速模式 | |
|---|---|---|---|---|---|
| | | 位软元件 | 字软元件 | 位软元件 | 字软元件 |
| FX0N/FX1S | 点数 | 50 | 10 | 0 | 2 |
| | 主站 | M400～M449 | D230～D239 | — | D230，D231 |
| | 从站 | M450～M499 | D240～D249 | — | D240，D241 |
| FX2/FX2C/FX1N/FX2N/FX2NC | 点数 | 100 | 10 | 0 | 2 |
| | 主站 | M800～M899 | D490～D499 | — | D490，D491 |
| | 从站 | M900～M999 | D500～D509 | — | D500，D501 |

表 8-4　并行通信相关软元件及其功能

| 种类 | 软元件 | 功　能 | 说　明 |
|---|---|---|---|
| 设定用 | M8070 | 设定主站 | 置 ON 时，为连接主站 |
| | M8071 | 设定从站 | 置 ON 时，为连接从站 |
| | M8178 | 通道设定 | 设定所使用的通信口的通道（FX3U 时使用）。OFF：通道 1；ON：通道 2 |
| | D8070 | 并行通信警戒时钟 | 判断并行通信出错的时间（初始值：500 ms） |
| 出错用 | M8072 | 并行通信方式 | 置 ON 时，为并行通信方式 |
| | M8073 | 主/从站设置错误 | 普通模式下，主站或从站的设定有误时置 ON |
| | M8063 | 连接出错 | 通信出错时置 ON |
| 注意：不同系列的 PLC 之间不能进行并行通信。 | | | |

2. 串行通信（无协议）

1）RS 指令实现的通信

对采用 RS-232C 接口的通信系统，通过 FX2N-232-BD 功能扩展板（或 FX2N-

CNV – BD/FX0N – 232 – ADP）和专用的通信电缆，与计算机（或读码器、打印机）相连（最大有效距离为 15 m）。

FX2N 系列 PLC 与通信设备间的数据交换由特殊数据寄存器 D8120 的内容指定：交换数据的点数、地址用 RS 指令设置，并通过 PLC 的数据寄存器和文件寄存器实现数据交换。

2）特殊功能模块 FX2N – 232 – IF 实现的通信

对于采用 RS – 232C 接口的通信系统，通过 FX2N – 232 – IF 功能模块和专用的通信电缆直接将一台 FX2N 系列的 PLC 与计算机（或读码器、打印机）相连（最大有效距离为 15 m），实现串行通信。

FX2N – 232 – IF 功能模块是 FX2N 系列 PLC 的专用通信模块，PLC 与所连接设备之间的数据接收、传送以及通信的控制全部通过 FROM/TO 指令完成。通过方式采用无协议，全双工同步控制，通信格式通过缓冲寄存器 BFM 设定，BFM 的容量为 512 字节（256 字）。FX2N – 232 – IF 具有十六进制数与 ASCII 码的自动转换功能，能够将要发送的十六进制数转换成 ASCII 码，并保存在发送缓冲寄存器中，同时将接收的 ASCII 码转换成十六进制数，并保存在接收的缓冲寄存器中。

3. N:N 网络

工业控制网络中，对于多任务的复杂控制系统，不可能单靠增大 PLC 点数或改进机型来实现复杂的控制功能，一般采用多台 PLC 通过通信来实现多任务的控制。

FX2N 系列 PLC 之间构成的 N:N 网络通信时通过 FX2N – 485 – BD 内置通信板（最大有效距离为 50 m）实现的，或采用 FX2N – CNV – BD 转换接口和 FX0N – 485 – ADP 特殊适配器进行连接（最大有效距离为 500 m），如图 8 – 7 所示，这种链接又称为并联链接，链接单元最多为 8 个。第 0 号 PLC 称为主站，其余称为从站。

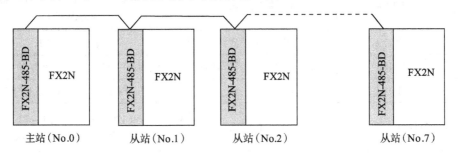

图 8 – 4　N:N 网络链接示意图

1）通信软元件

N:N 网络通信软元件的点数及编号如表 8 – 5 所示。与 N:N 网络通信有关的软元件编号及功能如表 8 – 6 所示。

2）N:N 网络设置

通信软元件对网络的正常工作起到了非常重要的作用，只有对这些数据元件进行正确的设置，才能保证网络的可靠运行。

（1）站号的设置。将 0 ~ 7 中的某一数写入对应 PLC 的数据寄存器 D8176 中，其中 0 设定主站号，1 ~ 7 设定从站号。

（2）从站数的设置。将 1 ~ 7 中的某一数写入主站的数据寄存器 D8177 中，每一个数值

表 8-5　*N*:*N* 网络通信软元件的点数及编号

| 站号 | | 模式 0 | | 模式 1 | | 模式 2 | |
|---|---|---|---|---|---|---|---|
| | | 位元件（M） | 字元件（D） | 位元件（M） | 字元件（D） | 位元件（M） | 字元件（D） |
| | | 0 点 | 各站 4 点 | 各站 32 点 | 各站 4 点 | 各站 64 点 | 各站 8 点 |
| 主站 | 站号 0 | — | D0 ~ D3 | M1000 ~ M1031 | D0 ~ D3 | M1000 ~ M1063 | D0 ~ D7 |
| 从站 | 站号 1 | — | D10 ~ D13 | M1064 ~ M1095 | D10 ~ D13 | M1064 ~ M1127 | D10 ~ D17 |
| | 站号 2 | — | D20 ~ D23 | M1128 ~ M1159 | D20 ~ D23 | M1128 ~ M1191 | D20 ~ D27 |
| | 站号 3 | — | D30 ~ D33 | M1192 ~ M1223 | D30 ~ D33 | M1192 ~ M1255 | D30 ~ D37 |
| | 站号 4 | — | D40 ~ D43 | M1256 ~ M1287 | D40 ~ D43 | M1256 ~ M1319 | D40 ~ D47 |
| | 站号 5 | — | D50 ~ D53 | M1320 ~ M1351 | D50 ~ D53 | M1320 ~ M1383 | D50 ~ D57 |
| | 站号 6 | — | D60 ~ D63 | M1384 ~ M1415 | D60 ~ D63 | M1384 ~ M1447 | D60 ~ D67 |
| | 站号 7 | — | D70 ~ D73 | M1448 ~ M1479 | D70 ~ D73 | M1448 ~ M1511 | D70 ~ D77 |

表 8-6　与 *N*:*N* 网络通信有关的软元件编号及功能

| 种类 | 软元件 | 功　能 | 说　明 |
|---|---|---|---|
| 设定用 | M8038 | 设置网络参数 | 为 ON 时进行 *N*:*N* 网络的参数设置 |
| | D8176 | 设置站号 | 0 为主站；1 ~ 7 为从站 |
| | D8177 | 设置从站数量 | 设定值为 1 ~ 7 |
| | D8178 | 设置数据刷新范围 | 0 为模式 0（默认值）；1 为模式 1；2 为模式 2 |
| | D8179 | 设置通信重试次数 | 设定值 0 ~ 10 |
| | D8180 | 主站与从站间通信驻留时间 | 设定值为 5 ~ 255，对应时间为 50 ~ 2 550 ms |
| 出错用 | M8183 | 主站通信错误 | 为 ON 时，主站通信发生错误 |
| | M8184 ~ M8190 | 从站通信错误 | M8184 ~ M8190（对应从站 1 ~ 7）为 ON 时，对应从站通信发生错误 |
| | M8191 | 通信指示 | 与其他站通信时为 ON |

对应从站的数量，默认值为 7（7 个从站）。该设置不需要从站的参与。

（3）设置数据刷新范围。将 0，1 或 2 写入主站的数据寄存器 D8178 中，每一个数值对应一种刷新范围（详见表 8-4），默认值为 0。该设置不需要从站的参与。

（4）设置通信重试次数。将 0 ~ 10 中某一数值写入主站的数据寄存器 D8179 中，每一数值对应一种通信重试次数，默认值为 3。该设置不需要从站的参与。

主站向从站发出通信信号，如果在规定的重试次数内没有完成链接，则网络发出通信错误信号。

（5）设置通信驻留时间。将 5 ~ 255 中的某一数值写入主站的数据寄存器 D8180 中，每一数值对应一种通信驻留时间（公共暂停时间），默认值为 5（单位为 10 ms），例如数值 10

对应通信的通信驻留时间为 100 ms。该驻留时间是主站和从站通信时的延迟等待引起的。

**【任务实施】**

### 8.1.3　两台 PLC 并行通信

1. 两台 PLC 普通并行通信链接

按照图 8 - 5 所示进行两台 PLC 间的通信链接。将 FX2N - 48MT 设为主站，FX2N - 32MR 设为从站，用专用通信电缆（双绞线电缆 AWG26）将两台 PLC 的内置通信板 FX2N - 485 - BD 连接起来。

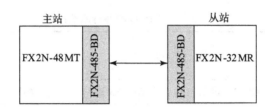

图 8 - 5　两台 PLC 的并行通信链接

2. 通信程序设计

并行通信是通过分别设置的主站和从站中的程序实现的。

提示：程序设计中，首先要设置本机是通信主站还是通信从站；往主站存储器中写入主站控制程序，往从站存储器中写入从站控制程序。

主站控制程序如图 8 - 6 所示，从站控制程序如图 8 - 7 所示。

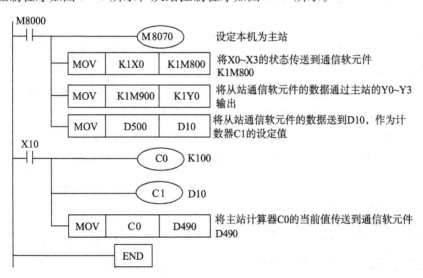

图 8 - 6　主站控制程序

3. 运行程序

检验两台 PLC 之间的通信结果，是否符合通信任务要求，将检验结果填入表 8 - 7 中。对于不符合通信要求的结果，再设法改进程序。

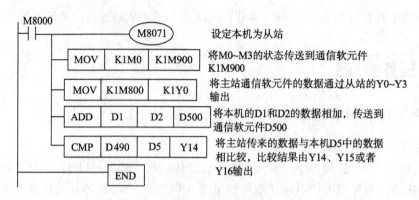

图 8-7 从站控制程序

表 8-7 两台 PLC 的并行通信结果

| 项目 | 通 信 要 求 | 运行结果是否相符<br>（T 或 F） |
|---|---|---|
| 1 | 主站输入端口 X0～X3 的状态与从站 Y0～Y3 输出端口是否相同 | |
| 2 | 从站辅助继电器 M0～M3 的状态与主站的 Y0～Y3 输出端口是否相同 | |
| 3 | 从站数据寄存器 D1 与 D2 中的数据相加与主站计数器 C1 的设定值是否相等 | |
| 4 | 将主站计数器 C0 的当前值传送到从站，与从站中的数据寄存器 D5 的当前值比较，比较结果由从站 Y14、Y15 或 Y16 输出 | |

### 4. 拓展提高

不改变两台 PLC 的并行通信链接，按照图 8-3 所示，设置两台 PLC 之间采用高速并行通信模式进行通信。

分别在主站计算机上输入图 8-8 所示控制程序和在从站计算机上输入图 8-9 所示控制程序，运行通信程序，观察通信结果，看是否满足如下通信要求：

（1）当主站的计算值（D10 + D12）≤100 时，从站的 Y0 输出为 ON。

（2）将从站数据寄存器 D100 的值传送到主站，作为主站计数器的 T0 设定值。

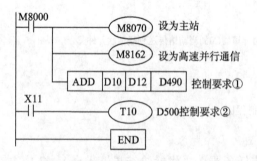

图 8-8 高速并行通信主站控制程序

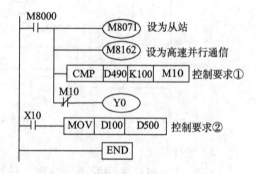

图 8-9 高速并行通信从站控制程序

## 任务二　PLC 与计算机之间的通信

### 【任务描述】

　　工业控制计算机具有良好的人机界面及控制决策能力，而直接面向生产市场、面向设备进行实时控制却是 PLC 的特长，把 PLC 与计算机链接起来，实现数据通信，可以更有效地发挥各自的优势，实现整个生产过程的综合控制。

　　本任务主要学习 PLC 与计算机之间通信的接口标准和通信链接方式，会识别 PLC 与计算机之间的不同通信接口并进行相应硬件连接。

### 【相关知识】

### 8.2.1　PLC 的通信介质和接口标准

　　不管系统采取何种通信方式，数据最终都要通过某种介质和接口才能从发生设备传送到接收设备。通信介质和接口好比是发送设备和接收设备之间的一个交流的管道，管道的好坏以及通畅的程度决定了通信的性质和能力。

　　目前 PLC 通信大多采用的是有线介质，例如，双绞线、同轴电缆、光纤等。由于工业环境中存在着各种各样的干扰，因此对于 PLC 通信来说，其抗干扰性和可靠性就显得尤为突出。同时，工业控制对实时性的要求往往很高，所以 PLC 通信还要具有传输速度快的特点，能及时准确地将各种数据进行收集和传输。双绞线和同轴电缆的抗干扰性比较好，成本也较低，非常适合 PLC 通信的特点和要求，因此，这两种通信介质在 PLC 通信中应用十分广泛。

　　PLC 通信接口的种类非常多，常用的 PLC 通信接口有以下几种。

　　1. RS – 232C 接口标准

　　RS –232C 接口标准采用的是标准的 25 针 D 型连接器，其管脚定义见表 8 – 8。RS –232C 是使用最多的一种串行通信的接口标准。除了 PLC 通信采用以外，其他的通信系统也经常采用这个接口标准。RS –232C 是由美国电子工业协会 EIA 与 1962 年公布的一种串行通信接口标准，它详细规定了通信系统之间数据交换的方式，电气传输的标准，以及收发双方之间的通信协议的标准。

　　对于传输中的数字信号的电气标准，RS –232C 规定，逻辑"1"的电平范围在 – 5 ~ 15 V 之间；逻辑"0"的电平范围在 +5 ~15 V 之间。由于逻辑"1"和逻辑"0"电平的范围相差很大，因此在传输中的抗干扰能力较强。

　　由于 RS –232C 是一种串行通信的接口标准，所以它是以位为单位进行串行传输。它还规定了波特率为传输的速度单位。波特率的定义是每秒传输的位数，单位是 bps。波特率有

300 bps, 600 bps, 1 200 bps, 2 400 bps, 9 600 bps, 19 200 bps 等几种。

在使用的时候, 一般不需要用到所有的 25 个管脚。从最简单的通信应用来说, 只要用到其中的 3 个管脚——TXD、RXD 和地, 便可以完成一个简单的数据通信。在大部分的通信系统中, 经常采用 9 针连接器, 也就是说, 只用到了其中的 9 个管脚。9 针 D 型连接器的管脚定义如表 8 - 8 中第 1 列括号内所示。

RS - 232C 也存在着一些不足之处, 如它的传输距离不大, 传输速率较低, 抗共模干扰能力较差等。

**表 8 - 8  25 针 D 型连接器的管脚定义**

| RS - 232C 引脚号 | 缩写符 | 名　称 | 说　明 |
|---|---|---|---|
| 1 | | 屏蔽 (保护) 地 | 设备外壳接地 |
| 2 (3) | TXD | 发送数据 | 发送方将数据传给 Modem |
| 3 (2) | RXD | 接收数据 | Modem 发送数据给发送方 |
| 4 (7) | RTS | 请求发送 | 在半双工时控制发送方的开和关 |
| 5 (8) | CTS | 允许发送 | Modem 允许发送 |
| 6 (6) | DSR | 数据终端准备好 | Modem 已经准备好 |
| 7 (5) | GND | 信号地 | 信号公共地 |
| 8 (1) | DCD | 载波信号检测 | Modem 正在接收另一端送来的数据 |
| 9 | | 未定义 | |
| 10 | | 未定义 | |
| 11 | | 未定义 | |
| 12 | DCD | 接收信号检测 (2) | 在第二信道检测到信号 |
| 13 | CTS | 允许发送 (2) | 第二信道允许发送 |
| 14 | TXD | 发送数据 (2) | 第二信道发送数据 |
| 15 | TXC | 发送方定时 | 为 Modem 提供发送方的定时信号 |
| 16 | RXD | 接收数据 (2) | 第二信道接收数据 |
| 17 | RXC | 接收方定时 | 为接口和终端提供定时 |
| 18 | | 未定义 | |
| 19 | RTS | 请求发送 (2) | 连接第二信道的发送方 |
| 20 (4) | DTR | 数据终端准备好 | 数据终端已做好准备 |
| 21 | | 信号质量检测 | 从 Modem 到终端 |
| 22 (9) | RI | 振铃指示 | 表明另一端有进行传输连接的请求 |
| 23 | | 数据率选择 | 选择两个同步数据率 |
| 24 | | 发送方定时 | 为接口和终端提供定时 |
| 25 | | 未定义 | |

**2. RS - 422A 接口标准**

为了克服 RS - 232C 的上述缺点, EIA 协会随后又推出了 RS - 422A 的接口标准。它在 RS - 232C 25 个引脚的基础上, 增加到了 37 个引脚, 从而比 RS - 232C 多了 10 种新功能。RS - 422A 与 RS - 232C 的显著区别是, 它仅使用 + 5 V 作为工作电压, 同时采用了差动收发的方式。差动收发需要一对平衡差分信号线, 逻辑 "1" 和逻辑 "0" 是由两根信号线之间的电位差来表示的。因此, 相比 RS - 232C 的单端收发方式来说, RS - 422A 在抗干扰性方面得到了明显的增强。

**3. RS - 485A 接口标准**

这个接口标准与 RS - 422A 基本上是一样的, 区别仅在于 RS - 485A 的工作方式是半双工，而 RS‐422A 则是全双工。如果一台通信设备支持全双工模式，那么它可以同时进行数据的发送和接收；如果一台通信设备仅支持半双工模式，那么在同一时刻，要么只能发送数据，要么只能接收数据，两者不能同时进行。所以 RS‐422A 为了支持全双工模式，就需要有两对平衡差分信号线，而 RS‐485A 只需要其中一对即可。另外，RS‐485A 与 RS‐422A 一样，都是采用差动收发的方式，而且输出阻抗低，无接地回路等问题，所以它的抗干扰性也相当好，传输速率可以达到 10 Mbps。

## 8.2.2  PLC 与计算机之间的通信

1. PLC 与计算机之间通信的形式

PLC 与计算机之间的通信主要有如下两种形式。

1）编程口通信

使用 PLC 编程软件，通过编程口及编程电缆与计算机通信。由于 PLC 的编程口为 RS‐485 或 RS‐422，而计算机的串行口为 RS‐232C，因此计算机与 PLC 交换信息时需要配接专用的编程电缆（SC‐09）或通信转换器（FX‐485PC‐IF）。

2）专用协议通信

计算机与一台或多台 PLC 实现通信时，使用专用通信协议（格式 1 或格式 4），采用 RS‐485 或 RS‐232C 接口实现通信。计算机向 PLC 发出读写数据的命令帧，PLC 收到后返回响应帧。用户不需要对 PLC 编程，响应帧由 PLC 自动生成，但用户需要编写上位机的通信程序。

2. 通信协议

FX 系列 PLC 与计算机之间的通信采用 RS‐232C 标准，通信协议规定了以下 6 个方面。

1）数据格式

FX 系列 PLC 与计算机的通信采用串行异步方式，数字交换为字符串格式，数据格式如图 8‐10（a）所示，字符串由 1 位起始位、7 位数据位、1 位奇偶校验位（采用偶校验）和 1 位停止位组成，字符为 ASCII 码，比特率为 9 600 bps。

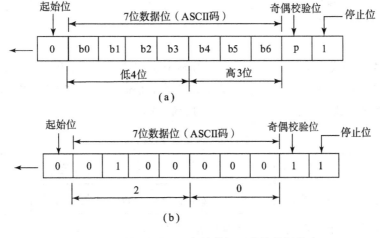

图 8‐10  FX 系列 PLC 与计算机通信的数据格式

（a）数据格式；（b）字符 STX（02H）格式

### 2) 通信控制字符

FX 系列 PLC 采用面向字符的传输规程，用到 5 个通信控制字符，见表 8-9，PLC 与计算机之间的数据传输是以帧为单位发送和接收的，每一帧为 10 个字符。其中控制字符 ENQ、ACK 或 NAK 可以构成单字符帧；其余的字符在发送或接收时，必须以字符 STX 为起始标志，字符 ETX 为结束标志，否则将不能同步，产生错帧。

**表 8-9  FX 系列 PLC 与计算机的通信控制字符**

| 字符 | ASCII 码 | 数据格式 | 注　释 |
|------|---------|---------|-------|
| ENQ | 05H | 11 00001010 | 来自计算机的查询信号 |
| ACK | 06H | 11 00001100 | 无校检错误时，PLC 对 ENQ 的确认应答信号 |
| NAK | 15H | 11 00101010 | 检测到错误时，PLC 对 ENQ 的否认应答信号 |
| STX | 02H | 11 00000100 | 数据块（信息帧）的起始标志 |
| ETX | 03H | 11 00000110 | 数据块（信息帧）的结束标志 |

注：当 PLC 对计算机发来的 ENQ 不理解时，用 NAK 回答；数字下面的横线代表有效数字位。

### 3) 通信命令

FX 系列 PLC 有 4 条通信命令，分别是读命令、写命令、强制 ON 命令和强制 OFF 命令，如表 8-10 所示。

**表 8-10  FX 系列 PLC 的通信命令**

| 命　令 | 命令代码 | 目标软继电器 | 功　能 |
|--------|---------|-------------|-------|
| 读命令 | "0" 即 ASCII 码 30H | X、Y、M、S、T、C、D | 读取软继电器状态、数据 |
| 写命令 | "1" 即 ASCII 码 31H | X、Y、M、S、T、C、D | 将数据写入软继电器 |
| 强制 ON 命令 | "7" 即 ASCII 码 37H | X、Y、M、S、T、C | 强制某位为 ON |
| 强制 OFF 命令 | "8" 即 ASCII 码 38H | X、Y、M、S、T、C | 强制某位为 OFF |

### 4) 报文格式

多字符传送时构成多字符帧，一个多字符帧由字符 STX、命令码（详见表 8-11）、数据段、字符 ETX 与和校验五部分组成，其中和校验值是命令系列到 ETX 之间的所有字符的 ASCII 码（十六进制数）之和（溢出不计）的最低两位数。

**表 8-11  报文数据段格式**

| 字节 1~字节 4 | 字节 5/字节 6 | 第 1 数据 | | 第 2 数据 | | 第 3 数据 | | … | 第 N 数据 | |
|--------------|--------------|---------|---------|---------|---------|---------|---------|-----|---------|---------|
| 软继电器首地址 | 读/写字节数 | 上位 | 下位 | 上位 | 下位 | 上位 | 下位 | … | 上位 | 下位 |

注：写命令的数据段有数据，读命令的数据段则无数据。

计算机向 PLC 发送的报文格式如图 8-11 所示。其中数据段格式与含义如下。

图 8-11　报文格式（多字符帧的组成）

PLC 向计算机发送的应答报文格式如下：

| STX | 数据段 | ETX | 和校验高位 | 和校验低位 |
|-----|--------|-----|-----------|-----------|

对读命令的应答报文数据段为要读取的数据，一个数据占两字节，分上位和下位；对写命令的应答报文无数据段，而用 ACK 及 NAK 作应答内容。

5）传输规程

计算机与 FX 系列 PLC 间采用应答方式通信，其传输过程如图 8-12 所示。通信过程中 PLC 始终处于一种"被动响应"的地位，无论是数据的读或写，都是先由计算机发出信号。开始通信时，计算机首先发送一个控制字符 ENQ，去查询 PLC 是否做好通信的准备，同时也可以检查计算机与 PLC 的链接是否正确。当 PLC 接收到该字符后，

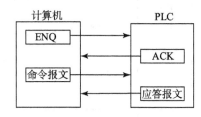

图 8-12　传输过程

如果它处于 RUN 状态，则要等到本次扫描周期结束（即扫描到 END 指令）时才应答；如果它处于 STOP 状态则马上应答。若通信正常，则应答字符为 ACK；若通信有错，则应答字符为 NAK。如果计算机发送一个控制字符 ENQ，经过 5 s 后，什么信号也没有收到，此时计算机应再发送二次控制字符 ENQ，如果还是没有收到，则说明链接有错。当计算机收到来自 PLC 的应答字符 ACK 后，就可以进行数据通信了。

6）通信格式

通信格式通过 PLC 特殊数据寄存器 D8120 进行设置，D8120 中通信格式定义见表 8-12。

表 8-12　D8120 中通信格式定义

| 位号 | 意　义 | 功　能　说　明 | | |
|------|--------|----------------|---|---|
| b0 | 数据长度 | 0（OFF） | | 1（ON） |
| | | 7 位 | | 8 位 |
| b1<br>b2 | 奇偶校验 | b2, b1<br>(0, 0)：无<br>(0, 1)：奇<br>(1, 1)：偶 | | |
| b3 | 停止位 | 1 位（b3 = 0） | | 2 位（b3 = 1） |

| 位号 | 意　义 | 功　能　说　明 | |
|---|---|---|---|
| b4<br>b5<br>b6<br>b7 | 波特率/bps | b7, b6, b5, b4<br>(0, 0, 1, 1,)：300；<br>(0, 1, 0, 0,)：600；(0, 1, 1, 1,)：4 800；<br>(0, 1, 0, 1,)：1 200；(1, 0, 0, 0,)：9 600；<br>(0, 1, 1, 0,)：2 400；(1, 0, 0, 1,)：19 200； | |
| b8[①] | 起始符 | 无 | 有效（D8124），默认：STX（02H） |
| b9[②] | 终结符 | 无 | 有效（D8125），默认：STX（03H） |
| b10<br>b11<br>b12 | 控制线 | 无协议 | b12, b11, b10<br>(0, 0, 0)：无作用，RS-232C 接口；<br>(0, 0, 1)：端子模式，RS-232C 接口；<br>(0, 1, 0)：互联模式，RS-232C 接口；<br>(0, 1, 1)：普通模式 1，RS-232C 接口，RS-485/422/接口[③]；<br>(1, 0, 1)：普通模式 2，RS-232C 接口 |
| | | 计算机链接 | b12, b11, b10 = (0, 0, 0) 时 RS-485/422 接口<br>b12, b11, b10 = (0, 1, 0) 时 RS-232C 接口 |
| b13[②] | 和校验 | 没有添加和校验码 | 自动添加和校验码 |
| b14[②] | 协议 | 无协议 | 专用协议 |
| b15[②] | 传输控制协议 | 协议格式 1 | 协议格式 4 |

①当使用计算机与 PLC 链接时，置"0"。
②当使用无协议通信时，置"0"。
③当使用 RS-485/422 接口时，控制线就如此设置。而当不使用控制线操作时，控制线通信是一样的。FX0S、FX1S、FX1N、FX2N 系列 PLC 均支持此 RS-485 链接。

D8120 是一个 16 位的特殊数据寄存器，通过对其设置来确定 PLC 与计算机通信的详细协议，具体可设置通信的数据长度、校验形式、传送速率和协议方式等。如果采用模式 1 标准：无协议通信、传送数据长度为 7 位、偶校验、1 位停止位和数据通信速率为 9 600 bps，则 D8120 的设置如图 8-13 所示。多台 PLC 链接时，还要由 D8121 设置 PLC 的站点号。

为了和计算机通信要求一致，还必须在 PLC 程序中设置 D8121 和 D8129 的值，D8121 用来设置站号，站号由链接中的各台 PLC 设置，便于计算机访问各台 PLC，站号的设置范围为 00~07H。

D8129 设置检验时间。检验时间指计算机向 PLC 传送数据失败时从传送开始至接收完最后一个字符所等待的时间，其单位为 10 ms。

计算机向 PLC 传送的字符串格式如图 8-14 所示。在字符串信息中，是否需要和校验码及字符串末尾是否需要添加 CR/LF 码可由 D8120 特殊数据寄存器设置。计算机与 PLC 之间的通信数据均以 ASCII 码进行。

操作指令 BR 和 WR 为读出 PLC 中软元件的状态；BW 和 WW 为计算机向 PLC 写入软元件的状态；RR 和 RS 分别控制远程 PLC 的运行和停止；TT 为回馈检测。计算机将数据送往 PLC，再从 PLC 接收数据，以验证通信是否正确。

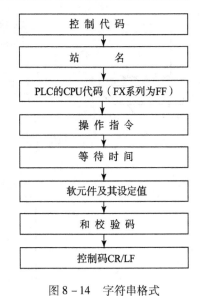

图 8 - 14  字符串格式

M8002
—| |——[ MOV | H0086 | D8120 ]

H0086=0000 0000 1000 0110（BIN）

图 8 - 13  D8120 设置示例

**【任务实施】**

### 8.2.3  PLC 与计算机之间的通信链接

PLC 与计算机可通过 RS - 232C 或 RS - 485 接口进行通信。计算机上的通信接口是标准的 RS - 232C 接口，根据 PLC 与计算机接口的异同按照下面两种链接方式进行 PLC 与计算机之间的通信链接。

1. PLC 与计算机直接使用适配电缆进行链接

当 PLC 上的通信接口是 RS - 232C 或 RS - 232 - BD 时，与计算机的通信接口相同，按照图 8 - 15 所示将二者直接使用通信电缆进行链接。

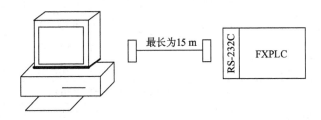

图 8 - 15  PLC 直接与计算机通信链接示意图

2. 采用通信转换器或编程电缆链接 PLC 与计算机

当 PLC 上的通信接口是 RS - 485 时，按照图 8 - 16 所示链接图，在 PLC 与计算机之间加一个 RS - 232C 与 RS - 485 的通信转换器 FX - 485PC - IF，再用适配电缆将 PLC 与计算机进行通信链接。

PLC 与计算机通过编程电缆（SC - 09）或通信转换器（FX - 485PC - IF）进行通信时，其接口引线连接如图 8 - 17 和图 8 - 18 所示。

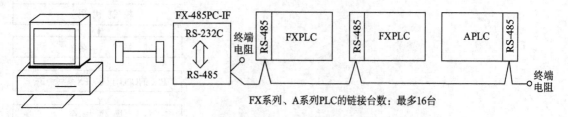

FX-485PC-IF
RS-232C
RS-485
终端电阻
RS-485
FXPLC
RS-485
FXPLC
APLC
RS-485
终端电阻
FX系列、A系列PLC的链接台数：最多16台

图 8－16　PLC 通过通信转换器与计算机通信链接示意图

计算机（9针）
转换器（25针）
DCD 1 — 8
RD 2 — 3
TD 3 — 2
DTR 4 — 20
GND 5 — 7
DSR 6 — 6
RTS 7 — 4
CTS 8 — 5
9 — 22
SC-09

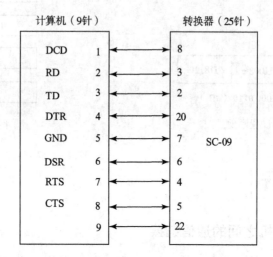

图 8－17　SC－09 与计算机的接口硬件接线

计算机
信号名称 针号
SD(TXD) 3
RD(RXD) 2
RS(RTS) 7
CS(CTS) 8
DR(DSR) 6
SG(GND) 5
ER(DTR) 4
RS-232C接口
FX-485PC-IF
信号名称 针号
SD(TXD) 2
RD(RXD) 3
RS(RTS) 4
CS(CTS) 5
DR(DSR) 6
SG(GND) 7
ER(DTR) 20
RS-485接口

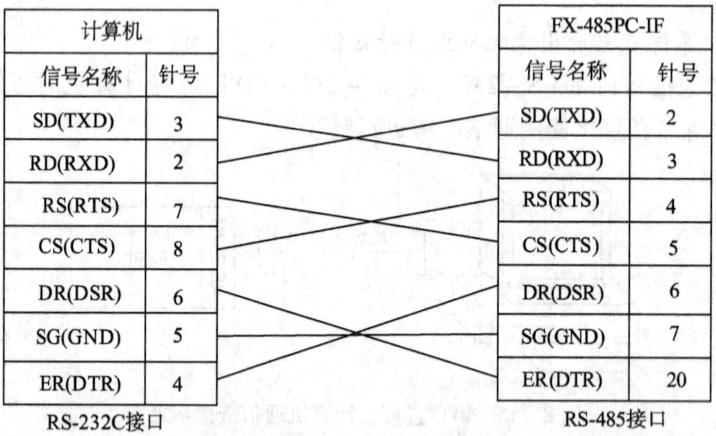

图 8－18　FX－485PC－IF 与计算机的接口硬件接线

一对双绞线连接示意图如图 8－19 所示。图中 $R$（110 Ω）是 RDA 与 RDB 之间的终端电阻，屏蔽双绞线的屏蔽层必须接地。

两对双绞线连接示意图如图 8－20 所示。图中 $R$（330 Ω）是 SDA 与 SDB 或 RDA 与 RDB 之间的终端电阻，屏蔽电缆也要接地。

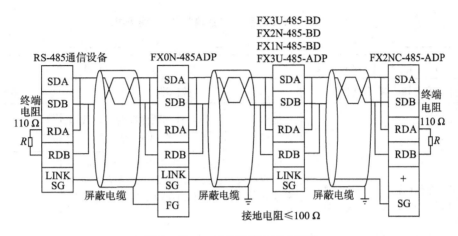

图 8 – 19　一对双绞线连接示意图

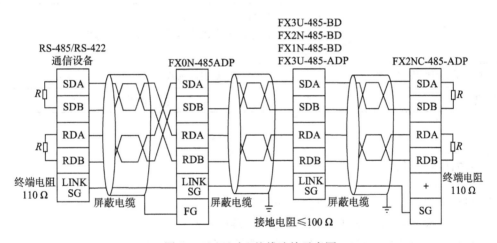

图 8 – 20　两对双绞线连接示意图

## 【项目考核】

表 8 – 13 "FX 系列 PLC 通信" 项目考核要求

姓名＿＿＿＿＿ 班级＿＿＿＿＿ 学号＿＿＿＿＿ 总得分＿＿＿＿＿

| 项目编号 | 8 | 项目选题 | | 考核时间 | |
|---|---|---|---|---|---|
| 技能训练考核内容（60分） | | | 考核标准 | | 得分 |
| 采用普通并行通信方式，进行两台 FX 系列 PLC 之间的通信。实现如下控制要求：<br>（1）主站输入端 X0～X3，通过从站 Y0～Y3 端输出；<br>（2）从站 PLC 输入端 X0～X3，通过从站 Y10～Y13 端输出；<br>（3）主站数据寄存器 D1 值作为从站计数器的设定值 | | | 能够正确进行 PLC 外部硬件接线。接线错误、操作错误一次扣2分。（共10分） | | |
| | | | 能自行正确设计符合要求的系统控制程序。程序关键错误一处扣2分，整体思路不对扣5分，没有预先编好程序扣10分。（共10分） | | |
| | | | 能够正确地操作编程器将程序输入 PLC 中。操作错误或输入方法不明一次扣2分。（共10分） | | |
| | | | 能正确按照控制要求进行程序调试与修改。操作步骤不明或不会程序调试一次扣2分。（共10分） | | |
| | | | 能爱护实验室设备设施，有安全、卫生意识；违反安全文明操作规程一次扣5～20分。（共20分） | | |
| 知识巩固测试内容（40分） | | | 见知识训练八 | | |
| 完成日期 | | 年　月　日 | | 指导教师签字 | |

## 知识训练八

1. PLC 的通信方式有几种？各自的功能是什么？

2. 如何实现 PLC 与计算机的通信？有几种链接方式？

3. PLC 并行通信模式有几种？说明通信软元件的通信和编号。

4. 说明与 $N:N$ 网络通信相关的软元件及功能。如何设置 $N:N$ 网络参数？

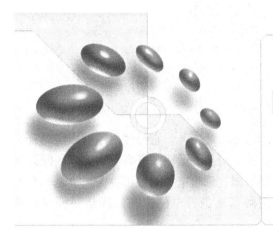

# 项目九　现代 PLC 控制系统综合应用

## 【项目描述】

　　面对不同的被控对象的要求，必须按照一定的原则和步骤，选择合适的 PLC 硬件和软件，以满足系统的控制要求。

　　本项目综合 PLC 的各项功能，通过 PLC 对三层电梯、机械手、Z3040 摇臂钻床和变频器进行控制的四个典型应用实例，以加深对 PLC 控制系统的理解，熟悉 PLC 控制的流程，在一定程度上掌握 PLC 控制软、硬件设计方法，为 PLC 控制电路的设计、安装、调试、运行等打下一定的基础。从而达到以下目标。

## 【项目目标】

（1）了解 PLC 在现代控制领域的应用情况。

（2）了解 PLC 控制系统的总体控制思路。

（3）了解并掌握 PLC 控制电路的分析方法。

（4）初步具有对一般 PLC 控制电路设计或技术改造的能力。

（5）能看懂指令语句、梯形图和 I/O 接线图等，正确指导工人安装和操作。

## 任务一　PLC 在电梯控制中的应用

【任务描述】

电梯是现代建筑内关系到人民生命财产安全的重要交通工具。它是楼层用以固定提升的成套设备，具有安全可靠、乘坐舒适、停层准确、操作简便、运输效率高等特点。因此如何提高电梯的运行效率、降低电梯能耗以及减少机械磨损、延长电梯的使用寿命，都是非常重要的研究课题。用 PLC 来代替传统的继电器 – 接触器来进行电梯控制，就是一种很好的选择。

PLC 对三层电梯的控制是一个典型的应用实例，针对电梯控制系统的特点，选择合适的 PLC 类型和 I/O 端子，最后完成梯形图的程序设计。熟悉 PLC 综合应用的设计步骤，掌握一般 PLC 控制系统的选型、硬件连接和软件设计等要点，并能完成上机调试。

【相关知识】

### 9.1.1　PLC 电梯控制系统分析

目前电梯的控制普遍采用了两种方式，一种方式是采用微机作为信号控制单元，完成电梯信号的采集、运行状态和功能的设定，实现电梯的自动调度和集选运行功能，拖动控制则由变频器来完成；另一种控制方式是用可编程控制器（PLC）取代微机实现信号集选控制。较前一种，由于 PLC 可靠性高、技术先进、程序设计方便灵活，因而在电梯控制中得到广泛应用，从而使电梯由传统的继电器控制方式发展为计算机控制的一个重要方向，成为当前电梯控制和技术改造的热点之一。

自引入我国电梯行业以来，由 PLC 组成的电梯控制系统被许多电梯制造厂家普遍采用。并形成了一系列的定型产品。在传统继电器系统的改造工程中，PLC 系统一直是主流控制系统。

电梯用双速笼型异步电动机松闸启动，加速、快速稳定运行。为了准确停层，在定子回路串入电抗器减速，并加入抱闸制动，进入停层区域，减速运行，延时制动停车，抱闸停层。

电梯的具体控制要求：

（1）自动确定电梯运行方向，并发出相应的指示信号。

（2）到达指定楼层时，自动停层，自动开门；延时自动关门，设有门锁保护，轿厢关门后自动启动。

（3）响应顺电梯运行方向的轿外呼唤。

（4）电梯到达顶层时，自动停止并变换运行方向。

（5）自动登记、记忆轿内指令与轿外呼叫信号，完成任务后自动消失。

（6）显示运行方向、轿内指令、轿外呼唤信号。

（7）检修慢车运行，不应答任何呼唤信号，无门锁保护，可作层楼校正。

（8）消防运行时不回答任何召唤，直达低层开门，不再运行。

电梯上行、下行由一台电动机驱动，电动机正转电梯上行，电动机反转电梯下行。电梯开关门由另一台电动机驱动，电动机正转电梯开门，电梯反转电梯关门。电梯工作方式：厅门外召唤，轿厢内按钮操作，自动定向，自动停层，自动开关门。

【任务实施】

### 9.1.2　PLC 电梯控制系统

1. PLC 选型和 I/O 端子分配

电梯控制系统需要 27 个输入信号和 21 个输出信号，选择 FX2N－32MR 和 FX2N－32ER。输入型号及地址编号见表 9－1。若电梯的层楼数增加，则相应增加输入输出信号数量，在考虑将来发展的需要可选 I/O 端子数多的 PLC。

表 9－1　电梯的 PLC 控制系统 I/O 分配表

| 输入信号 | 输入端子号 | 输出信号 | 输出端子号 |
|---|---|---|---|
| 开门按钮 SB1 | X0 | 开门继电器 KM1 | Y0 |
| 关门按钮 SB2 | X1 | 关门继电器 KM2 | Y1 |
| 开门极限行程开关 SQ1 | X2 | 上行继电器 KM3 | Y2 |
| 关门极限行程开关 SQ2 | X3 | 下行继电器 KM4 | Y3 |
| 轿厢底层复位开关 SQ3 | X4 | 快速继电器 KM5 | Y4 |
| 轿厢顶层复位开关 SQ4 | X5 | 加速继电器 KM6 | Y5 |
| 门锁输入信号 | X6 | 慢速继电器 KM7 | Y6 |
| 检修开关 SA1 | X7 | 抱闸制动器 | Y7 |
| 消防运行开关 SA2 | X10 | 轿内指示显示一层 HL1 | Y10 |
| 关门安全触板（左） | X11 | 轿内指示显示二层 HL2 | Y11 |
| 关门安全触板（右） | X12 | 轿内指示显示三层 HL3 | Y12 |
| 停一层指令按钮 SB3 | X13 | 层楼显示一层 HL4 | Y13 |
| 停二层指令按钮 SB4 | X14 | 层楼显示二层 HL5 | Y14 |
| 停三层指令按钮 SB5 | X15 | 层楼显示三层 HL6 | Y15 |
| 一层向上召唤按钮 SB6 | X16 | 厅外呼唤显示一层向上 HL7 | Y16 |
| 二层向上召唤按钮 SB7 | X17 | 厅外呼唤显示二层向上 HL8 | Y17 |
| 三层向上召唤按钮 SB8 | X20 | 厅外呼唤显示二层向下 HL9 | Y20 |
| 四层向上召唤按钮 SB9 | X21 | 厅外呼唤显示三层向下 HL10 | Y21 |

续表

| 输入信号 | 输入端子号 | 输出信号 | 输出端子号 |
|---|---|---|---|
| 一层接近开关 SQ5 | X22 | 电梯上行显示 HL11 | Y22 |
| 二层接近开关 SQ6 | X23 | 电梯下行显示 HL12 | Y23 |
| 三层接近开关 SQ7 | X24 | 门锁显示 HL13 | Y24 |
| 一层下接近开关 SQ8 | X25 | | |
| 二层上接近开关 SQ9 | X26 | | |
| 二层下接近开关 SQ10 | X27 | | |
| 三层上接近开关 SQ11 | X30 | | |
| 电梯上行启动按钮 SB10 | X31 | | |
| 电梯下行启动按钮 SB11 | X32 | | |

**2. 设计梯形图**

本系统采用厅门外召唤、轿厢内按钮控制的自动控制方式。下面是电梯的部分参考控制梯形图。为了方便分析，把程序分成几部分分别加以讨论。

1）电梯开、关门控制程序

电梯开、关门控制程序如图 9 - 1 所示。

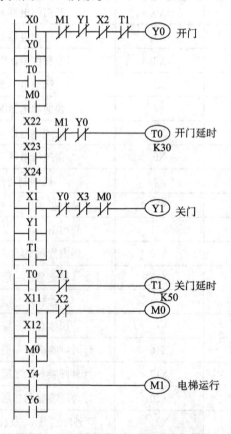

图 9 - 1　电梯开、关门控制梯形图

（1）电梯手动开门、关门。

当电梯运行到位时，按下手动开门按钮 SB1（X0 = ON），Y0 有效，开门继电器 KM1 线圈通电并自锁，电梯开门。开门到位，压下开门极限行程开关 SQ1（X2 常闭触点断开），KM1 线圈断电，开门过程结束。

电梯开门到位后，按下手动关门按钮 SB2（X1 = ON），Y1 有效，关门继电器 KM2 线圈通电并自锁，电梯关门。关门到位，压下关门极限行程开关 SQ2（X3 常闭触点断开），KM2 线圈断电，关门过程结束。

（2）电梯自动开门、关门。

当电梯运行到位后，相应的层楼接近开关闭合（X22、X23、X24 之一闭合），定时器 T0 开始计时，计时 3 s，Y0 输出，开门继电器 KM1 线圈通电，电梯自动开门到位，X2 断开，自动开门过程结束。

电梯自动关门有定时器 T1 延时控制。电梯运行到位，Y0 输出有效时，T1 开始通电延时，延时 5 s，T1 触点闭合，Y1 输出，KM2 线圈通电，电梯进行关门，关门到位，X3 常闭触点断开，关门过程结束。

当自动关门，门扇在关闭过程中碰到人或物品时，安全触板被推入，使 X11 或 X12 触点闭合，立即断开关门电路而接通开门电路，使门立即打开，以免挤伤人或物品。

2）层呼叫指示控制程序

当乘客在厅门外按下呼叫按钮，X16、X17、X20、X21 四个常开触点中的一个闭合，则相应的指示灯亮，说明有人呼叫电梯。呼叫信号一直保持到电梯运行到该层楼由相应层楼接近开关信号（X22、X23、X24）使其消失。图 9 - 2 为电梯定向、启动、停层及显示梯形图。

3）停层指令与停层指示控制程序

按下轿厢欲停层楼指令按钮，X13、X14、X15 三者之一常开触点闭合，相应的停层指示灯亮。到达该层，对应的层楼指示灯亮，停层指示灯灭。

4）电梯定向、启动、运行控制程序

电梯启动前必须先确定运行方向，电梯运行方向由输出继电器 Y22 和 Y23 指示。

电梯呼叫信号登记顺电梯运行方向应答。电梯运行方向确定由电梯所在层楼位置与电梯停层指令信号以及电梯原有运行方向决定。如：电梯要上三层，轿内指令停三层指示灯亮，若电梯不停在三层，且下行指示灯不亮，则电梯确定向上运行，电梯上行指示灯亮。

电梯运行方向确定以后，在关门信号和门锁信号符合要求的情况下，按下电梯上行启动按钮 SB10（X31 = ON），上行继电器线圈通电，电梯开始启动运行。电梯启动后快速运行，2 s 后加速运行，接近要求到达层楼时，相应接近开关动作，电梯转位慢速运行，当到达层楼时，电梯停止运行，同时，电磁抱闸断电制动。

电梯的检修、保护等程序，读者可自行编制。

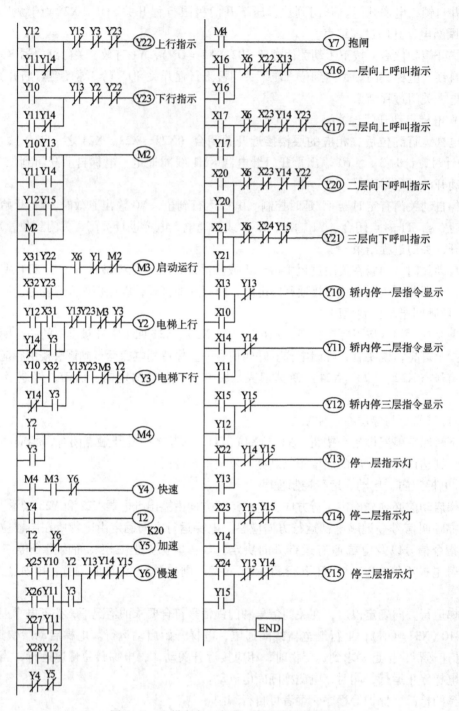

图 9 - 2　电梯定向、启动、停层及显示梯形图

## 任务二　PLC 在机械手中的应用

**【任务描述】**

　　所谓机械手是指能模仿人手和臂的某些动作功能，用按固定程序抓取、搬运物件或操作工具的自动操作装置。它可代替人的繁重劳动以实现生产的机械化和自动化，能在有害环境下操作以保护人身安全，因而广泛应用于机械制造、冶金、电子、轻工和原子能等部门。

　　在现今的生活上，科技日新月异的进展之下，机械人手臂与有人类的手臂最大区别就在于灵活度与耐力度。机械手的最大优势是：可以重复地做同一动作在机械正常情况下永远也不会觉得累，因此机械手臂的应用也将会越来越广泛。特点是可以通过编程来完成各种预期的作业，构造和性能上兼有人和机械手机器各自的优点。

　　PLC 对上下料机械手的控制是一个典型的例子，先对机械手的结构和控制电路有所认识，根据实际要求分配 I/O 端子，最后画出流程图并设计编写梯形图，通过对例子的学习，使读者初步了解 PLC 对机械手的控制思维，掌握其编程技巧。

**【相关知识】**

### 9.2.1　机械手的构成与运动

　　机械手主要由执行机构、驱动机构和控制系统三大部分组成。

　　1. 执行机构

　　机械手的执行机构分为手部、手臂、躯干。

　　1）手部

　　手部安装在手臂的前端。手臂的内孔中装有传动轴，以转动、伸曲手腕、开闭手指。

　　机械手手部的构造系模仿人的手指，分为无关节、固定关节和自由关节 3 种。手指的数量又可分为二指、三指、四指等，其中以二指用得最多。可根据夹持对象的形状和大小配备多种形状和大小的夹头以适应操作的需要。所谓没有手指的手部，一般都是指真空吸盘或磁性吸盘。

　　2）手臂

　　手臂的作用是引导手指准确地抓住工件，并运送到所需的位置上。为了使机械手能够正确地工作，手臂的 3 个自由度都要精确地定位。

　　3）躯干

　　躯干是安装手臂、动力源和各种执行机构的支架。

　　2. 驱动机构

　　机械手所用的驱动机构主要有 4 种：液压驱动、气压驱动、电力驱动和机械驱动。其中以液压驱动、气压驱动用得最多。

1）液压驱动式

液压驱动式机械手通常由液动机（各种油缸、油马达）、伺服阀、油泵、油箱等组成驱动系统，由驱动机械手执行机构进行工作。通常它具有很大的抓举能力（高达几百千克以上），其特点是结构紧凑、动作平稳、耐冲击、耐震动、防爆性好，但液压元件要求有较高的制造精度和密封性能，否则漏油将污染环境。

2）气压驱动式

其驱动系统通常由气缸、气阀、气罐和空压机组成，其特点是气源方便、动作迅速、结构简单、造价较低、维修方便。但难以进行速度控制，气压不可太高，故抓举能力较低。

3）电力驱动式

电力驱动是机械手使用得最多的一种驱动方式。其特点是电源方便，响应快，驱动力较大（关节型的持重已达 400 kg），信号检测、传动、处理方便，并可采用多种灵活的控制方案。驱动电机一般采用步进电动机、直流伺服电动机为主要的驱动方式。由于电动机速度高，通常须采用减速机构（如谐波传动、RV 摆线针轮传动、齿轮传动、螺旋传动和多杆机构等）。有些机械手已开始采用无减速机构的大转矩、低转速电动机进行直接驱动（DD），这既可使机构简化，又可提高控制精度。

4）机械驱动式

机械驱动只用于动作固定的场合。一般用凸轮连杆机构来实现规定的动作。其特点是动作确实可靠，工作速度高，成本低，但不易于调整。

其他还有采用混合驱动，即液–气或电–液混合驱动。

3. 控制系统

机械手控制的要素包括工作顺序、到达位置、动作时间、运动速度、加减速度等。机械手的控制分为点位控制和连续轨迹控制两种。

控制系统可根据动作的要求，设计采用数字顺序控制。它首先要编制程序加以存储，然后再根据规定的程序控制机械手。进行工作程序的存储方式有分离存储和集中存储两种。分离存储是将各种控制因素的信息分别存储于两种以上的存储装置中，如顺序信息存储于插销板、凸轮转鼓、穿孔带内；位置信息存储于时间继电器、定速回转鼓等设备内；集中存储是将各种控制因素的信息全部存储于一种存储装置内，如磁带、磁鼓等。这种方式使用于顺序、位置、时间、速度等必须同时控制的场合，即连续控制的情况下使用。

其中插销板使用于需要迅速改变程序的场合。换一种程序只需抽换一种插销板即可，而同一插件又可以反复使用；穿孔带容纳的程序长度可不受限制，但如果发生错误时就要全部更换；穿孔卡的信息容量有限，但便于更换、保存，可重复使用；磁蕊和磁鼓仅适用于存储容量较大的场合。至于选择哪一种控制元件，则根据动作的复杂程序和精确程序来确定。

对动作复杂的机械手，采用求教再现型控制系统。更复杂的机械手采用数字控制系统、小型计算机或微处理机控制的系统。

控制系统以插销板用得最多，其次是凸轮转鼓。它装有许多凸轮，每一个凸轮分配给一个运动轴，转鼓运动一周便完成一个循环。

4. 机械手的结构和控制电路

1）机械手的结构和运动。

机械手的外形及料架配置如图 9-3 所示。机械手主要由手部 1、手腕 2、小臂 3 和大臂 5 等组成。料架 6 为旋转式，由托料盘和棘轮机构等组成。托料架上能放 6 个待加工的缸筒 4，料架每送一次料要单向运转 60°以实现待加工工件的转换。机械手的运动主要包括：手部的夹紧和松开。手腕的横移，小手臂的伸缩，大手臂的摆动。

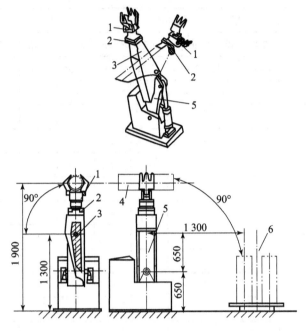

图 9-3　上、下料机械手外形结构及其与料架的配置
1—手部；2—手腕；3—小臂；4—缸筒；5—大臂；6—料架

机械手的动作顺序：原始位置→卸料动作→装料动作。

具体动作顺序为：原始位置（大手臂竖立，小手臂伸出并处于水平，手腕横移向右，手指松开）→手指夹紧（抓住卡盘上的工件）→手腕横移向左（从卡盘上卸下工件）→小手臂上伸→大手臂下摆→手指松开（将工件放在料架上）→小手臂收缩→料架转位→小手臂伸出→手指夹紧（抓住待加工的工件）→大手臂上摆（从料架上取走）→小手臂下摆→手腕横移向右（机械手把工件装到深孔镗床的主轴卡盘上）→手指松开（原位）。

2）上、下料机械手的主电路

电动机 M 为油泵电动机，机械手工作时必须先启动油泵电动机 M，提供压力油使液压系统操作电磁阀驱动机械手动作。由热继电器 FR 进行长期过载保护，通过变压器箱信号灯提供 6.3 V 交流电。

3）上、下料机械手的工作方式

上、下料机械手有手动、回原点、单周期（半自动）和自动四种工作方式，由选择开关 SA 进行选择。开关扳到自动位置，按启动按钮，机械手按顺序自动工作，完成一个上、下料自动循环后机械手停下来处于原始位置。此时，深孔镗床开始进行加工，加工完毕，机械手又重复上述动作。

4）上、下料机械手的液压系统

上、下料机械手的各个运动部分均由液压系统直接驱动，动作顺序通过控制液压系统的电磁阀来实现。机械手动作时液压系统各执行元件的动作见表9-2。表中"+"号表示电磁阀的线圈通电,"一"号表示电磁阀的线圈断电。表中动作所需时间指液压系统驱动机械手完成某一动作所需时间。

表9-2 上、下料机械手液压系统电磁阀动作表

| 电磁阀动作<br><br>动作所需时间/s | 手指 | | 手腕横移 | | 小臂 | | | | 大臂 | | 料架转位 |
|---|---|---|---|---|---|---|---|---|---|---|---|
| | 夹紧 | 松开 | 向左 | 向右 | 伸出 | 缩回 | 上摆 | 下摆 | 上摆 | 下摆 | YV6 |
| | YV1a | YV1b | YV2a | YV2b | YV3a | YV3b | YV4a | YV4b | YV5a | YV5b | |
| 原始位置 | − | + | − | + | + | − | − | + | + | − | |
| 手指夹紧(60) | + | − | − | + | + | − | − | + | + | − | |
| 手腕横移向左(15) | + | − | + | − | + | − | − | + | + | − | |
| 小臂上摆(40) | + | − | + | − | − | − | + | − | + | − | |
| 大臂下摆(40) | + | − | + | − | − | − | − | + | − | + | |
| 手指松开(25) | − | + | + | − | + | − | − | + | − | + | |
| 小臂缩回(20) | − | + | + | − | − | + | − | + | − | + | |
| 料架转位(45) | − | + | + | − | − | + | − | + | − | + | + |
| 小臂伸出(20) | − | + | + | − | + | − | + | − | − | + | |
| 手指夹紧(60) | + | − | + | − | + | − | + | − | − | + | |
| 大臂上摆(50) | + | − | + | − | + | − | + | − | + | − | |
| 小臂下摆(30) | + | − | + | − | + | − | − | + | + | − | |
| 手腕横移向右(15) | + | − | − | + | + | − | − | + | + | − | |
| 手指松开(25) | − | + | − | + | + | − | − | + | + | − | |

（卸料动作 / 装料动作 为左侧纵向合并标注）

【任务实施】

## 9.2.2 机械手 PLC 控制系统设计

### 1. I/O 端点分配

PLC 的输入信号有 21 个,包括:油泵电动机启、停按钮,机械手启、停按钮,转换开关手动、回原点、单周期和自动位置,热继电器的触点及每一个点动按钮。

PLC 的输出信号有 26 个,包括控制油泵电动机的信号,控制电磁阀动作的信号,显示信号。当转换开关扳到自动位置时,手动控制电路被切除,机械手由 PLC 控制并显示机械手各个动作。当选择开关扳到手动位置时,在油泵电动机已启动的条件下,不再由 PLC 控制机械手动作,而是由按钮直接操纵,此时只显示油泵电动机运转和手动状态。

根据 I/O 端子的数量和种类,选在 FX2N-32MR 基本单元和 FX2N-32ER 扩展单元(也可以选择 FX2N-64MR)。PLC 的 I/O 分配表见表9-3,I/O 端子接线图如图9-4所示。

表 9 – 3　上、下料机械手 PLC 控制系统 I/O 端子分配表

| 输入信号 | 输入端子号 | 输出信号 | 输出端子号 |
|---|---|---|---|
| 热继电器触点 FR | X0 | 接触器 KM 线圈 | Y0 |
| 油泵电动机启动按钮 SB1 | X1 | 手指夹紧 YV1a | Y1 |
| 油泵电动机停止按钮 SB2 | X2 | 手指松开 YV1b | Y2 |
| 转换开关 SA 回原点信号 | X3 | 手腕横移向左 YV2a | Y3 |
| 转换开关 SA 单周期信号 | X4 | 手腕横移向右 YV2b | Y4 |
| 转换开关 SA 自动信号 | X5 | 小臂伸出 YV3a | Y5 |
| 转换开关 SA 手动信号 | X6 | 小臂缩回 YV3b | Y6 |
| 机械手回原点按钮 SB5 | X7 | 料架转位 YV6 | Y7 |
| 手指夹紧按钮 SB6 | X10 | 小臂上摆 YV4a | Y10 |
| 手指松开按钮 SB7 | X11 | 小臂下摆 YV4b | Y11 |
| 手腕横移向左按钮 SB8 | X12 | 大臂上摆 YV5a | Y12 |
| 手腕横移向右按钮 SB9 | X13 | 大臂下摆 YV5b | Y13 |
| 小臂伸出按钮 SB10 | X14 | 油泵电动机运转显示 HL1 | Y20 |
| 小臂缩回按钮 SB11 | X15 | 机械手自动工作显示 HL2 | Y21 |
| 小臂上摆按钮 SB12 | X16 | 机械手手动工作显示 HL3 | Y22 |
| 小臂下摆按钮 SB13 | X17 | 料架转位显示 HL4 | Y23 |
| 大臂上摆按钮 SB14 | X20 | 手指夹紧显示 HL5 | Y24 |
| 大臂下摆按钮 SB15 | X21 | 手指松开显示 HL6 | Y25 |
| 料架转位按钮 SB16 | X22 | 手腕横移向左显示 HL7 | Y26 |
| 机械手启动按钮 SB3 | X23 | 手腕横移向右显示 HL8 | Y27 |
| 机械手停止按钮 SB4 | X24 | 小臂伸出显示 HL9 | Y30 |
|  |  | 小臂缩回显示 HL10 | Y31 |
|  |  | 小臂上摆显示 HL11 | Y32 |
|  |  | 小臂下摆显示 HL12 | Y33 |
|  |  | 大臂上摆显示 HL13 | Y34 |
|  |  | 大臂下摆显示 HL14 | Y35 |

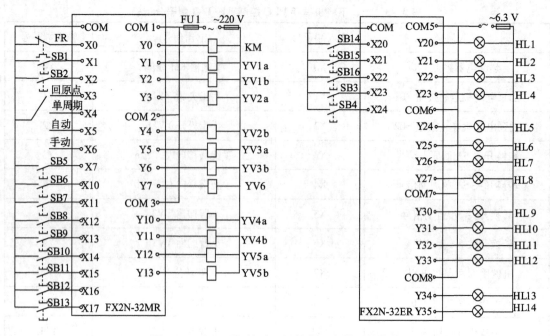

图 9 - 4　上、下机械手 PLC 控制 I/O 端子接线图

### 2. 绘制状态流程图

因为上、下料机械手在自动工作时各个动作为顺序动作，完成一个动作后自动转到下一个动作，所以在程序设计时采用功能图法，用步进指令实现状态与状态之间的自动转换，状态流程图如图 9 - 5 所示。

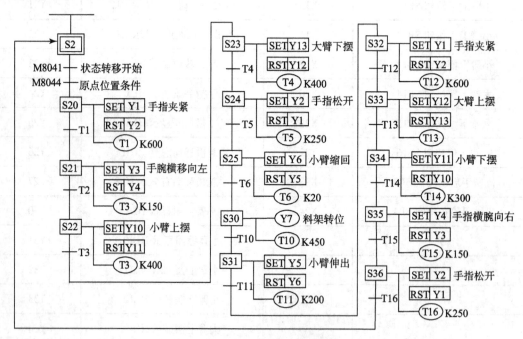

图 9 - 5　上、下机械手状态转换流程图

## 3. 设计梯形图

状态流程图仅是机械手在自动工作时的各个状态之间自动转换的动作流程，对于机械手控制的全过程还包括初始化、手动、回原位等控制内容。图 9 - 6 是机械手的 PLC 控制系统梯形图，包括下面几方面内容：

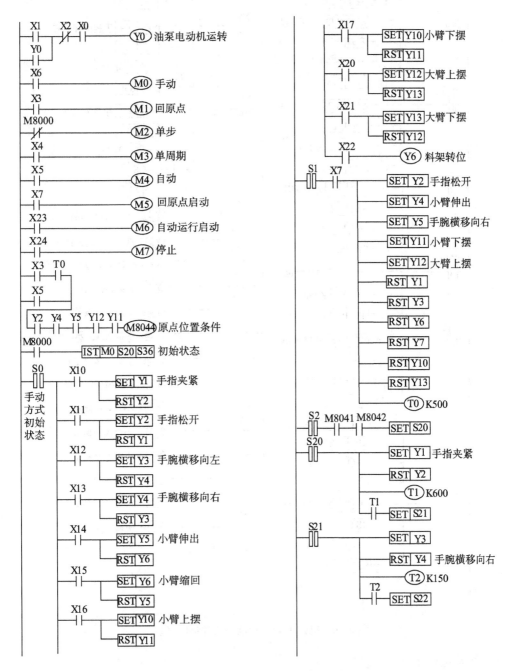

图 9 - 6　机械手 PLC 控制系统梯形图

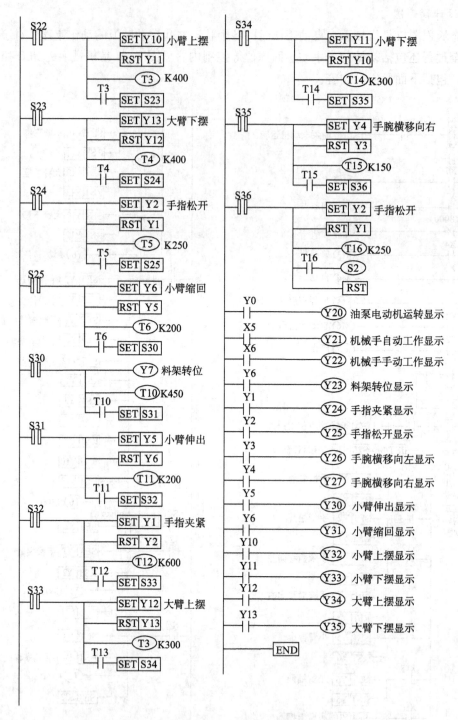

图 9-6 机械手 PLC 控制系统梯形图（续）

1) 初始化程序

在初始化程序中，设置了机械手初始状态和原点位置条件，运用了功能指令 FNC 60 (IST)，通过辅助继电器 M0 ~ M7 将不连续的输入信号转换为连续的输入信号。若机械手选择手动方式（X6 = ON），则手动初始状态 S0 被置位，可以进行手动操作；若机械手选择自动或单周期方式，应先在手动方式或回原点方式下使机械手先回原点（M8044 = ON），然后使 X5 = ON（自动）或使 X4 = ON（单周期），自动进入自动方式初始状态。S2 被置位，可进行自动或单周期操作；若开关 SA 扳在回原点位置（X3 = ON），程序自动进入回原点初始状态，S1 被置位，可进行原点操作。

2）回原位程序

上、下料机械手自动工作状态时，若机械手不在原始位置，先把转换开关扳在回原点位置，然后按动回原点按钮 SB5（X7 = ON），则回原点程序自动进行，使机械手回到原始位置。回原位程序采用各电磁阀同时动作来完成，为保证能回到要求的原点位置，由定时器 T0 延时控制动作完成。回原点的各个动作由电磁阀驱动完成，因此必须先启动油泵电动机。

3）手动方式程序

手动方式程序如梯形图 9 - 6 所示。S0 为手动方式的初始状态，机械手各动作均由电动按钮控制相应的电磁阀而实现。

4）自动方式程序

在自动方式的状态流程图中，S2 为自动方式的初始状态，特殊辅助继电器 M8044 和 M8041 的状态都在初始化程序中设定。机械手的各个动作顺序用步进指令控制，状态转换条件由各动作对应的定时器给出。

按启动按钮 SB3（X23 = ON），机械手从原始位置按动作顺序进行自动循环工作。当完成一次自动循环，机械手就重新回到原点位置。若机械手选择单周期方式，则为第二次循环做准备。若机械手为自动方式，则机械手自动进入第二次循环。

4. 其他方面

油泵电动机和机械手启动工作之间为顺序启动关系。油泵电动机停转时，机械手工作停止；但是，机械手停止工作时，油泵电动机仍运转。如图 9 - 6 中初始化程序。

当油泵电动机停车或过载，或机械手由自动工作方式转换为手动工作方式，或按动机械手停止按钮时，机械手均应停止工作。

梯形图中与机械液压系统相关的保护程序已略去，有兴趣者可自行编制。

# 任务三　PLC 在机床控制中的应用

## 【任务描述】

机床是指制造机器的机器，亦称工作母机或工具机，习惯上简称机床。一般分为金属切削机床、锻压机床和木工机床等。现代机械制造中加工机械零件的方法很多，除切削加工外，还有铸造、锻造、焊接、冲压、挤压等，但凡属精度要求较高和表面粗糙度要求较细的零件，一般都需在机床上用切削的方法进行最终加工。因此机床在国民经济现代化的建设中起着重大作用，而由于 PLC 的种种优点，它早已经被引入到机床自动控制的应用中，这就进一步大大提高了机床的生产效率，为国民经济发展带来更大贡献。

PLC 对机床电气控制系统改造的思路是：先分析控制对象、确定控制要求，再确定 I/O 点数并绘制 I/O 端子接线图，最后设计梯形图并输出程序。重点在于掌握 PLC 在机床控制中的程序设计的要点，为完成其他生产机械的 PLC 改造打下基础。

【相关知识】

### 9.3.1　PLC 改造机床的优点分析

目前，在机械加工企业中，有许多旧式普通机床，为了使机床适应小批量、多品种、复杂零件的加工，充分利用普通机床，就需要对普通机床进行机电一体化改造。第一种方法是通过对机床的进给系统进行改造，采用步进电动机开环控制系统；第二种方法是以 PLC 作为主控元件，替代机床继电器 – 接触器组成的电路控制部分，其目的是为了提高机床电气控制系统的可靠性，这种方法主要应用于组合机床以及生产线上的专用机床；第三种方法是采用专用的数控设备来控制机床的伺服进给系统，使伺服进给系统为步进电动机开环控制系统。

这几种控制方法中由于 PLC 具有控制系统接口简单、功率级输出、接线方便、通用性强、编程容易、抗干扰能力好、工作可靠性高等一系列优点被广泛应用于对机床的控制中，它在很大程度上提高了机床的加工精度，扩大了机床的适用范围，极大地促进我国工业的发展速度。

Z3040 摇臂钻床作为一种应用广泛的生产机械，原采用继电器控制，其电气原理见项目三中图 3 – 15 所示。原采用继电器控制，其触点多，控制线路复杂，故障率高，维修量大。为此采用 PLC 技术对其电气控制系统进行改造，可简化接线，提高设备的可靠性和生产效率。

【任务实施】

### 9.3.2　Z3040 摇臂钻床电气控制系统 PLC 应用改造

1. 分析控制对象、确定控制要求

仔细阅读、分析 Z3040 摇臂钻床的电气原理图，确定各电动机的控制要求。

（1）对 M1 电动机的要求：单方向旋转，有过载保护。

（2）对 M2 电动机的要求：全压正反转控制，点动控制；启动时，先启动电动机 M3，再启动电动机 M2；停机时，电动机 M2 先停止，然后电动机 M3 才能停止。电动机 M2 设有必要的互锁保护。

（3）对电动机 M3 的要求：全压正反转控制，设长期过载保护。

（4）电动机 M4 容量小，由开关 SA 控制，单方向运转。

2. 确定 I/O 点数

根据图 3 - 15 找出 PLC 控制系统的输入、输出信号，共有 13 个输入信号，9 个输出信号。照明灯不通过 PLC 而由外电路直接控制，可以节约 PLC 的 I/O 端子数。考虑将来的发展需要，留一定余量，选用 FX2N - 32MR PLC。输入、输出地址分配见表 9 - 4。

表 9 - 4　I/O 端子分配表

| 输入信号 | 输入端子号 | 输出信号 | 输出端子号 |
| --- | --- | --- | --- |
| 摇臂下降限位行程开关 SQ5 | X0 | 电磁阀 YV | Y0 |
| 电动机 M1 启动按钮 SB1 | X1 | 接触器 KM1 | Y1 |
| 电动机 M2 停止按钮 SB2 | X2 | 接触器 KM2 | Y2 |
| 摇臂上升按钮 SB3 | X3 | 接触器 KM3 | Y3 |
| 摇臂下降按钮 SB4 | X4 | 接触器 KM4 | Y4 |
| 主轴箱松开按钮 SB5 | X5 | 接触器 KM5 | Y5 |
| 主轴箱夹紧按钮 SB6 | X6 | 指示灯 HL1 | Y10 |
| 摇臂上升限位行程开关 SQ1 | X7 | 指示灯 HL2 | Y11 |
| 摇臂松开行程开关 SQ2 | X10 | 指示灯 HL3 | Y12 |
| 摇臂自动夹紧行程开关 SQ3 | X11 | | |
| 主轴箱与立柱箱夹紧松开行程 SQ4 | X12 | | |
| 电动机 M1 过载保护 FR1 | X13 | | |
| 电动机 M2 过载保护 FR2 | X14 | | |

3. 绘制 I/O 端子接线图

根据 I/O 分配结果，绘制端子接线图，如图 9 - 7 所示。在端子接线图中热继电器信号采用常闭触点作输入，主令电器的常闭触点可改用常开触点作输入，使编程简单，电磁阀线圈用交流 220 V 电源供电，信号灯用交流 6.3 V 电源供电。

4. 设计梯形图

对 Z3040 摇臂钻床梯形图的设计，可参照电气控制原理图，用前节中讲到的翻译法进行 PLC 控制系统的改造。首先，将整个控制电路分成若干个控制环节，分别设计出梯形图，然后根据控制要求综合在一起，最后整理和修改，设计出符合控制要求的完整的梯形图。

1）控制主轴电动机 M1 的梯形图

在电气控制原理图中，电动机 M1 的控制比较简单，梯形图如图 9 - 8 所示。

2）控制电动机 M2 与 M3 的梯形图

（1）摇臂升降过程。

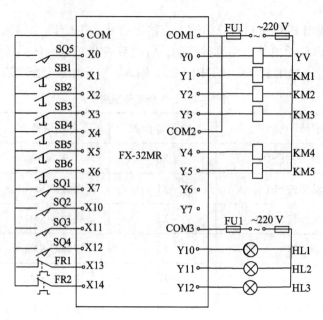

图 9 – 7　摇臂钻床 PLC 控制系统 I/O 端子接线图

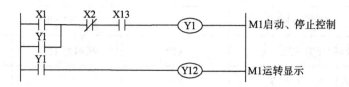

图 9 – 8　电动机 M1 的控制

　　摇臂的升降、夹紧控制与液压系统紧密配合，梯形图具体分析如图 9 – 9 所示。由上升按钮 SB3 和下降按钮 SB4 与正反转接触器 KM2、KM3 组成 M2 电动机的正反转电动机点动控制。摇臂升降为点动控制，且摇臂升降前必须先启动液压泵电动机 M3 将摇臂松开，方能启动摇臂升降电动机 M2。按摇臂上升按钮 SB3（X3 = ON），PLC 内部继电器 M0 线圈通电，电气原理图中的时间继电器 KT 在梯形图中由定时器 T0 代替，时间继电器的瞬时动作触点 KT（13—14）由辅助继电器 M0 代替，使得输出继电器 Y4 和 Y0 动作，则 KM4 和电磁阀 YV 线圈通电，电动机 M3 正转将摇臂松开。松开到位后压摇臂松开的行程开关 SQ2（X10 动作），使输出继电器 Y4 断电，Y2 动作，KM4 断电，同时 KM2 通电，摇臂维持松开进行上升。上升到位后松开按钮 SB3（X3 = OFF），M0 线圈断电。摇臂停止上升同时定时器 T0 线圈延时 1～3 s 触点动作。输出继电器 Y5 动作使 KM5 线圈通电，电动机 M3 反转，摇臂夹紧。夹紧时压下行程开关 SQ3（X11 动作）。输出继电器 Y5 和 Y0 复位，KM5 和电磁阀线圈断电，电动机 M3 停转。

　　（2）主轴箱和立柱箱的松开与夹紧控制。

　　主轴箱和立柱箱的松开与夹紧控制是同时进行的，梯形图如图 9 – 10 所示。在电气控制电路中由按钮 SB5 和 SB6 控制。按下按钮 SB5（X5 触点动作），输出继电器 Y4 动作，使 KM4 线圈得电，电磁阀 YV 断电，电动机 M3 正转将主轴和立柱箱松开。松开同时压下行程开关 SQ4（X12 动作），输出继电器 Y10 线圈通电，指示灯 HL1 亮，表明已经松开。反之当

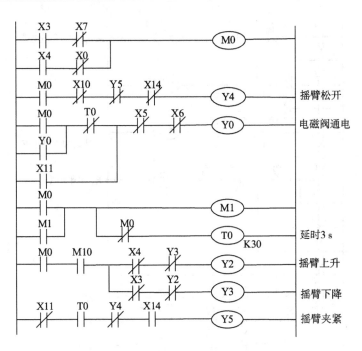

图 9 - 9 摇臂升、降控制梯形图

按下按钮 SB6，使 Y5 通电、Y0 断电，KM5 线圈得电、电磁阀 YV 仍断电，电动机 M3 反转将主轴箱夹紧，同时行程开关 SQ4 复位，输出继电器 Y11 动作，夹紧指示灯 HL2 亮，表明夹紧动作完成。

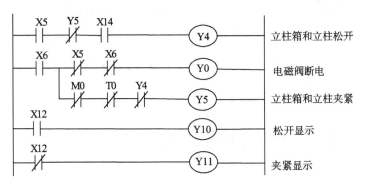

图 9 - 10 立柱夹紧与松开控制梯形图

在上述梯形图的基础上，将各部分梯形图综合在一起，进行整理和修改，把其中的重复项去掉，最后设计出完整的梯形图。Z3040 摇臂钻床的完整梯形图如图 9 - 11 所示。

5. 程序输出

针对设计出的梯形图，编写相应的用户程序用编程器进行程序的调试、修改。最后将无误的程序用编程器写入 PLC 内部的 EPROM 和 EEPROM 芯片内，投入现场使用。用户程序（指令表）请读者自行编制。

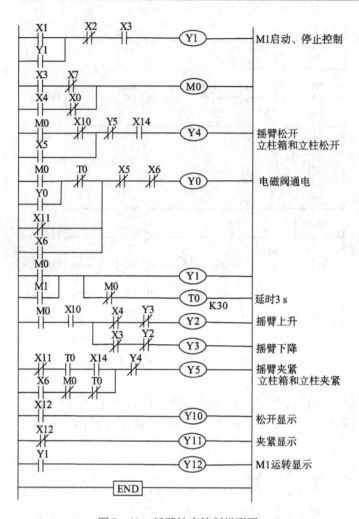

图 9 – 11　摇臂钻床控制梯形图

## 任务四　PLC 对变频器的控制

### 【任务描述】

变频器（Variable Frequency Drive，VFD）是应用变频技术与微电子技术，通过改变电机工作电源频率方式来控制交流电动机的电力控制设备。变频器主要由整流（交流变直流）、滤波、逆变（直流变交流）、制动单元、驱动单元、检测单元微处理单元等组成。变频器靠内部 IGBT 的开断来调整输出电源的电压和频率，根据电动机的实际需要来提供其所需要的电源电压，进而达到节能、调速的目的，另外，变频器还有很多的保护功能，如过流、过压、过载保护等。随着工业自动化程度的不断提高，变频器也得到了非常广泛的应用。

在工业自动化控制系统中，最为常见的是变频器与 PLC 的组合应用，并且产生了各种各样的 PLC 控制变频器的方法，构成了不同类型的变频 PLC 控制系统，但是无论哪一种，总体思路都是：先理清设计思路，再根据实际需要设置参数，最后设计程序。了解变频调速 PLC 控制系统的组成与结构特点，熟悉典型变频调速 PLC 控制系统的设计思路和编程要点，举一反三进一步掌握基本的 PLC 综合应用本领。

【相关知识】

### 9.4.1　变频调速 PLC 控制系统的认识

一个变频调速 PLC 控制系统通常由三部分组成，即变频器本体、PLC、变频器与 PLC 的接口部分。

变频器通常利用继电器触点或具有开关特性的晶体管与 PLC 相连，以得到运行状态或获取运行指令。对于继电器输出型或晶体管输出型 PLC 而言，其输出端子可以和变频器的输入端子直接相连。

变频器中也存在一些数值型（频率、电压）指令信号的输入，可分为数字量输入和模拟量输入两种。数字量输入多采用变频器面板上的键盘操作和串行接口来给定；模拟量输入通常采用 PLC 的特殊模块给变频器提供输入信号。

下面以 PLC 对变频器的启停控制为例进行说明。

1. 设计思路

采用 PLC 控制变频器的启停时，首先应根据控制要求，确定 PLC 的输入/输出，并给这些输入/输出分配地址。这里的 PLC 采用三菱 FX28 - 48MR 继电器输出型 PLC，变频器采用三菱 FR - A540 变频器，其启停控制 I/O 分配见表 9 - 5 所示。

表 9 - 5　变频器启停控制的 I/O 分配

| 输　　入 | | | 输　　出 | | |
|---|---|---|---|---|---|
| 输入继电器 | 输入元件 | 作用 | 输出继电器 | 输出元件 | 作用 |
| X0 | SB | 接通电源 | Y0 | KM | 接通 KM |
| X1 | SB1 | 切断电源 | Y1 | STF - SD | 变频器启动 |
| X2 | SB3 | 变频器启动 | Y4 | HL1 | 电源指示 |
| X3 | SB4 | 变频器停止 | Y5 | HL2 | 运行指示 |
| X4 | A - C | 报警信号 | Y6 | HL3 | 报警指示 |

PLC 控制的变频器启停电路如图 9 - 12 所示。变频器的速度由外接电位器 $R_P$ 调节，由于 PLC 是继电器输出型，所以变频器的启动信号通过 PLC 的输出端子 Y1 直接接到正转启动端子 STF 上，然后将 PLC 输出的公共端子 COM1 和变频器的公共端子 SD 相连。变频器的故障报警信号 A - C（常开触点）直接连接到 PLC 的输出端子 X4 上，然后将 PLC 输入的公共端子 COM 和变频器的 C 端相连。一旦变频器发生故障，PLC 的报警指示灯 Y6 亮，并使系统停止工作。按钮 SB 用于在处理完故障后使变频器复位。为了节约 PLC 的输入/输出点数，按钮 SB 的信号不接入 PLC 的输入端子。

由于接触器的线圈需要用 AC 220 V 电源驱动，而指示灯需要用 DC 24 V 电源驱动，它

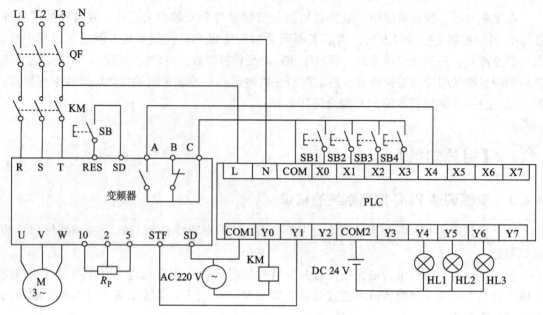

图 9 - 12　PLC 控制的变频器启停电路

们采用的电压等级不同，所以将 PLC 的输出分为两组，一组是 Y0 ~ Y3，其公共端是 COM1；另一组是 Y4 ~ Y7，其公共端是 COM2。注意，由于两组输出所使用的电压不同，所以不能将 COM1 和 COM2 连接在一起。

2. 参数设置

由于变频器采用外部操作模式，所以设定 Pr. 79 = 2。

3. 程序设计

变频器启停控制的梯形图程序如图 9 - 13 所示。

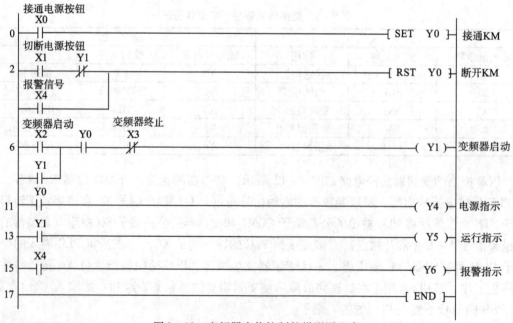

图 9 - 13　变频器启停控制的梯形图程序

## 【任务实施】

### 9.4.2　变频器多段调速 PLC 控制系统设计

**1. 设计思路**

如图 9 – 14 所示，用按钮 X0（SB）控制变频器电源的接通或断开（即 KM 闭合或断开），用 X10（SB1）控制变频器的启动或停止（即 STF 端子的闭合或断开），这里每组的启动或停止都只用一个按钮，即利用 PLC 中的 ALT 指令来实现单按钮启停控制。SA1 ~ SA7 是速度选择开关，此种开关可保证 7 个输入端不可能两个同时为 ON。PLC 的输出 Y0 接变频器的正转端子 STF，控制变频器的启动或停止。PLC 的输出 Y1、Y2、Y3 分别接转速选择端子 RH、RM、RL，通过 PLC 的程序实现三个端子的不同组合，从而可使变频器选择不同的速度运行。

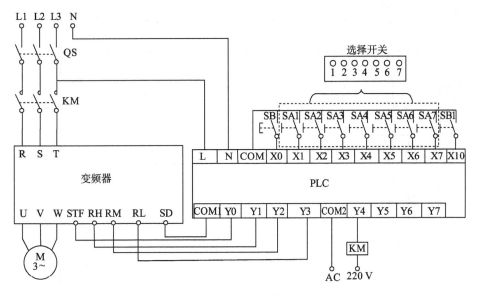

图 9 – 14　PLC 控制的变频器多段速电路

**2. 参数设置**

必须设置以下参数：

Pr. 79 = 3（组合操作模式）；

Pr. 7 = 2 s（加速时间）；

Pr. 8 = 2 s（减速时间）。

各段速度：Pr. 4 = 16 Hz，Pr. 5 = 20 Hz，Pr. 6 = 25 Hz，Pr. 24 = 30 Hz，Pr. 25 = 35 Hz，Pr. 26 = 40 Hz，Pr. 27 = 45 Hz。

**3. 程序设计**

在图 9 – 14 中，当合上相应的速度选择开关时，都必须有一个速度与之相对应。PLC 的三个输出 Y1、Y2、Y3 控制变频器 RH、RM、RL 的接通，其多段速输入/输出关系如表 9 – 6 所示。

表 9 – 6    多段速输入/输出关系

| 速度 | Y1 | Y2 | Y3 | 参数 |
|------|-----|-----|-----|------|
| 1（X1） | ON | OFF | OFF | Pr. 4 |
| 2（X2） | OFF | ON | OFF | Pr. 5 |
| 3（X3） | OFF | OFF | ON | Pr. 6 |
| 4（X4） | OFF | ON | ON | Pr. 24 |
| 5（X5） | ON | OFF | ON | Pr. 25 |
| 6（X6） | ON | ON | OFF | Pr. 26 |
| 7（X7） | ON | ON | ON | Pr. 27 |

根据表 9 – 6，梯形图设计的程序如图 9 – 15 所示。

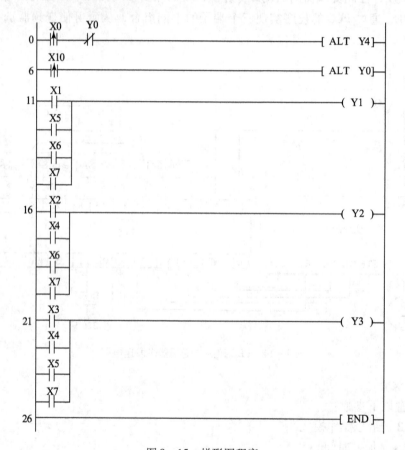

图 9 – 15　梯形图程序

图 9 – 15 中，步 0 利用交替指令 ALT 控制变频器电源的接通或断开。当第一次按下 X0 时，Y4 得电，接触器 KM 闭合，变频器的电源接通；当第二次按下 X0 时，Y4 失电，接触器 KM 断开，变频器切断电源。该支路中串联变频器启动信号 Y0 的常闭触点，主要是为了保证在变频器运行时，不能切断变频器的电源；第三次按下 X0 时，再次接通变频器电源，以此类推。步 6 是控制变频器启停的电路。步 0 和步 6 中都只用一个按钮来实现启停控制，可以节约 PLC 的输入点数。

七段调速运行速度图如图 9 – 16 所示。合上 QS 开关，按下按钮 SB 使 KM1 线圈得电，接通变频器主电源。按下 SB1 开关使变频器的 STF 端子闭合，变频器启动。此时拨动速度选择开关 SA1 ~ SA7 中的任意一个，即可得到对应开关频率 16 Hz、20 Hz、25 Hz、30 Hz、35 Hz、40 Hz、45 Hz 的运行速度。当需要使电动机在一个新的频率下运行时，只要直接拨动新频率所对应的 SA 开关，原速度开关自动复位断开，新选开关接通，电动机就在新选频率下开始运行。

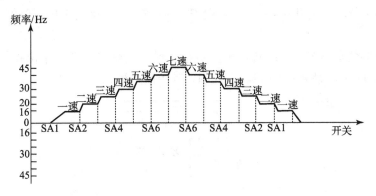

图 9 – 16　七段调速运行速度图

 【项目考核】

表 9 – 7　"现代 PLC 控制系统综合应用"项目考核要求

姓名_____　　班级_____　　学号_____　　总得分_____

| 项目编号 | 9 | 项目选题 | | 考核时间 | |
|---|---|---|---|---|---|
| 技能训练考核内容（60 分） | | | 考核标准 | | 得分 |
| 从下列控制系统选题中选择其一，进行系统程序设计和调试运行。<br>（1）利用 PLC 对三层电梯进行控制；<br>（2）利用 PLC 对上、下料机械手进行控制；<br>（3）利用 PLC 对 Z3040 摇臂钻床进行控制；<br>（4）利用 PLC 对变频器进行控制 | | | 能够正确进行 PLC 外部硬件接线。接线错误、操作错误一次扣 2 分。（共 10 分） | | |
| | | | 能自行正确设计符合要求的系统控制程序。程序关键错误一处扣 2 分，整体思路不对扣 5 分，没有预先编好程序扣 10 分。（共 10 分） | | |
| | | | 能够正确地操作编程器将程序输入 PLC 中。操作错误或输入方法不明一次扣 2 分。（共 10 分） | | |
| | | | 能正确按照控制要求进行程序调试与修改。操作步骤不明或不会程序调试一次扣 2 分。（共 10 分） | | |
| | | | 能爱护实验室设备设施，有安全、卫生意识。违反安全文明操作规程一次扣 5 ~ 20 分。（共 20 分） | | |
| 知识巩固测试内容（40 分） | | | 见知识训练九 | | |
| 完成日期 | | 年　月　日 | | 指导教师签字 | |

## 知识训练九

1. 简述机床电气控制系统进行 PLC 改造的基本方法。

2. 用 PLC 来控制电动葫芦升降,控制过程如下:

(1) 可手动上升、下降。

(2) 自动运行时,上升 6 s→停 9 s→下降 6 s→停 7 s,反复 1 h,然后发出声光信号停止运行。

3. 自动送料装车系统由三级传送带、料箱、料位检测与送料、车位和装料重量检测等环节组成,如图 9-17 所示。用 PLC 来控制,其控制过程如下:

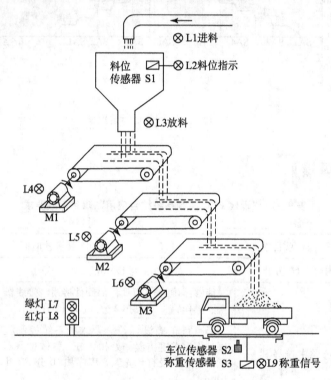

图 9-17 第 3 题图

(1) 初始状态:红灯 L8 灭,绿灯 L7 亮,表明允许汽车开进装料。此时,料斗出料口关闭,电动机 M1、M2 和 M3 皆为停止状态。

(2) 进料:如料箱中料不满(料位传感器 S1 为 OFF),5 s 后进料电磁阀开启进料;当料满(S1 为 ON)时,中止进料。

(3) 装车:当汽车开进到装车位置(车位传感器 S2 为 ON)时,L1 进料红灯亮,L2 料位指示绿灯灭,同时启动 M3(用 L6 指示),经 5 s 后启动 M2(用 L5 指示),再经 5 s 后启动 M1(用 L4 指示),再经 5 s 后打开料箱(L3 为 ON)出料。

当车装满(称重传感器 S3 为 ON)时,料箱关闭(L3 为 OFF),经 5 s 后 M1 停止,再经 5 s 后 M2 停止,再经 5 s 后 M3 停止,同时红灯 L8 灭,绿灯 L7 亮,表明汽车可以开走。

(4) 停机:按下停止按钮 SB2,整个系统终止运行。

# 附　　录

## 附录一　常用电气图形符号和文字符号的新旧对照表

| 名称 | | 新标准 | | 旧标准 | | 名称 | | 新标准 | | 旧标准 | |
|---|---|---|---|---|---|---|---|---|---|---|---|
| | | 图形符号 | 文字符号 | 图形符号 | 文字符号 | | | 图形符号 | 文字符号 | 图形符号 | 文字符号 |
| 一般三极电源开关 | | | QS | | K | 接触器 | 线圈 | | KM | | C |
| | | | | | | | 主触头 | | | | |
| 低压断路器 | | | QF | | UZ | | 常开辅助触头 | | | | |
| 位置开关 | 常开触头 | | SQ | | XK | | 常闭辅助触头 | | | | |
| | 常闭触头 | | | | | 速度继电器 | 常开触头 | | KS | | SDJ |
| | 复合触头 | | | | | | 常闭触头 | | | | |
| 熔断器 | | | FU | | RD | 时间继电器 | 线圈 | | KT | | SJ |
| 按钮 | 启动 | | SB | | QA | | 常开延时闭合触头 | | | | |
| | 停止 | | | | TA | | 常闭延时打开触头 | | | | |
| | 复合 | | | | AN | | 常闭延时闭合触头 | | | | |

| 名称 | | 新标准 | | 旧标准 | | 名称 | | 新标准 | | 旧标准 | |
|---|---|---|---|---|---|---|---|---|---|---|---|
| | | 图形符号 | 文字符号 | 图形符号 | 文字符号 | | | 图形符号 | 文字符号 | 图形符号 | 文字符号 |
| 时间继电器 | 常开延时打开触头 | | KT | | SJ | 桥式整流装置 | | | VC | | ZL |
| 热继电器 | 热元件 | | FR | | RJ | 照明灯 | | ⊗ | EL | ⊗ | ZD |
| | 常闭触头 | | | | | 信号灯 | | ⊗ | HL | ⊗ | XD |
| 继电器 | 中间继电器线圈 | | KA | | ZJ | 电阻器 | | | R | | R |
| | 欠电压继电器线圈 | U< | KV | | QYJ | 接插器 | | | X | | CZ |
| | 过电流继电器线圈 | I> | KJ | | GLJ | 电磁铁 | | | YA | | DT |
| | 常开触头 | | 相应继电器符号 | | 相应继电器符号 | 电磁吸盘 | | | YR | | DX |
| | 常闭触头 | | | | | 串励直流电动机 | | | M | | ZD |
| | 欠电流继电器线圈 | I< | KI | 与新标准相同 | QLJ | 并励直流电动机 | | | | | |
| 万能转换开关 | | | SA | 与新标准相同 | HK | 他励直流电动机 | | | | | |
| 制动电磁铁 | | | YB | | DT | 复励直流发电机 | | | | | |
| 电磁离合器 | | | YC | | CH | 直流发电机 | | G | G | F~ | ZF |
| 电位器 | | | RP | 与新标准相同 | W | 三相鼠笼式异步电动机 | | M 3~ | M | | D |

# 附录二　三菱 FX2N 的基本指令和应用指令

基本指令一览表：

| 符号名称 | 功　能 | 电路表示和目标元件 |
|---|---|---|
| [LD]<br>取 | 运算开始<br>常开触点 | XYMSTC |
| [LDI]<br>取反 | 运算开始<br>常闭触点 | XYMSTC |
| [LDP]<br>取上升沿脉冲 | 运算开始<br>上升沿触点 | XYMSTC |
| [LDF]<br>取下降沿脉冲 | 运算开始<br>下降沿触点 | XYMSTC |
| [AND]<br>与 | 串联<br>常开触点 | XYMSTC |
| [ANI]<br>与非 | 串联<br>常闭触点 | XYMSTC |
| [ANDP]<br>与脉冲 | 串联<br>上升沿触点 | XYMSTC |
| [ANDF]<br>与脉冲（F） | 串联下降沿触点 | XYMSTC |
| [OR]<br>或 | 并联<br>常开触点 | XYMSTC |
| [ORI]<br>或非 | 并联<br>常闭触点 | XYMSTC |
| [ORP]<br>或脉冲 | 并联上升沿触点 | XYMSTC |
| [ORF]<br>或脉冲（F） | 并联下降沿触点 | XYMSTC |

| 符号名称 | 功　能 | 电路表示和目标元件 |
|---|---|---|
| ［ANB］<br>逻辑块与 | 块串联 | |
| ［ORB］<br>逻辑块或 | 块并联 | |
| ［OUT］<br>输出 | 线圈驱动指令 | YMSTC |
| ［SET］<br>置位 | 保持指令 | SET　YMS |
| ［RST］<br>复位 | 复位指令 | RST　YMSTCDD |
| ［PLS］<br>脉冲 | 上升沿检测指令 | PLS　YM |
| ［PLF］<br>脉冲（F） | 下降沿检测指令 | PLF　YM |
| ［MC］<br>主控 | 主控<br>开始指令 | MC　N　YM |
| ［MCR］<br>主控复位 | 主控<br>复位指令 | MCR　N |
| ［MPS］<br>进栈 | 进栈指令<br>（PUSH） | MPS |
| ［MRD］<br>读栈 | 读栈指令 | MRD |
| ［MPP］<br>出栈 | 出栈指令<br>（POP 读栈且复位） | MPP |
| ［INV］<br>反向 | 运算结果的反向 | INV |
| ［NOP］<br>无 | 空操作 | 程序清除或空格用 |
| ［END］<br>结束 | 程序结束 | 程序结束，返回 0 步 |

应用指令一览表:

| 分类 | FNC No. | 指令符号 | 功　能 | D 指令 | P 指令 |
|---|---|---|---|---|---|
| 程序流 | 00 | CJ | 有条件跳 | — | ○ |
| | 01 | CALL | 子程序调用 | — | ○ |
| | 02 | SRET | 子程序返回 | — | — |
| | 03 | IRET | 中断返回 | — | — |
| | 04 | EI | 开中断 | — | — |
| | 05 | DI | 关中断 | — | — |
| | 06 | FEND | 主程序结束 | — | — |
| | 07 | WDT | 监视定时器刷新 | — | — |
| | 08 | FOR | 循环区起点 | — | — |
| | 09 | NEXT | 循环区终点 | — | — |
| 传送比较 | 10 | CMP | 比较 | ○ | ○ |
| | 11 | ZCP | 区间比较 | ○ | ○ |
| | 12 | MOV | 传送 | ○ | ○ |
| | 13 | SMOV | 移位传送 | — | ○ |
| | 14 | CML | 反向传送 | ○ | ○ |
| | 15 | BMOV | 块传送 | — | ○ |
| | 16 | FMOV | 多点传送 | ○ | ○ |
| | 17 | XCH | 交换 | ○ | ○ |
| | 18 | BCD | BCD 转换 | ○ | ○ |
| | 19 | BIN | BIN 转换 | ○ | ○ |
| 四则逻辑运算 | 20 | ADD | BIN 加 | ○ | ○ |
| | 21 | SUB | BIN 减 | ○ | ○ |
| | 22 | MUL | BIN 乘 | ○ | ○ |
| | 23 | DIV | BIN 除 | ○ | ○ |
| | 24 | INC | BIN 增 1 | ○ | ○ |
| | 25 | DEC | BIN 减 1 | ○ | ○ |
| | 26 | WAND | 逻辑字"与" | ○ | ○ |
| | 27 | WOR | 逻辑字"或" | ○ | ○ |
| | 28 | WXOR | 逻辑字异或 | ○ | ○ |
| | 29 | NEG | 求补码 | ○ | ○ |

续表

| 分类 | FNC No. | 指令符号 | 功 能 | D 指令 | P 指令 |
|---|---|---|---|---|---|
| 移位指令 | 30 | ROR | 循环右移 | ○ | ○ |
| | 31 | ROL | 循环左移 | ○ | ○ |
| | 32 | RCR | 带进位右移 | ○ | ○ |
| | 33 | RCL | 带进位左移 | ○ | ○ |
| | 34 | SFTR | 位右移 | — | ○ |
| | 35 | SFTL | 位左移 | — | ○ |
| | 36 | WSFR | 字右移 | — | ○ |
| | 37 | WSFL | 字左移 | — | ○ |
| | 38 | SFWR | "先进先出"写入 | — | ○ |
| | 39 | SFRD | "先进选出"读出 | — | ○ |
| 数据处理 | 40 | ZRST | 区间复位 | — | ○ |
| | 41 | DECO | 解码 | — | ○ |
| | 42 | ENCO | 编码 | — | ○ |
| | 43 | SUM | ON 位总数 | ○ | ○ |
| | 44 | BON | ON 位判别 | ○ | ○ |
| | 45 | MEAN | 平均值 | ○ | ○ |
| | 46 | ANS | 报警器置位 | — | — |
| | 47 | ANR | 报警器复位 | — | ○ |
| | 48 | SOR | BIN 平方根 | ○ | ○ |
| | 49 | FLT | 浮点数与十进制数间转换 | ○ | ○ |
| 高速处理 | 50 | REF | 刷新 | — | ○ |
| | 51 | REFE | 刷新和滤波调整 | — | ○ |
| | 52 | MTR | 矩阵输入 | — | — |
| | 53 | HSCS | 比较置位（高速计数器） | ○ | |
| | 54 | HSCR | 比较复位（高速计数器） | ○ | |
| | 55 | HSZ | 区间比较（高速计数器） | ○ | |
| | 56 | SPD | 速度检测 | — | — |
| | 57 | PLSY | 脉冲输出 | ○ | |
| | 58 | PWM | 脉冲幅宽调制 | | |
| | 59 | PLSR | 加减速的脉冲输出 | ○ | — |

| 分类 | FNC No. | 指令符号 | 功　　能 | D 指令 | P 指令 |
|---|---|---|---|---|---|
| 方便指令 | 60 | IST | 状态初始化 | — | — |
| | 61 | SER | 数据搜索 | ○ | ○ |
| | 62 | ABSD | 绝对值式凸轮顺控 | ○ | — |
| | 63 | INCD | 增量式凸轮顺控 | — | — |
| | 64 | TTMR | 示教定时器 | — | — |
| | 65 | STMR | 特殊定时器 | — | — |
| | 66 | ALT | 交替输出 | — | — |
| | 67 | RAMP | 斜坡信号 | — | — |
| | 68 | ROTC | 旋转台控制 | — | — |
| | 69 | SORT | 列表数据排序 | — | — |
| 外部设备（I/O） | 70 | TKY | 0~9 数字键输入 | ○ | — |
| | 71 | HKY | 16 键输入 | ○ | — |
| | 72 | DSW | 数字开关 | — | — |
| | 73 | SEGD | 7 段编码 | — | ○ |
| | 74 | SEGL | 带锁存的 7 段显示 | — | — |
| | 75 | ARWS | 矢量开关 | — | — |
| | 76 | ASC | ASCII 转换 | — | — |
| | 77 | PR | ASCII 代码打印输入 | — | — |
| | 78 | FROM | 特殊功能模块读出 | ○ | ○ |
| | 79 | TO | 特殊功能模块写入 | ○ | ○ |
| 外部设备（SER） | 80 | RS | 串行数据传送 | — | — |
| | 81 | PRUN | 并联运行 | ○ | ○ |
| | 82 | ASCI | HEX→ASCII 转换 | — | ○ |
| | 83 | HEX | ASCII→HEX 转换 | — | ○ |
| | 84 | CCD | 校正代码 | — | ○ |
| | 85 | VRRD | FX－8AV 变量读取 | — | ○ |
| | 86 | VRSC | FX－8AV 变量整标 | — | ○ |
| | 87 | | | | |
| | 88 | PID | PID 运算 | ○ | ○ |
| | 89 | | | | |

| 分类 | FNC No. | 指令符号 | 功　　能 | D 指令 | P 指令 |
|---|---|---|---|---|---|
| 浮点数 | 110 | ECMP | 二进制浮点数比较 | ○ | ○ |
| | 111 | EZCP | 二进制浮点数区比较 | ○ | ○ |
| | 118 | EBCD | 二进制浮点数→十进制浮点数变换 | ○ | ○ |
| | 119 | EBIN | 十进制浮点数→二进制浮点数变换 | ○ | ○ |
| | 120 | EADD | 二进制浮点数加 | ○ | ○ |
| | 121 | ESUB | 二进制浮点数减 | ○ | ○ |
| | 122 | EMUL | 二进制浮点数乘 | ○ | ○ |
| | 123 | EDIV | 二进制浮点数除 | ○ | ○ |
| 浮点运算 | 127 | ESOR | 二进制浮点数开平方 | ○ | ○ |
| | 129 | INT | 二进制浮点数→BIN 整数转换 | ○ | ○ |
| | 130 | SIN | 浮点数 sin 运算 | ○ | ○ |
| | 131 | COS | 浮点数 cos 运算 | ○ | ○ |
| | 132 | TAN | 浮点数 tan 运算 | ○ | ○ |
| | 147 | SWAP | 上下字节转换 | — | ○ |
| 时钟运算 | 160 | TCMP | 时钟数据区比较 | — | ○ |
| | 161 | TZCP | 时钟数据区间比较 | — | ○ |
| | 162 | TADD | 时钟数据加 | — | ○ |
| | 163 | TSUB | 时钟数据减 | — | ○ |
| | 166 | TRD | 时钟数据读出 | — | ○ |
| | 167 | TWR | 时钟数据写入 | — | ○ |
| 格雷码 | 170 | GRY | 格雷码转换 | ○ | ○ |
| | 171 | GBIN | 格雷码逆转换 | ○ | ○ |
| 接点比较 | 224 | LD = | (S1) ＝ (S2) | ○ | — |
| | 225 | LD > | (S1) ＞ (S2) | ○ | — |
| | 226 | LD < | (S1) ＜ (S2) | ○ | — |
| | 228 | LD < > | (S1) ≠ (S2) | ○ | — |
| | 229 | LD < = | (S1) ≤ (S2) | ○ | — |
| | 230 | LD > = | (S1) ≥ (S2) | ○ | — |
| | 232 | AND = | (S1) ＝ (S2) | ○ | — |
| | 233 | AND > | (S1) ＞ (S2) | ○ | — |
| | 234 | AND < | (S1) ＜ (S2) | ○ | — |

| 分类 | FNC No. | 指令符号 | 功　能 | D 指令 | P 指令 |
|---|---|---|---|---|---|
| 接点比较 | 236 | AND < > | (S1) ≠ (S2) | ○ | — |
| | 237 | AND < = | (S1) ≤ (S2) | ○ | — |
| | 238 | AND > = | (S1) ≥ (S2) | ○ | — |
| | 240 | OR = | (S1) = (S2) | ○ | — |
| | 241 | OR > | (S1) > (S2) | ○ | — |
| | 242 | OR < | (S1) < (S2) | ○ | — |
| | 244 | OR < > | (S1) ≠ (S2) | ○ | — |
| | 245 | OR < = | (S1) ≤ (S2) | ○ | — |
| | 246 | OR > = | (S1) ≥ (S2) | ○ | — |

# 附录三　OMRON CPM2A 常用指令简介

顺序输入指令：

| 指令名称 | 指　令 | 功　能 |
|---|---|---|
| 载入 | LD | 逻辑开始时使用 |
| 载入非 | LD NOT | 逻辑反相开始时使用 |
| 与 | AND | 逻辑与操作 |
| 与非 | AND NOT | 逻辑与非操作 |
| 或 | OR | 逻辑或操作 |
| 或非 | OR NOT | 逻辑或非操作 |
| 与载入 | AND LD | 和前面的条件与 |
| 或载入 | OR LD | 和前面的条件或 |

位控制指令：

| 指令名称 | 指　令 | 功　能 |
|---|---|---|
| 输出 | OUT | 将逻辑运算的结果送输出继电器 |
| 取反指令 | OUT NOT | 将逻辑运算的结果反相后送输出继电器 |
| 置位 | SET | 使指定接点 ON |
| 复位 | RSET | 使指定接点 OFF |
| 保持 | S — KEEP(11)　R — B | KEEP（11）基于 S 和 R 保持指定位 B 的状态，S 为置位输入，R 为复位输入 |

| 指令名称 | 指 令 | 功 能 |
|---------|-------|-------|
| 上升沿微分 | DIFU(13) / B | 在逻辑运算结果上升沿时指定位 B 在一个扫描周期内 ON |
| 下降沿微分 | DIFD(14) / B | 在逻辑运算结果下降沿时指定位 B 在一个扫描周期内 ON |

定时器/计数器指令：

| 指令名称 | 指 令 | 功 能 |
|---------|-------|-------|
| 定时器 | TIM / N / SV | 接通延时定时器（减算），N 为定时器号，设定时间 SV 在 0～999.9 s（0.1 s 为单位） |
| 计数器 | CNT / N / SV | 减法计数器，N 为计数器号，设定次数 N 在 0～9 999 之间 |
| 可逆计数器 | II DI R CNTR / N / SV | 执行加、减算计数，N 为计数器号，设定次数 N 在 0～9 999 之间，II 由 OFF 变 ON 时当前值（PV）加 1，DI 由 OFF 变 ON 时当前值（PV）减 1，II 与 DI 同时由 OFF 变 ON 时当前值（PV）不变，R 为复位信号 |

比较指令：

| 指令名称 | 指 令 | 功 能 |
|---------|-------|-------|
| 比较 | CMP(20) / S1 / S2 | 通道 S1 数据、常数，与通道 S2 数据、常数进行比较，根据比较结果分别设置比较标志 25505（＞）、25506（＝）、25507（＜）为 ON |

传送指令：

| 指令名称 | 指 令 | 功 能 |
|---------|-------|-------|
| 传送 | MOV(21) / S / D | 将 S 通道的数据、常数传送到 D 通道中去（S→D） |

移位指令：

| 指令名称 | 指 令 | 功 能 |
|---|---|---|
| 移位 | IN SFT(10) / SP D1 / R D2 | R 为 ON 时，D1→D2 数据全部清零；<br>R 为 OFF，移位信号（SP）由 OFF 变 ON 时从通道 D1 到通道 D2 的数据向高位移一位，末位补入 IN |
| 1 位左移 | ASL(25) / D | 把通道 D 数据向左移 1 位<br>CY ← [ 15 D 00 ] ← 0 |
| 1 位右移 | ASR(26) / D | 把通道 D 数据向右移 1 位<br>0 → [ 15 D 00 ] → CY |
| 1 位循环左移 | ROL(27) / D | 把通道数据包括进位位循环左移 1 位<br>CY ← [ 15 D 00 ] |
| 1 位循环右移 | ROR(28) / D | 把通道数据包括进位位循环右移 1 位<br>[ 15 D 00 ] → CY |
| 左右移位 | SFTR(84) / C / D1 / D2 | 根据控制数据（C）的内容把 D1 ~ D2 通道的数据进行左右移位 |
| 二进制减算 | SBB(51) / S1 / S2 / D | S1 通道数据、常数与 S2 通道数据、常数进行二进制减算（S1 − S2 − CY→D、CY） |

工程步进顺控指令：

| 指令名称 | 指 令 | 功 能 |
|---|---|---|
| 步进控制领域定义 | STEP(08) | 步进控制（工程步进流程）的终了。这个指令以后执行的是常规梯形图程序控制。 |
| | STEP(08) / S | 步进控制（工程步进流程）的开始。 |
| 步进控制步进 | SNXT(09) / S | 前工程复位、下一个工程开始。 |

# 参考文献

［1］ 胡晓林．电气控制与 PLC 应用技术［M］．北京：北京理工大学出版社，2011．

［2］ 吴丽．电气控制与 PLC 应用技术［M］．北京：机械工业出版社，2011．

［3］ 赵俊生．电气控制与 PLC 技术项目化理论与实训［M］．北京：电子工业出版社，2009．

［4］ 任志锦．电机与电气控制技术［M］．北京：机械工业出版社，2010．

［5］ 于晓云．可编程控制器技术应用［M］．北京：化学工业出版社，2011．

［6］ 网永华．现代电气控制及 PLC 应用技术［M］．北京：北京航空航天大学出版社，2003．

［7］ 林春方．电气控制与 PLC 技术［M］．上海：上海交通大学出版社，2009．

［8］ 王书福．可编程序控制器及其应用［M］．北京：机械工业出版社，2006．

［9］ 施利春，李伟．PLC 操作实训［M］．北京：机械工业出版社，2007．

［10］ 孙平．可编程控制器及应用［M］．北京：机械工业出版社，2003．

［11］ 廖常初．可编程序控制器应用技术［M］．重庆：重庆大学出版社，1998．

［12］ 黄净．电气控制与可编程序控制器［M］．北京：机械工业出版社，2005．